Onlinehandel und Raum

Cordula Neiberger · Sina Hardaker ·
Thomas Wieland

Onlinehandel und Raum

Eine geographische Perspektive auf
den Einzelhandel

Cordula Neiberger
Geographisches Institut, Rheinisch-
Westfälische Technische Hochschule
Aachen, Deutschland

Sina Hardaker
Institut für Geographie und Geologie
Julius-Maximilians-Universität Würzburg
Würzburg, Deutschland

Thomas Wieland
Freiburg, Deutschland

ISBN 978-3-662-70184-3   ISBN 978-3-662-70185-0 (eBook)
https://doi.org/10.1007/978-3-662-70185-0

Die Deutsche Nationalbibliothek verzeichnet diese Publikation in der Deutschen Nationalbibliografie; detaillierte bibliografische Daten sind im Internet über https://portal.dnb.de abrufbar.

© Der/die Herausgeber bzw. der/die Autor(en), exklusiv lizenziert an Springer-Verlag GmbH, DE, ein Teil von Springer Nature 2025

Das Werk einschließlich aller seiner Teile ist urheberrechtlich geschützt. Jede Verwertung, die nicht ausdrücklich vom Urheberrechtsgesetz zugelassen ist, bedarf der vorherigen Zustimmung des Verlags. Das gilt insbesondere für Vervielfältigungen, Bearbeitungen, Übersetzungen, Mikroverfilmungen und die Einspeicherung und Verarbeitung in elektronischen Systemen.
Die Wiedergabe von allgemein beschreibenden Bezeichnungen, Marken, Unternehmensnamen etc. in diesem Werk bedeutet nicht, dass diese frei durch jede Person benutzt werden dürfen. Die Berechtigung zur Benutzung unterliegt, auch ohne gesonderten Hinweis hierzu, den Regeln des Markenrechts. Die Rechte des/der jeweiligen Zeicheninhaber sind zu beachten.
Der Verlag, die Autor:innen und die Herausgeber:innen gehen davon aus, dass die Angaben und Informationen in diesem Werk zum Zeitpunkt der Veröffentlichung vollständig und korrekt sind. Weder der Verlag noch die Autor:innen oder die Herausgeber:innen übernehmen, ausdrücklich oder implizit, Gewähr für den Inhalt des Werkes, etwaige Fehler oder Äußerungen. Der Verlag bleibt im Hinblick auf geografische Zuordnungen und Gebietsbezeichnungen in veröffentlichten Karten und Institutionsadressen neutral.

Covermotiv: © stock.adobe.com/ParinApril/ID 731861083

Planung/Lektorat: Simon Shah-Rohlfs
Springer Spektrum ist ein Imprint der eingetragenen Gesellschaft Springer-Verlag GmbH, DE und ist ein Teil von Springer Nature.
Die Anschrift der Gesellschaft ist: Heidelberger Platz 3, 14197 Berlin, Germany

Wenn Sie dieses Produkt entsorgen, geben Sie das Papier bitte zum Recycling.

Vorwort

In einer Zeit rasanter technologischer Veränderungen und des damit einhergehenden Wandels der Konsumlandschaften bietet „Onlinehandel und Raum. Eine geographische Perspektive auf den Einzelhandel" eine zeitgemäße Analyse der Verschmelzung von digitalem Handel und geographischen Räumen. Dieses Buch beleuchtet, wie der Onlinehandel die traditionellen Konzepte von Markt, Ort und Zugänglichkeit teils neu definiert bzw. reorganisiert und welche räumlichen Auswirkungen diese Entwicklungen auf Städte sowie ländliche Regionen haben. Von der Logistik und Lieferketten bis hin zu Verbrauchermustern und Stadtplanung, die Beiträge in diesem Band bieten wichtige Einblicke und fördern ein tieferes Verständnis der geographischen Dimensionen des Onlinehandels.

Wir hoffen, dass es für Studierende, Forschende, Praktiker und Entscheidungsträger gleichermaßen von Nutzen sein wird.

Unser besonderer Dank gilt Julia Breunig, Kartographin am Institut für Geographie und Geologie der Universität Würzburg, für die sorgfältige Anfertigung von Karten und Abbildungen sowie Patrick Biersack, ehemaliger studentischer Mitarbeiter am Lehrstuhl für Wirtschaftsgeographie, für seine hilfreichen Recherchearbeiten. Ebenso möchten wir uns bei den studentischen Mitarbeitern am Geographischen Institut in Aachen Simon Heup, Nele Stork, Till Ziegenbein, Lena Zumfeld für die Erstellung von Graphiken und Karten sowie Korrekturarbeiten und bei Leonhard Neiberger für die Kartierung in Sanremo bedanken. Dieses gilt ebenso für die studentische Hilfskraft am Institut für Geographie und Geoökologie des Karlsruher Institutes für Technologie Leonora Isufi für das Korrekturlesen von Manuskripten.

Großer Dank gilt auch Herrn Simon Shah-Rohlfs und Rahul Ravindran vom Springer Verlag für die freundliche Begleitung, das entgegengebrachte Vertrauen und die Geduld.

Aachen	Cordula Neiberger
Würzburg	Sina Hardaker
Freiburg	Thomas Wieland
im Juli 2024	

Ausschließlich aufgrund der besseren Lesbarkeit wird auf die gleichzeitige Verwendung männlicher, weiblicher und diverser Sprachformen verzichtet. Sämtliche Personenbezeichnungen gelten gleichermaßen für alle Geschlechter.

Einleitung

„Handel ist Wandel" – das ist seit Langem das geflügelte Sprichwort in der Handelsbranche – und heute zutreffender denn je. Innovationen und veränderte Kundenanforderungen wirken auf die Branche und führen schon seit Jahrzehnten zu einem permanenten Strukturwandel, der unter anderem Unternehmenskonzentration, neue Betriebsformen, eine Dynamik von Verkaufsflächengrößen und Betriebszahlen sowie Veränderungen in den Standortstrukturen des Einzelhandels umfasst. Die Digitalisierung als neueste Innovation allerdings scheint disruptive Veränderungen hervorzubringen, die durch die Entstehung eines neuen Verkaufskanals und den damit sich entwickelnden vielfältigen Beziehungen zwischen stationärem und virtuellem Handel auf unternehmerischer und kundenseitiger Ebene zu einem neuen Standortsystem des Einzelhandels führen kann. Der Onlinehandel ist keinesfalls nur eine digitale Weiterführung des bisherigen Versandhandels über Katalog oder Telefon, sondern nicht weniger als eine Revolution in einem bereits sehr dynamischen Wirtschaftszweig. Um diese fundamentalen Veränderungen geht es in unserem Buch. Es gibt einen Einblick in die Komplexität und den Einfluss der Digitalisierung auf den Handel und hält dabei die raumzeitlichen Veränderungen im Blick.

Der Strukturwandel des Einzelhandels hat schon lange vor der Digitalisierung eingesetzt und das Standortsystem des Einzelhandels geprägt und verändert. Mit der Entwicklung neuer Informations- und Kommunikations-(IuK-)Technologien und damit der Chance einer weltweiten Vernetzung verschiedenster Akteure via Internet ist nun eine neue Möglichkeit des Warenverkaufs hinzugekommen, die eine Konkurrenz zum stationären Handel darstellt. Es eröffnet jedoch auch Möglichkeitsräume für neue wie auch alte Unternehmen. Im **ersten Kapitel** werden zunächst grundlegende Veränderungen des traditionellen Handelssystems analysiert. Abschn. 1.1 wirft einen Blick auf die Dynamik des Standortsystems des Einzelhandels. Der Fokus liegt dabei auf den Gründen und Wirkungsweisen der letzten Jahrzehnte und ordnet die neuesten Entwicklungen ein. Abschn. 1.2 fokussiert auf die Unternehmen des stationären Einzelhandels im Zeitalter der Digitalisierung. Sie sind veränderten Rahmenbedingungen unterworfen, haben jedoch auch neue Chancen der Entwicklung. Diese sind durchaus auch von der Organisationsform und Größe der Unternehmen abhängig, weshalb sowohl Filialsysteme als auch der inhabergeführte Handel einer näheren Betrachtung unterzogen werden. Auch der Distanzhandel ist kein neues Phänomen. Schon in der

Mitte des 19. Jahrhunderts verschickten Warenhäuser Güter in den ländlichen Raum und bis nach Übersee. Die Versorgung von Räumen, die wenig durch stationäre Einzelhandelsgeschäfte erschlossen waren, blieb bis weit in das 20. Jahrhundert hinein eine Aufgabe des klassischen Versandhandels. Abschn. 1.3 geht auf diese ein und stellt dabei die Frage, warum Unternehmen mit solch langer Tradition kaum in der Lage waren, die Disruption der Digitalisierung zu gestalten und davon zu profitieren.

Das **zweite Kapitel** befasst sich mit den neu entstandenen Unternehmensstrukturen des virtuellen Handels sowie dem Einfluss der Digitalisierung auf Handelsunternehmen und die globalen Wirtschaftsstrukturen. Es beleuchtet vier zentrale Themenbereiche, die die transformative Kraft digitaler Plattformen und die Dynamiken der Plattformisierung im Kontext des Einzelhandels, des grenzüberschreitenden E-Commerce und globaler Wertschöpfungsketten hervorheben. Zunächst wird in Abschn. 2.1 die einflussreiche Rolle digitaler Plattformen in der Gestaltung von wirtschaftlichen und gesellschaftlichen Aktivitäten erörtert, einschließlich der Vorteile von Skalen- und Netzwerkeffekten. Dieser Abschnitt erläutert zudem wichtige Begrifflichkeiten und erörtert die Rolle digitaler Plattformen in größeren, unterschiedlichen Kontexten (Plattformurbanismus, Sharing Economy). In Abschn. 2.2 erfolgt eine vertiefte Auseinandersetzung mit der Plattformisierung im deutschen Einzelhandel, die eine umfassende Reorganisation von Prozessen und Strategien sowie deren langfristigen Konsequenzen aufzeigt. Dieser Abschnitt identifiziert maßgebliche Akteure, diskutiert Vor- und Nachteile für Einzelhandelsunternehmen und wirft dabei eine kritische Perspektive auf digitale Plattformen und ihre Auswirkungen auf den deutschen Einzelhandel. Im Kontext des grenzüberschreitenden Onlinehandels wird der erhebliche Marktumfang und die Bedeutung der regionalen Verankerung von Onlinehändlern in Abschn. 2.3 beleuchtet. In diesem Abschnitt werden relevante Zahlen vorgestellt und aktuelle Trends wie das Beispiel Temu diskutiert. Abschließend widmet sich Abschn. 2.4 der Rolle des Onlinehandels in der Umgestaltung globaler Wertschöpfungsketten. Dieser Abschnitt führt eine Definition von Wertschöpfungsketten ein und beleuchtet anschließend, wie digitale Plattformen und E-Commerce-Lösungen die Strukturen und Prozesse globaler Wertschöpfungsketten transformiert haben.

Im **dritten Kapitel** wird ein „Klassiker" der geographischen Handelsforschung betrachtet und vor dem Hintergrund der Etablierung des Onlinehandels diskutiert, nämlich das (räumliche) Konsumentenverhalten. Für welche Einkaufsstätte sich Konsumenten entscheiden und warum, ist ein traditioneller Forschungsgegenstand in der genannten Disziplin, was sich durch die Digitalisierung keinesfalls verändert hat, sondern, im Gegenteil, noch wichtiger – aber zugleich komplexer – geworden ist. Abschn. 3.1 gibt daher zunächst einen kurzen Überblick zur Stellung des Konsumentenverhaltens in der geographischen Handelsforschung sowie zu den empirischen Konzepten, mit denen die Einkaufsstätten- und Kanalwahl untersucht wird. Weiterhin wird der Stand der Forschung zu räumlichen Disparitäten der konsumentenseitigen Online-Affinität aufgearbeitet, denn der Wohnort spielt als Determinante der Kanalwahl seit Beginn der wissenschaftlichen Diskussion über Multi-Channel-Retailing eine große Rolle. In Abschn. 3.2 erfolgt eine vertiefte Betrachtung aktueller Ansätze der wissenschaftlichen Auseinandersetzung mit dem Konsumentenverhalten im Multi-Channel-Kontext. Dieser Abschnitt identifiziert hierbei zunächst drei diesbezügliche Forschungsstränge, die keinesfalls losgelöst voneinander sind, nämlich die Erklärung der kundenseitigen Wahl des Kaufkanals in Abhängigkeit von Transaktionskosten sowie die Rolle objektiver Konsumentenattribute (d. h. soziodemographische und sozioökonomische Eigenschaften) und subjektiver Konsumentenattribute (d. h. Motive, Einstellungen und Lebensstile). Daraufhin wird die Perspektive erweitert und Ansätze zur Berücksichtigung des Onlinehandels in Modellen der Einkaufsstättenwahl besprochen, denn diese sind ein traditioneller theoretischer und empirischer Ansatz in der Handelsforschung und waren bisher nur für den stationären Einzelhandel ausgelegt.

Das **vierte Kapitel** thematisiert die Konsequenzen der Digitalisierung für die relevanten Akteure. In Abschn. 4.1 wird hierfür zunächst betrachtet, wie sich die fortschreitende Relevanz des Onlinehandels auf den Immobilienmarkt – genauer: den Markt für Handelsimmobilien – auswirkt. Dies betrifft einerseits die Nachfrage von Unternehmen des stationären Einzelhandels nach Geschäftsflächen und andererseits die Tätigkeit institutioneller Immobilieninvestoren.

Der Onlinehandel wird zwar in starkem Maße über seine Onlineshops wahrgenommen, über den Erfolg entscheidet aber mindestens genauso die Lieferung der Produkte. Schnelligkeit, Pünktlichkeit und Transparenz spielen eine große Rolle, weshalb der Organisation der Logistik des Onlinehandels wie auch deren Auswirkungen auf die Standorte der Abschn. 4.2 gewidmet ist.

Nach wie vor spielt der standortgebundene Einzelhandel eine prägende Rolle bei der Versorgungs- und Zentrenfunktion der (Innen-)Städte. Abschn. 4.3 fokussiert daher verschiedene Handlungslogiken von Städten und Gemeinden, die den Einzelhandel als wichtigen Faktor für die wirtschaftliche, soziale und kulturelle Vitalität der Städte ansehen. Sie reagieren auf diese Herausforderungen und zielen darauf ab, Innenstädte zu beleben und traditionelle Einzelhandelsgeschäfte zu unterstützen. Im Rahmen dessen widmet sich der vorliegende Abschnitt Digitalisierungsinitiativen sowie lokalen Onlinemarktplätzen.

In Abschn. 4.4 wird eine Querschnittsbetrachtung im Hinblick auf die Auswirkungen der Corona-Pandemie und der eingeführten Eindämmungsmaßnahmen vorgenommen. Hierbei werden einerseits aktuelle Forschungsarbeiten zu Veränderungen im Einkaufsverhalten in der Pandemiezeit vorgestellt. Andererseits wird der Frage nachgegangen, inwiefern die Pandemiesituation und die Lockdowns einen Digitalisierungsschub für bisher stationäre Einzelhändler herbeigeführt haben.

Abschließend thematisiert Kap. 5 regionale Unterschiede der fortschreitenden Digitalisierung des Einzelhandels – sowohl zwischen Raumkategorien innerhalb Deutschlands als auch auf Länderebene.

So nimmt Abschn. 5.1 zunächst den urbanen Raum in den Blick. Vor dem Hintergrund vielfältiger Diskussionen in Wissenschaft und Gesellschaft wird hier die Frage gestellt, inwieweit der stationäre Einzelhandel auch in Zukunft noch die Leitfunktion von Innenstädten sein kann und wird. Dabei wird sowohl auf die

Diversität der Städte als auch die Hierarchisierung von Einzelhandelsstandorten innerhalb von Städten eingegangen.

Abschn. 5.2 wirft einen Blick auf die Situation der Nahversorgung mit Gütern des täglichen Bedarfs im ländlichen Raum vor dem Hintergrund der Digitalisierung. Hierbei wird zunächst ein kurzer Überblick zum Rückzug der Nahversorgung „aus der Fläche" gegeben. In einem zweiten Schritt werden der Zugang der Bevölkerung zu Online-Lebensmittellieferdiensten und die räumlichen Disparitäten des Online-Angebotes anhand aktueller Studien thematisiert. Weiterhin wird auf das Einkaufsverhalten im Nahversorgungsbereich eingegangen. Abschließung erfolgt ein Exkurs über die Möglichkeiten und Grenzen von Online-Apotheken.

Die Digitalisierung treibt den Strukturwandel des Einzelhandels weltweit voran. Trotzdem lassen sich Unterschiede in der raumzeitlichen Dynamik erkennen. Abschn. 5.3 thematisiert die Entwicklung in Italien, vergleicht diese mit anderen europäischen Ländern und wirft einen Blick auf die Chancen traditioneller italienischer Konsumgüterhersteller, die Digitalisierung für ihr Wachstum zu nutzen.

Die Volksrepublik China steht an der Spitze des globalen E-Commerce-Marktes und hat bereits 2013 die Vereinigten Staaten überholt. Der Übergang zu einer Konsumgesellschaft hat die Einkaufsgewohnheiten der Menschen im Land tiefgreifend verändert. In Abschn. 5.4 werden die treibenden Kräfte hinter diesen signifikanten Veränderungen im Einzelhandelssektor beleuchtet. Die Entwicklungen in China bieten aus verschiedenen Blickwinkeln eine erkenntnisreiche Fallstudie: Einerseits lässt sich das Potenzial des E-Commerce zur Förderung des Wohlstands, auch in ländlichen Regionen, untersuchen. Andererseits gewährt es Einblicke in die fortschreitende Verschmelzung von Online- und Offline-Handel.

Cordula Neiberger\
Sina Hardaker\
Thomas Wieland

Inhaltsverzeichnis

1 Von traditionellen Wegen zu digitalen Horizonten: die Evolution des Einzelhandels 1
  1.1 Eine Einführung in die räumliche Dynamik des Einzelhandelssystems 1
      1.1.1 Die Idee der Ordnung des Einzelhandels: Das Prinzip der zentralen Orte 2
      1.1.2 Strukturwandel: Innovationen treiben die Entwicklung der Handelsunternehmen 3
      1.1.3 Dynamiken des Standortsystems 4
  1.2 Neues Know-how für eine (ur)alte Branche: Onlineaktivitäten stationärer Händler 8
      1.2.1 Die Notwendigkeit der Digitalisierung für den stationären Handel 8
      1.2.2 Die Entwicklung der Digitalisierung von Filialunternehmen 9
      1.2.3 Die Digitalisierung des inhabergeführten Handels 13
  1.3 Vom Versandhandel zum Onlinehandel: eine alte Branche im Umbruch 18
      1.3.1 Innovationen, Gesetze, Kriege: eine wechselvolle Geschichte des Versandhandels und seiner Unternehmen 18
      1.3.2 Eine Innovation revolutioniert den Markt 23
  Literatur 28

2 Digitale Dynamiken: Disruption, Expansion und Vernetzung im Einzelhandel 33
  2.1 Digitale Plattformen als disruptive Akteure im Einzelhandel 33
      2.1.1 Von der Plattformökonomie zum Plattformurbanismus 34
      2.1.2 Die Sharing Economy und ihre Auswirkungen auf Prozesse im Handel 37
  2.2 Plattformisierung im Einzelhandel: Transformationen und Trends 38

		2.2.1	Fluch oder Segen – eine kritische Perspektive auf digitale Plattformen und ihre Auswirkungen auf den deutschen Einzelhandel	43
		2.2.2	Räumliche Auswirkungen der Plattformisierung im Einzelhandel	45
		2.2.3	Fazit und Ausblick	46
	2.3	Cross-Border E-Commerce: globaler Handel im digitalen Zeitalter...		47
		2.3.1	Von „international sourcing" über „cross-border-retailing" zu „cross-border e-commerce".....................	48
		2.3.2	Cross-Border E-Commerce in Deutschland, Europa und der Welt	49
		2.3.3	Onlineshops und Marktplätze als Gateways für internationale Märkte	51
		2.3.4	Deutsche Verbraucher:innen und weltweite Onlinekäufe....	56
		2.3.5	Fazit	59
	2.4	Digitale Vernetzung: Onlinehandel und globale Wertschöpfungsketten................................		59
		2.4.1	Globale Wertschöpfungsketten...................	59
		2.4.2	Wertschöpfungsketten und Onlinehandel............	61
		2.4.3	Vertikalisierung im Onlinehandel: Wenn Partner zu Wettbewerbern werden oder Hersteller auf Kund:innen treffen	66
		2.4.4	Fazit	68
	Literatur..			68
3	Konsumenten im digitalen Zeitalter: räumliches Einkaufsverhalten im Spannungsfeld zwischen online und stationär			75
	3.1	Online vs. stationär? Oder doch lieber no-line? Konsumentenverhalten im Raum		75
		3.1.1	Räumliches Einkaufsverhalten: ein Klassiker der Geographie im digitalen Zeitalter..................	75
		3.1.2	Wohnort als Determinante der Kanalwahl: räumliche Disparitäten der Online-Affinität	78
	3.2	Kunden im Fokus: aktuelle Ansätze zur Erklärung des Konsumentenverhaltens im Multi-Channel-Kontext		81
		3.2.1	Die Transaktionskostenperspektive	81
		3.2.2	Soziodemographische und sozioökonomische Konsumentenattribute.........................	83
		3.2.3	Motive, Einstellungen und Lebensstile..............	84
		3.2.4	Von der Kanalwahl zum räumlichen Einkaufsverhalten im Multi-Channel-Kontext.......................	87
	Literatur..			90

Inhaltsverzeichnis

4 Strukturelle Veränderungen und lokale Antworten im Einzelhandel: Immobilien, Logistik und kommunale Politik 93
  4.1 Zwischen Ladenlokal und Lager – Konsequenzen für den Immobilienmarkt 93
    4.1.1 Einfluss des Onlinehandels auf die Nachfrage nach Geschäftsflächen 93
    4.1.2 Entwicklungen der Investitionstätigkeit von Immobilienunternehmen 96
  4.2 Zwischen Flächenfraß und Nachhaltigkeit – Logistik und Verkehr 99
    4.2.1 Prinzip der Onlinehandels-Logistik 99
    4.2.2 Akteure im Markt 102
    4.2.3 Lagerstandorte des Onlinehandels und deren Effekte 104
    4.2.4 Neue urbane Versorgungskonzepte 108
    4.2.5 Distributionsstrategien im Lebensmittel-Onlinehandel 109
  4.3 Handlungslogiken der Kommunen und Verbände – lokale Online-Marktplätze und Digitalisierungsinitiativen 111
    4.3.1 Digitalisierungsinitiativen für den stationären Einzelhandel 113
    4.3.2 Lokale Online-Marktplätze 115
    4.3.3 Das Beispiel „eBay Deine Stadt" 118
    4.3.4 Fazit und Ausblick 120
  4.4 Zwischen Lockdown und Boom – Dynamiken in Zeiten der Corona-Pandemie 121
    4.4.1 Der deutsche Onlinehandel in der Corona-Pandemie 121
    4.4.2 Zwischen Lockdown und Angst: Einkaufsverhalten in der Corona-Pandemie 123
    4.4.3 Pandemiesituation als Digitalisierungsschub für die Händler? 126
    4.4.4 Fazit: Was kam und was bleibt durch Corona? 128
  Literatur 129

5 Handelslandschaften: Vielfalt der Räume, Dynamik der Märkte 135
  5.1 Stationärer Handel als Leitfunktion? Zur Zukunft des Einzelhandels im urbanen Raum 135
    5.1.1 Einzelhandel und Stadtentwicklung 135
    5.1.2 Verschiedene Städte – unterschiedliche Zukünfte 138
    5.1.3 Fazit 144
  5.2 Onlinehandel als Nahversorgung? Die Zukunft des Handels im ländlichen Raum 144
    5.2.1 Rückzug der Nahversorgung „aus der Fläche" 144
    5.2.2 Digitale Nahversorgung als Option? Räumliche Disparitäten der Abdeckung von Online-Lebensmittellieferdiensten 147

　　　　5.2.3　Einkaufsverhalten und Erwartungen der Konsumenten..... 149
　　　　5.2.4　Exkurs: Die Online-Apotheke........................ 151
　　　　5.2.5　Möglichkeiten und Grenzen digitaler Nahversorgung...... 154
　　5.3　Die Stärke des stationären Handels: Marktdynamiken in Italien.... 156
　　　　5.3.1　Italiens stationärer Handel – verzögerter Strukturwandel... 156
　　　　5.3.2　Italiens Onlinehandel............................... 161
　　　　5.3.3　Cross-Border-Onlinehandel (CBEC) als Chance für
　　　　　　　italienische Konsumgüterhersteller?.................... 163
　　　　5.3.4　Fazit.. 165
　　5.4　Der größte E-Commerce-Markt der Welt – Marktdynamiken
　　　　im Reich der Mitte.. 165
　　　　5.4.1　Chinas E-Commerce-Markt in Zahlen.................. 166
　　　　5.4.2　Verschmelzung von Onlinehandel und stationärem
　　　　　　　Handel... 169
　　　　5.4.3　Internationalisierung und Digitalisierung des
　　　　　　　Einzelhandels..................................... 171
　　　　5.4.4　Ländliche vs. urbane E-Commerce-Trends in China....... 172
　　　　5.4.5　Fazit.. 175
Literatur... 176

Von traditionellen Wegen zu digitalen Horizonten: die Evolution des Einzelhandels

1.1 Eine Einführung in die räumliche Dynamik des Einzelhandelssystems

Cordula Neiberger

„Handel ist Wandel" – das ist seit Langem das geflügelte Wort in der Handelsbranche – und heute zutreffender denn je. Innovationen und veränderte Kundenanforderungen wirken auf die Branche und führen schon seit Jahrzehnten zu einem Strukturwandel, der Konzentration, neue Betriebsformen, eine Dynamik von Verkaufsflächengröße (VKF-Größe) und Betriebszahl sowie der Einzelhandelsstandorte umfasst. Die Digitalisierung als neueste Innovation allerdings scheint disruptive Veränderungen hervorzubringen, die durch die Entstehung eines neuen Verkaufskanals und den damit sich entwickelnden vielfältigen Beziehungen zwischen stationärem und virtuellem Handel auf unternehmerischer und kundenseitiger Ebene zu einem neuen Standortsystem des Einzelhandels führen kann. Um diese fundamentalen Veränderungen besser einordnen zu können, wirft dieses Kapitel zunächst einen Blick auf die Entwicklungen im stationären Einzelhandel.

Ausschließlich aufgrund der besseren Lesbarkeit wird auf die gleichzeitige Verwendung männlicher, weiblicher und diverser Sprachformen verzichtet. Sämtliche Personenbezeichnungen gelten gleichermaßen für alle Geschlechter.

© Der/die Autor(en), exklusiv lizenziert an Springer-Verlag GmbH, DE, ein Teil von Springer Nature 2025
C. Neiberger et al., *Onlinehandel und Raum*,
https://doi.org/10.1007/978-3-662-70185-0_1

1.1.1 Die Idee der Ordnung des Einzelhandels: Das Prinzip der zentralen Orte

Walter Christaller (1893–1969) begründete 1933 mit seiner Dissertation „Die zentralen Orte in Süddeutschland" eine Standorttheorie, die bis heute einen großen Einfluss sowohl auf die Raumordnung Deutschlands als auch anderer Länder hat (Christaller 1933). Grundaussage seiner „Theorie der zentralen Orte" ist, dass eine optimale Funktionsverteilung von Dienstleistungen wie Einzelhandel, öffentliche Verwaltung oder Schulen im Raum nur in einer Hierarchie von ebensolchen „zentralen Orten" möglich ist. Diese Schlussfolgerung zog er auf Basis seiner empirischen Studien in Süddeutschland, wo er eine regelmäßige Verteilung von Städten verschiedener Größen und deren Ausstattung mit Dienstleistungen feststellte. Aufgrund seiner Erkenntnisse entwarf er ein Modell, das die optimale Anordnung zentraler Orte beschreibt. In diesem Modell können alle Menschen innerhalb der maximal zumutbaren Entfernung Zugang zu Dienstleistungen erhalten, während gleichzeitig die Absatzmärkte für die Dienstleistungsanbieter in den zentralen Orten wirtschaftlich tragfähig sind.

In den 1960er Jahren wurde das Konzept der zentralen Orte in die Raumplanung der Bundesrepublik Deutschland integriert, was sich in der Einführung einer Hierarchie von Zentren innerhalb der Landesentwicklungspläne (LEP) widerspiegelt. Diese Hierarchie umfasst drei bis vier Ebenen: Oberzentren, typischerweise Städte mit über 100.000 Einwohnern, gefolgt von Mittel-, Unter- und Kleinzentren, auch als Grundzentren benannt. Diese zentralen Orte sind darauf ausgelegt, den Bedarf der Bevölkerung in ihren jeweiligen Einzugsgebieten – den sogenannten zentralörtlichen Verflechtungsbereichen – zu decken. Dabei wird erwartet, dass sich die Einwohner in diesen zentralen Orten mit den notwendigen Gütern und Dienstleistungen versorgen.

Christaller versteht unter zentralen Einrichtungen solche mit administrativer, kultureller und sozialer Bedeutung, wie auch Einrichtungen des Handels und Geldverkehrs, also sowohl öffentliche als auch private Einrichtungen (Christaller 1933). In den LEP werden die öffentlichen Bereiche wie Kultur und Bildung, Soziales und Sport, Verkehr und Verwaltung den entsprechenden Zentrenkategorien zugewiesen (z. B. LEP Hessen 2020).

Im Gegensatz dazu basiert die Standortentscheidung von Wirtschaftsbereichen wie dem Einzelhandel auf unternehmerischen, also individuellen Entscheidungen. Während der Entwicklungsphase des Modells in den 1930er Jahren und weiter bis in die 1950er Jahre hinein stimmten diese Entscheidungen häufig mit den Zielen des zentralörtlichen Konzepts überein. Jedoch begann in den 1950er Jahren in Deutschland eine Phase des rasanten wirtschaftlichen Aufschwungs, die von einem umfassenden gesellschaftlichen Umbruch begleitet wurde. Dies führte zu einer dynamischen Veränderung sowohl in der Unternehmenswelt als auch in der Gesellschaft, was wiederum die Erwartungen an einen zeitgemäßen Einzelhandel neu formte. Diese Entwicklungen wurden in der Geographie ausführlich sowohl hinsichtlich einer theoretischen Diskussion des Konzepts als auch dessen planerischer Umsetzung rezipiert (Gebhardt 1998; Heinritz 1978; Priebs 1999).

1.1.2 Strukturwandel: Innovationen treiben die Entwicklung der Handelsunternehmen

Wirtschaftliche Entwicklung wird auch im Handel durch Innovationen vorangetrieben. Wesentliche Faktoren im Wandel des Einzelhandels umfassten organisatorische Neuerungen, die zur Schaffung neuer Vertriebskonzepte führten. Besonders bedeutsam war dabei in den 1960er Jahren die Einführung des Selbstbedienungskonzepts. Dies resultierte zum einen aus der Notwendigkeit, die Auswahl nun in immer größerer Vielfalt produzierter Konsumgüter zu erweitern, und zum anderen aus der Möglichkeit, durch Werbung und verbraucherfreundliche Verpackungen mit Informationswert zu überzeugen. Es setzte eine Entwicklung der „Substitution von Personal durch Fläche" ein; Betriebsformen mit immer größeren VKF und stärkerer Rationalisierung aller Arbeitsabläufe wurden entwickelt. Besonders augenscheinlich ist dies im Lebensmitteleinzelhandel, wo auf die traditionelle, kleinflächige Betriebsform „Lebensmittelladen" immer größere Formen folgten wie Selbstbedienungsladen (SB-Laden), Supermarkt, Verbrauchermarkt bis hin zum SB-Warenhaus, mit einer VKF von bis zu 4000 m^2. Aber auch im Non-Food-Einzelhandel kamen kleine Betriebsformen wie der traditionelle Fachhandel durch großflächige Fachmärkte unter Druck (Kulke 2023).

Eine weitere Innovation im Einzelhandel war die Einführung des Discountkonzepts, das sich auf eine begrenzte Auswahl stark nachgefragter Produkte zu besonders niedrigen Preisen konzentrierte. Diese Preisgestaltung war durch geringe Einkaufspreise, Personaleinsparungen sowie eine Straffung und Vereinfachung der Geschäftsprozesse und eine sehr einfache Warenpräsentation im Laden möglich. Die Betriebsform, mit der dieses Prinzip im Lebensmitteleinzelhandel eingeführt wurde, war der Discounter, der aufgrund des begrenzten Angebotes keine sehr hohen VKF benötigte. Seit den 1970er Jahren hat sich deren Umsatzanteil am Lebensmittelhandel auf etwa 45 % stetig gesteigert, heute stagniert dieser. Discounter treten aber nicht nur im Lebensmitteleinzelhandel, sondern auch im Non-Food-Bereich auf. Diese weisen ähnliche Merkmale wie Fachmärkte auf, unterbieten deren Preisniveau jedoch (Neiberger und Steinke 2020).

Die Erfolge der neuen Betriebsformen beruhen zudem auf einem kontinuierlichen Größenwachstum der Handelsunternehmen, das eine bessere Verhandlungsposition gegenüber den Herstellern und damit niedrigere Einkaufspreise ermöglichte und damit gleichzeitig Kapital für notwendige Investitionen in technologische und organisatorische Innovationen, also Rationalisierung, schaffte. Es entstanden Filialsysteme, die sich seit den 1980er Jahren durch Fusionen und Übernahmen zu größeren Unternehmensstrukturen innerhalb der Branche entwickelten, die letztlich eine Vielzahl von Betriebsformen integrierten. Parallel dazu nahm sowohl die Anzahl als auch die wirtschaftliche Bedeutung des inhabergeführten Einzelhandels über die Jahre kontinuierlich ab.

Heute kann im Lebensmittelhandel von einem oligopolistischen Markt gesprochen werden, in dem die vier größten Unternehmen etwa 76 % des Gesamtumsatzes in Deutschland generieren (Lebensmittel Praxis 2024). Für die Verbraucher hatte diese Entwicklung stetig sinkende Preise bei gleichzeitig besserer

Versorgung im Sinne immer größerer Ladengeschäfte mit breiterem und tieferem Sortiment zur Folge. Zudem wuchs die Wettbewerbsfähigkeit dieser Unternehmen auch international. Eine Unternehmenskonzentration bringt aber ebenso auch negative Folgen mit sich. Dies sind neben den für einen oligopolistischen Markt typischen Problemen wie eine steigende Verhandlungsmacht der großen Unternehmen gegenüber den Lieferanten und die Zunahme der Gefahr von Absprachen untereinander auch strukturelle Nachteile für kleinere Unternehmen (z. B. durch höhere Einkaufspreise). Zudem stehen die Verbraucher nun einer abnehmenden Vielfalt erstens der Unternehmen und zweitens der angebotenen Marken gegenüber. Ein wichtiger Aspekt ist auch die räumliche Verdrängung kleinerer Unternehmen aus guten Handelslagen (Schenk 1991).

1.1.3 Dynamiken des Standortsystems

Die Durchsetzung neuer Betriebsformen im Einzelhandel war aber letztendlich nur möglich, weil seitens der Verbraucher eine entsprechende Nachfrage vorhanden war. Vor allem das ausgeprägte Preisbewusstsein der Menschen trug zum Erfolg dieser neuen Geschäftsmodelle bei. Trotz des signifikanten Einkommenswachstums innerhalb der Bevölkerung über die letzten Jahrzehnte hinweg hält sich dieses Preisbewusstsein bis in die heutige Zeit.

Mit dem Anstieg der Einkommen seit den 1950er Jahren nahm die Verfügbarkeit von Pkw zu, was es den Verbrauchern ermöglichte, auch entferntere Einkaufsmöglichkeiten zu nutzen. Dadurch erweiterten sich die Aktionsräume der Menschen und die Abhängigkeit von lokalen Versorgungseinrichtungen nahm ab. Dies korrespondiert mit dem Flächenwachstum der Betriebsformen und der damit verbundenen Zunahme der Einzugsbereiche. Letztlich führte das jedoch zu Versorgungslücken für Güter des täglichen Bedarfs und damit einer nicht mehr gewährleisteten Nahversorgung. Am Beispiel des Lebensmitteleinzelhandels im ländlichen Raum lässt sich dies besonders eindrücklich nachvollziehen (Jürgens 2014) (ausführlich im Abschn. 5.2).

Der Einkommensanstieg ermöglichte zudem einen Pkw-Besitz, der die Mobilität zwischen Wohn- und Arbeitsstätte erhöhte. Insbesondere Familien mit Kindern zogen nun die neuen, verkehrlich gut erschlossenen Wohngebiete an den Stadträndern vor (Suburbanisierung). Der Einzelhandel folgte dieser Bevölkerungsbewegung; neben großflächigen Betriebsformen des Lebensmittelhandels wurden nun auch verstärkt nicht integrierte Standortagglomerationen entwickelt. Geplante Geschäftszentren wie Shoppingcenter und Fachmarktzentren entstanden „auf der grünen Wiese" oder an Ausfallstraßen der Städte (Kulke 2001).

In den neuen Bundesländern fanden diese Suburbanisierungsprozesse erst nach der Wiedervereinigung statt und waren im Einzelhandel geprägt von ungeklärten Eigentumsverhältnissen in den Städten einerseits, was eine schnelle Entwicklung hier unmöglich machte, und unbedarften Planungsämtern in Städten und Gemeinden andererseits, was zu nicht immer interkommunal abgestimmten Großbauten von Shoppingcentern und letztlich einen Überbesatz mit VKF an nicht

1.1 Eine Einführung in die räumliche Dynamik ...

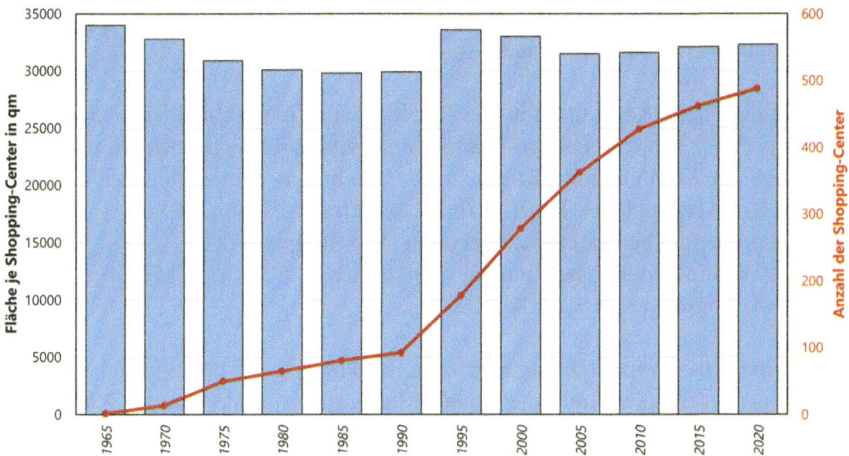

Abb. 1.1 Entwicklung von Shoppingcentern in Deutschland 1965 bis heute. (Eigene Darstellung, Daten: EHI 2023)

integrierten Standorten führte. Abb. 1.1 zeigt die sprunghafte Zunahme der Anzahl und Größe der Shoppingcenter Anfang der 1990er Jahre.

Zum Erfolg dieser Agglomerationsformen trug auch ein zunehmendes Kopplungsverhalten bei, bei dem möglichst viele Einkäufe mit möglichst wenig einzelnen Versorgungsgängen erledigt werden. Zudem vergrößerte sich mit dem höheren Einkommen auch die Zahl der eingekauften Artikel, wobei die Nachfrage nach höherwertigen Gütern überproportional zunahm. Auch dies spricht für verkehrlich gut erreichbare Standortagglomerationen, an denen mehrere Anbieter mit kompatiblem Angebot zu finden sind, wie Shoppingcenter und Fachmarktcenter (Gebhardt 2002; Kulke 2023).

Die Entstehung neuer Agglomerationen des Einzelhandels besitzt eine hohe Raumrelevanz. Hier bilden sich neue räumliche Verflechtungsbereiche, die zu veränderten Verkehrsströmen mit entsprechenden Belastungen führten. Auch stehen diese häufig nicht im Einklang mit den in den LEP definierten Einzugsgebieten zentraler Orte. Darüber hinaus verlieren die Innenstädte durch die neuen Agglomerationen Kaufkraft, wodurch es zu Geschäftsaufgaben bis hin zur Verödung ganzer Einkaufslagen kommen kann (Gaebe 1985).

> **Box: Agglomerationsformen des Einzelhandels**
> **Shoppingcenter** sind aufgrund zentraler Planung errichtete großflächige Versorgungseinheiten, die unter einem einheitlichen Management stehen und eine Retail-Mietfläche von mindestens 10.000 m² aufweisen. Sie verfügen über eine Vielzahl von Mietern aus den Branchen Einzelhandel, Gastronomie und/oder einzelhandelsnahe Dienstleistungen.

Häufige Charakteristika sind:

- die räumliche Konzentration von Retail-Flächen unterschiedlicher Größe;
- eine Vielzahl von Fachgeschäften unterschiedlicher Branchen, in der Regel in Kombination mit einem oder mehreren dominanten Anbietern (z. B. SB-Warenhaus, Textilkaufhaus, Elektronik-Fachmarkt);
- ein großzügig bemessenes Angebot an Pkw-Stellplätzen;
- die Wahrnehmung bestimmter Funktionen durch alle Mieter (z. B. Marketingmaßnahmen) (EHI 2023).

Fachmarktzentren sind aufgrund zentraler Planung errichtete großflächige Versorgungseinheiten mit einer Retail-Mietfläche von mindestens 5000 m². Hier besteht eine Flächendominanz großer Fachmärkte mit Versorgungs- und Niedrigpreisorientierung; es finden sich keine oder nur wenig kleine Geschäfte und Dienstleistungen. Dabei handelt es sich in der Regel um einen offenen Gebäudekomplex in Funktionalarchitektur mit hoher Anzahl von Parkplätzen (verändert und ergänzt nach Sailer 2020).

Aber nicht nur Einkommenssteigerungen und Pkw-Besitz prägten die gesellschaftlichen Veränderungen der letzten Jahrzehnte, sondern auch erhöhte Freizeitanteile, eine Individualisierung der Gesellschaft und stärkere Orientierung auf Konsum zur Maximierung des persönlichen Wohlbefindens. All das führt zu einer Mehrfachorientierung der Konsumenten; d. h., Güter werden von Fall zu Fall an verschiedenen Einzelhandelsstandorten gekauft. Das von Christaller unterstellte rationale, stets auf Kostenminimierung bedachte Verhalten der Kunden trifft offensichtlich so nicht (mehr) zu. Vielmehr sind verschiedenste Standorte in Konkurrenz zueinander getreten (Innenstädte, Stadtteilzentren, Shoppingcenter und Fachmarktzentren an nicht integrierten Standorten). Durch die gestiegene Mobilität können darüber hinaus auch weiter entfernte Standorte schnell und unkompliziert erreicht werden (Nachbarstätte, übergeordnete Zentren) (Gebhardt 2002).

Somit sahen sich viele Städte in einem interkommunalen Wettbewerb um Einzelhandelskunden, in dem ansiedlungswillige Investoren und Handelsunternehmen die Städte noch bestärkten. Lange Zeit galt die Maxime: „Je mehr VKF vorhanden ist, umso attraktiver ist der Standort." Das führte nicht selten dazu, dass sich Kommunen dazu veranlasst sahen, neue Einzelhandelsagglomerationen zu genehmigen, wenn die Nachbarstadt dies auch getan hatte. Damit kam es, insbesondere in dicht besiedelten Regionen wie dem Ruhrgebiet, zu einem Überbesatz an VKF. So werden die Grundideen des Zentrale-Orte-Modells obsolet: Sein Erklärungsgehalt hat stark abgenommen und letztlich lässt sich fragen, ob es sinnvoll ist, ein solches Modell als Planungsideal zumindest für den Einzelhandel aufrechtzuerhalten (Gebhardt 1998).

1.1 Eine Einführung in die räumliche Dynamik … 7

Mit der Digitalisierung und damit der weltweiten Vernetzung verschiedenster Akteure via Internet gewinnt nun der E-Commerce seit etwa 20 Jahren an Bedeutung. Während im Jahr 2001 lediglich 0,4 % des Gesamtumsatzes des Einzelhandels online umgesetzt wurden, waren dies im Jahr 2022 schon 13,4 % (im Non-Food-Handel sind dies 18,6 %) (HDE 2023).

Abb. 1.2 zeigt die Umsatzentwicklung von stationärem und Online-Einzelhandel sowie die VKF-Entwicklung und verdeutlicht, dass der Anstieg des Gesamtumsatzes des Handels lange Zeit insbesondere durch den Onlinehandel generiert wurde; seit 2015 steigt (mit Ausnahme in der Corona-Zeit) aber auch der Umsatz des stationären Handels wieder. Dagegen nimmt der Onlinehandel kontinuierlich zu, ein besonders starkes Wachstum ist während der Corona-Krise zu verzeichnen, die durch eine leichte Abnahme 2022 aber wieder etwas zurückgenommen wird. Daneben hat die VKF bis 2018 aber noch, wenn auch mit abnehmender Dynamik, zugenommen, erst seitdem stagniert sie bzw. geht nun auch messbar zurück.

Der nach Jahrzehnten des Wachstums nun eingesetzte Rückgang der VKF verläuft räumlich äußerst unterschiedlich und entzieht sich weitgehend dem Einfluss räumlicher Planung. Die Verwerfungen entstehen sowohl zwischen Städten als auch innerhalb der Städte und innerhalb einzelner Handelslagen. Dieser VKF-Rückgang hat das Potenzial, das Standortsystem des Einzelhandels ein weiteres Mal dynamisch zu verändern. Die Kapitel 5.1 und 5.2 diskutieren diese Prozesse.

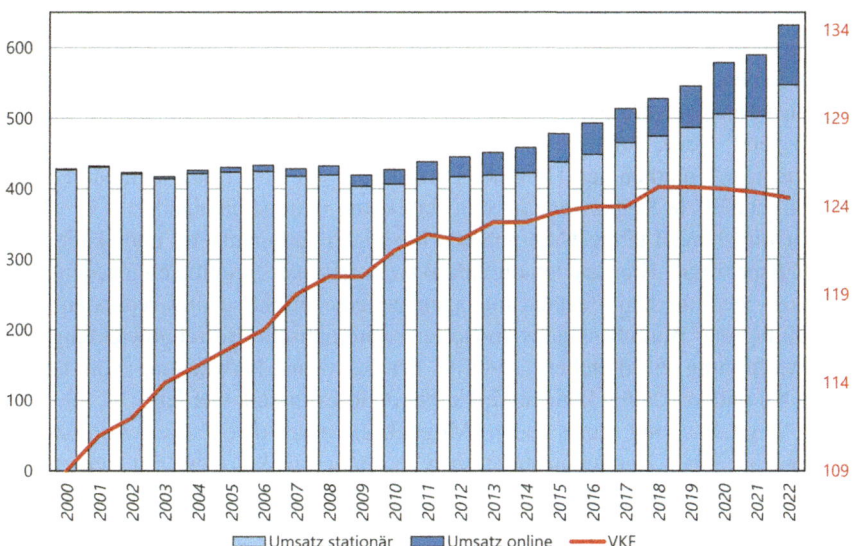

Abb. 1.2 Umsatzentwicklung und Verkaufsfläche (VKF) im Einzelhandel 2000–2022. (Eigene Darstellung, Daten HDE 2023, 2017; Statistisches Bundesamt 2024)

1.2 Neues Know-how für eine (ur)alte Branche: Onlineaktivitäten stationärer Händler

Cordula Neiberger

Die Handelsbranche befindet sich seit Jahrzehnten im Umbruch, Konzentrationsprozesse und Betriebsformenwandel verändern Unternehmen wie Standorte. Dabei nahm die Zahl der Unternehmen zugunsten einer Umsatzkonzentration ab. Immer stärker ist der Einzelhandel einerseits von (internationalen) Filial- und Franchiseunternehmen in den 1a-Lagen der Innenstädte und andererseits großflächigen Betriebsformen wie (discountorientierten) Fachmärkten in städtebaulich nicht integrierten Lagen geprägt. Die inhabergeführten Einzelhandelsunternehmen mit einem oder wenigen Fachgeschäften dagegen wurden je nach Stadt- und Kaufkraftgröße mehr oder weniger stark in die B-Lagen verdrängt (siehe Abschn. 1.1).

In diesem hochkompetitiven Umfeld bieten die Möglichkeiten der Digitalisierung für die stationären Einzelhandelsunternehmen Chancen in vielen Bereichen, mit dem Aufkommen des Onlinehandels und der damit verbundenen Konkurrenz wurden sie aber auch noch einmal verstärkt unter Druck gesetzt, die eigenen Geschäftsmodelle zu überdenken.

1.2.1 Die Notwendigkeit der Digitalisierung für den stationären Handel

Die Innovation der weltumspannenden Informations- und Kommunikations-(IuK-) Technologien und die damit verbundenen Möglichkeiten des Internets und der Digitalisierung von Daten verändert seit zwei Jahrzehnten die Handelslandschaft grundlegend. Neue, auf die Ausnutzung der Effizienzvorteile der Digitalisierung ausgerichtete Unternehmen (Internet Pure Player = IPP) betraten den Markt und wurden schnell zur Konkurrenz für den etablierten stationären Handel.

Im Onlinehandel tätige Unternehmen benötigen automatisierte und skalierbare Geschäftsprozesse. Hier spielen digitale Warenwirtschaftssysteme eine bedeutende Rolle, da sie mit dem Bestandsmanagement eine effektive und redundanzfreie Verwaltung des Warenbestandes sowie eine automatische Bestellabwicklung und Lieferverfolgung ermöglichen. Mithilfe der Echtzeit-Überwachung von Lagerbeständen und Verkäufen können Verkaufsprognosen erstellt werden.

Die Digitalisierung bietet zudem Möglichkeiten der datenbasierten Personalisierung. Es können Kundeninformationen gesammelt und ausgewertet werden, um personalisierte Angebote zu erstellen und damit die Kundenbindung zu steigern. Eine Konzentration auf die Kunden als Mittelpunkt der Unternehmensaktivitäten wird möglich und notwendig (Micha und Koppers 2016).

Zudem wurde schon früh deutlich, dass sich das Kundenverhalten aufgrund der Innovation des Onlinehandels stark veränderte. So schätzen die Kunden die Möglichkeiten einer umfassenden Informationsbeschaffung und eines sehr großen Sortiments sowie auch die Bequemlichkeit des Einkaufens zu jeder Tageszeit an jedem beliebigen Ort. Mit hohen Erwartungen an Beratungsqualität und

Produktverfügbarkeit begegnen sie nun auch dem stationären Handel (Krüger und Kahl 2017).

Die fortschreitende Digitalisierung bedeutete für stationäre Handelsunternehmen aber nicht nur eine Verschärfung der Rahmenbedingungen, sondern auch neue Möglichkeiten der eigenen Geschäftstätigkeit. So kann einerseits das Ladengeschäft durch verschiedenste neue digitale Möglichkeiten unterstützt werden. Einige Beispiele sind eine Kundenansprache durch Social-Media-Kanäle, Video-Einkauf, digitale Umkleidekabinen, Echtzeit-Abfrage von Lagerbestellungen und Lieferung nach Hause ebenso wie die vielfältigen Möglichkeiten der Augmented Reality.

Mit dem Einstieg in den Onlinehandel bietet sich für die stationären Handelsunternehmen zudem die Möglichkeit der Kombination der Vertriebskanäle online und offline und damit ein durchaus großer Vorteil gegenüber dem reinen Onlinehandel. Gelingt es, ein Cross-Channeling aufzubauen, kann Kunden ein Einkaufserlebnis geboten werden, bei dem sie nahtlos zwischen online und offline switchen können.

Stationäre Handelsunternehmen befinden sich somit in einem volatilen Umfeld, in dem sie sich durch Anpassungen ihrer Strategie immer wieder aufs Neue behaupten müssen. Von besonderer Bedeutung für die Reaktionsfähigkeit auf die Herausforderungen der Digitalisierung ist aber immer die Verfügbarkeit von Ressourcen verschiedenster Art; neben finanziellen Mitteln sind dies auch das Know-how der Belegschaft sowie Innovationswillen und -fähigkeit des Managements. Schon frühe Untersuchungen haben festgestellt, dass die Einführung digitalisierungsgetriebener Innovationen sowohl von der Organisationsform als auch von der Größe der Unternehmen abhängt (Weldevreden und Atzema 2006; Boschma und Weltevreden 2008).

1.2.2 Die Entwicklung der Digitalisierung von Filialunternehmen

Die Mehrheit der traditionellen stationären Handelsunternehmen standen den Möglichkeiten der Digitalisierung, insbesondere des Onlinehandels, zunächst skeptisch gegenüber. Stationäre Handelsunternehmen verfügen über ein spezifisches Know-how in Bezug auf die Funktionen des Handels in einer analogen Welt. Entscheidungen über Sortimentsbreite und -tiefe, Standorte, Logistiksysteme und Marketingstrategie wurden aufgrund traditioneller Ausbildung und jahrelanger Erfahrung innerhalb eingespielter Geschäftsmodelle gefällt. Selbstverständlich unterlagen diese schon immer den Zwängen von Rationalisierung und Optimierung, was die Einführung von Warenwirtschaftssystemen, die Verbesserung des Informationsflusses auch über die Unternehmensgrenzen hinaus, die Optimierung von Lagerstandorten und vieles mehr bedeutete (Busse et al. 2022). Diese Rationalisierungen waren allerdings immer klar an den Anforderungen des stationären Handels ausgerichtet.

Das Geschäftsmodell des Onlinehandels unterscheidet sich jedoch grundlegend von dem des stationären Handels, was auch neues Know-how bedeutet, das bisher in den Handelsunternehmen nicht oder nur rudimentär vorhanden war. Bis heute sind viele Handelsunternehmen nicht von der Notwendigkeit überzeugt, eine umfassende Digitalstrategie einführen zu müssen. So wird versucht, den Onlinekanal nur als Ergänzung zum „Hauptkanal" offline mit kleinerem Sortiment zu etablieren, nur relativ kleine Investitionen vorzunehmen oder eine Digitalisierung ohne umfassende Organisationsveränderung durchzuführen. Damit verbleiben sie in ihrer „alten Welt" des stationären Handels und können der Konkurrenz der IPP kaum standhalten, die auf eine immense Sortimentsbreite und -tiefe bei gleichzeitig aggressiver Preisgestaltung und klarer Fokussierung auf Kundenbedürfnisse setzen.

Digitalisierung erfordert gleichzeitig umfassende Investitionen und unter den Bedingungen eines extrem hohen technischen Fortschritts eine ständige Innovationsfähigkeit. Dabei ist der Erfolg nicht garantiert, die Konkurrenz im Internet extrem hoch. Die Umsätze wachsen eher langsam und werden lange Zeit nur einen eher geringen Anteil am Gesamtumsatz ausmachen (Heinemann 2022).

Einige Filialunternehmen des stationären Handels haben jedoch durchaus früh auf die Möglichkeiten des Internets reagiert. So haben insbesondere Elektro-/Elektronikhändler schon in den 1990er Jahren erste Onlineshops gegründet (Tab. 1.1), Bekleidungshändler dagegen etwa ein Jahrzehnt später. Dies geht einher mit dem Wachstum der Onlineumsätze der jeweiligen Branche, die zeitlich versetzt über die letzten 30 Jahre abgelaufen ist.

Leider gibt es keine statistischen Daten zum Anteil der Filialunternehmen, die aktuell auch einen Onlineshop unterhalten. Eine empirische Untersuchung des stationären Handels in fünf Städten unterschiedlicher Größe des Industrie- und Handelskammer-(IHK-)Bezirks Aachen hat jedoch ergeben, dass etwa 70 % der dort verorteten Filialunternehmen auch einen Onlineshop betreiben (Neiberger und Kubon 2018). Dabei zeigt sich kein Unterschied zwischen den Stadtgrößen, d. h. auch kein Unterschied zwischen den die verschiedenen Standorte bevorzugenden Filialunternehmen. Die Untersuchung wurde 2018 durchgeführt und 2021 in

Tab 1.1 Gründung von Onlineshops durch den stationären Einzelhandel

Jahr	Name	Branche	Platz TOP 100 (2021)
1995	Tchibo	Kaffee/General?	16
1996	Conrad	Elektro	18
1997	Esprit	Bekleidung	57
1999	Media-Markt	Elektro	3
1999	Saturn	Elektro	6
1999	Obi	Baumarkt	25
2001	Douglas	Kosmetik	21
2001	Hornbach	Baumarkt	23
2006	Bauhaus	Baumarkt	48
2008	C&A	Bekleidung	63
2008	Breuninger	Bekleidung	17
2010	H&M	Bekleidung	9
2011	P&C	Bekleidung	–

Quelle: EHI (2022), Unternehmensseiten

1.2 Neues Know-how für eine (ur)alte Branche …

drei dieser Städte wiederholt. In diesem Zeitraum hat sich keine substanzielle Veränderung ergeben (Herb et al. 2023). Einen ähnlichen Wert erhielten Wieland et al. (2020) mit 63,2 % Onlineshops bei Filialunternehmen in Karlsruhe.

Die Onlineshops der Filialunternehmen waren in der Vergangenheit unterschiedlich erfolgreich. Zwar wurden auch einige wieder geschlossen (z. B. SinnLeffers 2012 und Escada 2013), doch finden sich heute unter den 100 umsatzstärksten Onlineshops Deutschlands 38 Shops von stationären Handelsunternehmen; Abb. 1.3 zeigt die Bedeutung des stationären Handels anhand der 30 umsatzstärksten Onlineshops 2021 in Deutschland (EHI Retail Institut 2022).

Die Anteile der durch stationäre Handelsunternehmen online erzielten Umsätze am Gesamt-Onlineumsatz sind zwischen den Branchen durchaus unterschiedlich. Während im Bereich Schmuck und Uhren nur 17,5 % des Onlineumsatzes durch stationäre Händler erbracht werden, sind dies in den Bereichen „Heimwerken und Garten", Fast Moving Consumer Goods (FMCG) sowie „Gesundheit und Wellness" jeweils über 40 % (HDE 2022; ohne Umsatz der Marktplätze). In den umsatzstärksten Märkten des Onlinehandels Consumer Electronics (CE)/Elektro und

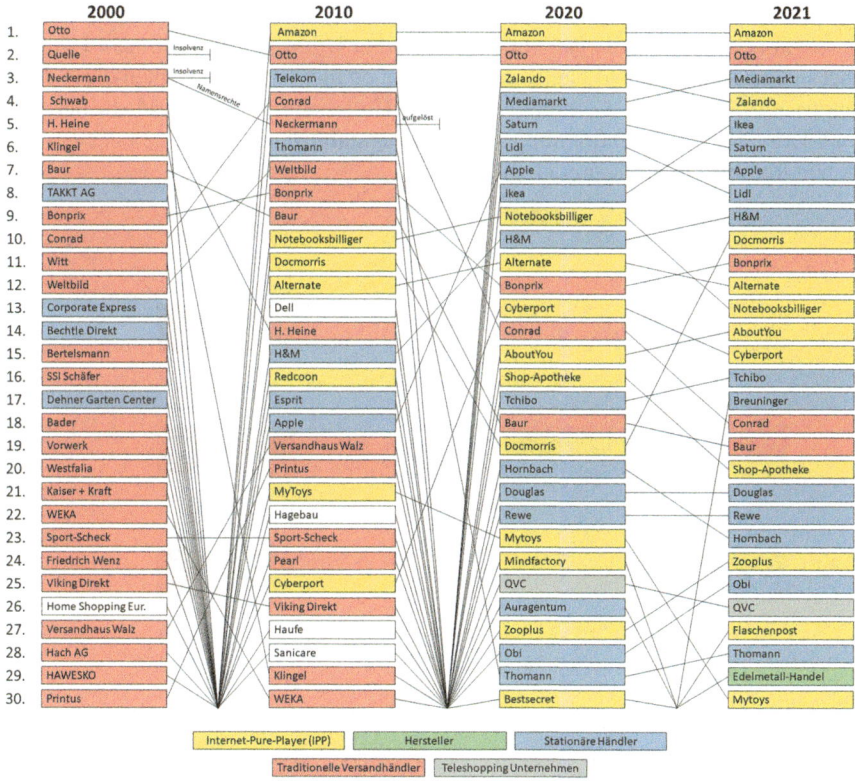

Abb. 1.3 Bedeutung der stationären Händler unter den TOP 30 Onlinehändlern 2000–2021. (Quelle: eigene Darstellung nach iBusiness 2001, 2011; EHI 2021, 2022)

Fashion und Accessoires liegen diese mit 34,7 und 27,1 % im mittleren Bereich (HDE 2022).

Auch die Anteile der Onlineumsätze innerhalb der Unternehmen schwankt sehr stark in Abhängigkeit des Onlineanteils der jeweiligen Branche ebenso wie vom Erfolg des Onlineshops selbst. So entspricht der Onlineumsatz 2022 mit 2,8 Mrd. EUR gerade einmal 7,2 % des Gesamtumsatzes der Branche „Heimwerken und Garten" (HDE 2023:24). Das an 23. Stelle der umsatzstärksten Onlineshops Deutschland stehende Handelsunternehmen Hornbach Baumarkt AG weist für das Geschäftsjahr 2022/2023 dagegen einen Anteil von 14 % des generierten Umsatzes im Onlinehandel (inkl. Click and Collect) aus (Hornbach Group 2023). Der Onlinehandel stellt aber trotzdem hier zunächst nur eine Ergänzung (und Unterstützung) des stationären Handels dar. Der Kosmetikhändler Douglas dagegen generierte 2021/2022 32,8 % seiner Umsätze online (Douglas GmbH 2022) und steht damit auf Platz 21 der umsatzstärksten Onlinehändler 2021 (HDE 2022).

Die Abb. 1.4 zeigt das Ergebnis der Handelsverband-Deutschland-(HDE-)Konjunkturumfrage 2023 und verdeutlicht, dass insgesamt ein Großteil der Unternehmen noch weniger als 10 % des Gesamtumsatzes online generiert, 9 % liegen zwischen 20 und 50 % (2023) und bei nur 3 % der Unternehmen überwiegt im Jahr 2023 der Onlinehandel im Gesamtumsatz (HDE 2023).

Wenn auch die Anteile des online generierten Umsatzes für stationäre Händler eher noch gering sind und häufig die Kosten noch nicht decken, können diese doch langfristig positiv zum Gesamtergebnis des Unternehmens beitragen. In der Corona-Krise waren die Onlineshops häufig eine stabilisierende Größe oder gar die „letzte Rettung" (Hardaker et al. 2022).

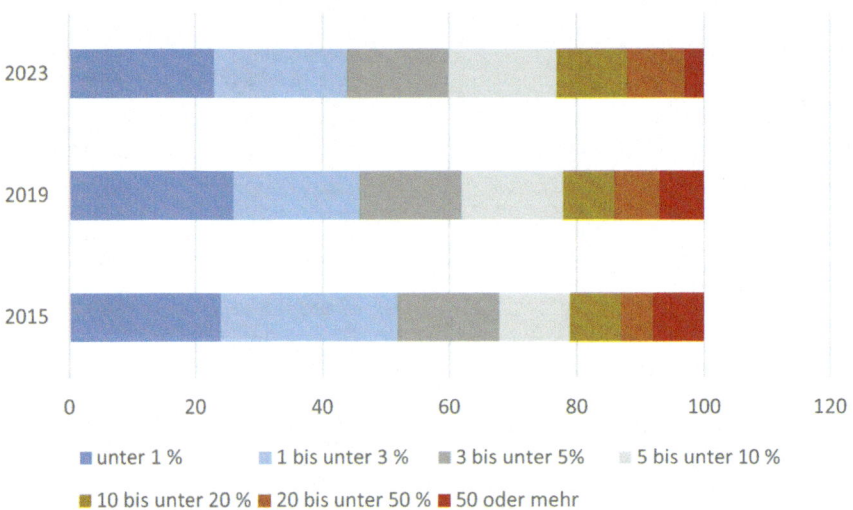

Abb. 1.4 Onlineanteil am Gesamtumsatz der Multi-Channel-Händler. (Eigene Darstellung, Quelle: HDE 2023)

Es stellt sich letztlich jedoch die Frage, inwieweit die Onlineumsätze bei abnehmenden stationären Umsätzen stabilisierend oder destabilisierend auf die stationären Ladengeschäfte wirken. Es ist eine individuelle strategische Entscheidung der Handelsunternehmen, inwieweit sie einen zwingenden Zusammenhang zwischen den Kanälen sehen oder sich in dem einen oder anderen verstärkt engagieren wollen.

Die Praxis zeigt bisher ein uneinheitliches Bild (das zudem auch von der Corona-Krise sowie der derzeitigen Inflation beeinflusst wird). So erfolgt ein Abbau stationärer Ladengeschäfte zugunsten des Onlinehandels beim Parfümeriehändler Douglas, der 60 seiner 430 Filialen in Deutschland geschlossen hat und nun verstärkt auf sein sehr erfolgreiches Onlinekonzept (40 % des Umsatzes) setzen will (Tagesschau 2021). Das spanische Modeunternehmen Indetex will in den Ausbau des Onlinehandels (25,5 % des Gesamtumsatzes 2022) investieren und schließt weltweit 1200 Zara-Filialen, investiert aber gleichzeitig in größere, mit dem Onlinehandel verknüpfte Filialen (Friedl 2022). Der Elektronikhändler MediaMarkt-Saturn hat bei erfolgreichem Onlineshop 2022 zwar 13 Filialen geschlossen, will aber ein Konzept für Innenstädte entwickeln, das bei ausgewähltem Sortiment mit digitaler Anbindung nur noch kleinere Flächen benötigt (Zeit Online 2021).

1.2.3 Die Digitalisierung des inhabergeführten Handels

Kleine und mittlere Unternehmen des inhabergeführten Einzelhandels (im Folgenden KMU genannt) verfügen zumeist über weniger Ressourcen als Filialunternehmen, und dies sowohl im finanziellen Bereich als auch bezüglich Know-how. Für sie sind deshalb die Möglichkeiten der Digitalisierung schwerer abzuschätzen und nutzbar zu machen. Gerade diese Unternehmen haben in den letzten Jahrzehnten von ihren Erfahrungen, einer kundenorientierten Sortimentsauswahl und hoher Beratungsqualität profitiert. Trotzdem ist schon seit Jahrzehnten die Anzahl der Unternehmen rückläufig. Die Betriebsform Fachgeschäft, das die häufigste der KMU ist, steht schon seit Längerem durch neuere, insbesondere flächengrößere Betriebsformen wie Fachmärkte unter Druck. Diese können bei breiterem und tieferem Sortiment niedrigere Preise anbieten und das oftmals bei durchaus guter Beratungsqualität. Zudem wurden die inhabergeführten Fachgeschäfte zunehmend durch finanzstärkere Filialisten aus den 1a-Lagen der Städte verdrängt. Auch ein Generationswechsel gestaltet sich durch die zurückgehenden Gewinne bei gleichzeitig besseren Bildungs- und Beschäftigungsalternativen der nachfolgenden Generation häufig als schwierig.

Die Herausforderungen der Digitalisierung zeigen sich damit für KMU als groß. So ist es schwierig, geprägt durch oft jahrzehntelange Erfahrungen im stationären Handel eine völlig neue, digitale Strategie zu entwickeln. Hierzu wird neues Wissen benötigt, das bisher nicht im Unternehmen vorhanden war. Für die Handelsunternehmen stellt sich damit die Frage, wie sie sich dieses Wissen aneignen können, oder anders ausgedrückt: wie sie die Innovationen der Digitalisierung (bzw. Website oder Onlineshop) adoptieren können.

Ökonomische Modelle gehen von verschiedenen Determinanten auf den Innovations-Adoptionsprozess aus (Rogers 2003). Diese sind einerseits die Charakteristiken der Entscheidungsträger (Alter, Bildungsgrad, Einstellungen) und andererseits die wahrgenommenen Innovationscharakteristiken (Kompatibilität, Komplexität, Erprobbarkeit, Beobachtbarkeit (Rogers 2003; Leibold 2007; Zoch 2010)). Unternehmer handeln jedoch nicht unabhängig von ihrem lebensweltlichen Kontext. Sie sind in Netzwerke eingebunden, durch die sie Wissen generieren können. Ebenso können lokale Gegebenheiten wie der lokale Wettbewerb, hohe Anforderungen der Kunden und Wissens-Spillover eine Rolle spielen.

Boschma und Weltevreden haben schon 2008 nachgewiesen, dass die Anwendung verschiedener Internetstrategien durch Einzelhandelsunternehmen sowohl von der persönlichen Erfahrung der Händler als auch einer Mitgliedschaft in einem Handelsverband abhängig ist (Boschma und Weltevreden 2008). Die Bedeutung der Unternehmerpersönlichkeit für den Einstieg in die Digitalisierung bestätigten auch Wieland et al. (2020).

Ebenso können die Ansprüche der Kunden (gemessen an der Anzahl der Onlinekäufer in einer Stadt) sowie der Wettbewerb (gemessen an der Anzahl der Domainnamen in einer Stadt) einen Einfluss auf die Innovationstätigkeit haben (Boschma und Weltevreden 2008). Diese Argumente deuten darauf hin, dass auch die Größe der Stadt, in der die Handelsunternehmen ansässig sind, eine Bedeutung für die Innovationsadoption von Handelsunternehmen haben kann. Im Jahr 2006 wurde dies von Weltevreden und Atzema empirisch belegt. Die Autoren begründen diese Abhängigkeit mit geringeren Adoptionskosten, da es hier bessere IT-Infrastrukturen (Breitband) gibt, dem Vorhandensein von spezialisierteren Dienstleistungsunternehmen sowie mit Spillover-Effekten und der Imitation von erfolgreichen Konzepten. Ebenso seien die Anforderungen der Konsumenten an den stationären Handel in größeren Städten höher.

Der These folgend, dass Innovationen beginnend in größeren Städten bis hin zum ländlichen Raum raumzeitlich diffundieren, konnte 2008 gezeigt werden, dass mehr inhabergeführte Handelsunternehmen in Innenstadtzentren sowie in Fachmarktzentren eine Website unterhalten bzw. online verkaufen als solche in den anderen, niederrangigen Standorttypen. Eine deutliche Abhängigkeit besteht ebenso von der Stadtgröße, in der sich die Einkaufszentren befinden. Weiterhin gibt es diesen Unterschied zwischen verdichteten und peripheren Regionen (Weltevreden et al. 2008).

Empirische Untersuchungen aus den Jahren 2018 (Neiberger/Kubon) und 2023 (Herb/Friedrich/Neiberger) konnten diese räumlichen Unterschiede jedoch nicht mehr finden, was aber nicht gegen die älteren Befunde spricht. Vielmehr scheint der Innovations-Diffusions-Prozess mittlerweile in dem Sinne abgeschlossen zu sein, dass genauso viele KMU in kleineren Städten über Websites und Onlineshops verfügen wie Unternehmen in großen Städten. Delpy verwies zudem 2020 auf die hohe Bedeutung der Vernetzung der Händler, wobei überregionale Quellen und Vernetzungen heute eine größere Rolle spielen als eine lokale Vernetzung. Von besonderer Bedeutung für die Wissensgenerierung sind Fachzeitschriften, Lieferanten, Internetblogs, Internetmagazine sowie Messen und Tagungen.

Allerdings sind insgesamt eher wenige KMU online aktiv (Buss 2018; Neiberger und Kubon 2018; Rumscheid 2016). Abb. 1.5 zeigt den hohen Anteil von online inaktiven inhabergeführten Geschäften in vier unterschiedlich großen Städten Nordrhein-Westfalens. Im Jahr 2017 war dieser Anteil teilweise noch über 50 %, in der Corona-Zeit nahm er durch die Einrichtung von Websites und Onlineshops etwas ab. Im Vergleich zu den anderen Organisationsformen (Filialunternehmen, Franchisenehmer, Hersteller-Shops) ist der Anteil der Onlineshops aber auffallend gering.

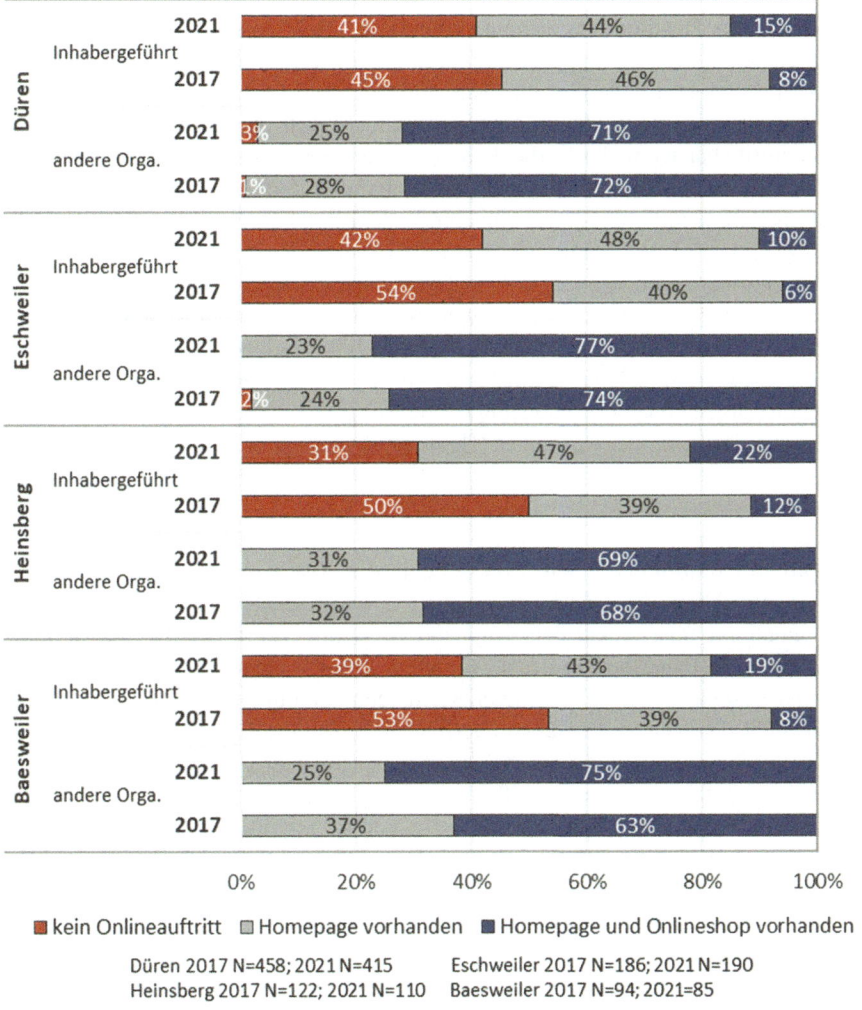

Abb. 1.5 Onlinepräsenz der Einzelhandelsunternehmen nach Städten und Organisationsform (eigene Erhebung). (Quelle: Herb et al. 2023)

Dies ist neben fehlenden Ressourcen der KMU in erster Linie auf den starken Wettbewerb im Internet zurückzuführen, da stationäre Einzelhandelsunternehmen mit einem Onlineshop auch in eine neue Konkurrenzsituation eintreten. Nicht mehr der Standort entscheidet über die Erreichbarkeit durch die Kunden, sondern die Sichtbarkeit und Konkurrenzfähigkeit im Internet. Hier spielen der Bekanntheitsgrad des Unternehmens eine Rolle ebenso wie die Qualität des Onlineshops und die Fähigkeit, auf der ersten Ergebnisseite einer Suchmaschine zu erscheinen (Suchmaschinenoptimierung, SEO). Auch sind die Kosten des Onlinehandels durch Logistikaufwand und Retourenkosten hoch. Letztlich findet aufgrund der Transparenz des Netzes ein harter Preiswettbewerb statt, was auch immer wieder zu Aufgaben führt (Busse et al. 2022). Laut HDE (2022) ist seit 2010 der Anteil der stationären Händler mit eigenem Onlineshop um 22 % gesunken.

KMU bewegen sich häufig im mittleren und oberen Preissegment und konnten an ihren Standorten hohe Gewinnspannen generieren. Im Internet ist die Konkurrenz bei einem austauschbaren Sortiment jedoch groß und mittlerweile sind die Markteintrittsbarrieren durch die Dominanz der etablierten Unternehmen kaum noch überwindbar. Daher sind Spezialgeschäfte mit einem spezifischen Sortiment eher für den Onlinevertrieb geeignet, denn sie haben erstens oftmals nicht eine so große lokale Zielgruppe, sodass sinnvollerweise neue Zielgruppen online erschlossen werden können. Und zweitens können die Produkte im Rahmen einer Content-Strategie vermarktet werden, denn Kunden informieren sich auf Nischenkanälen und erwarten dort spezifische Informationen (Heinemann 2016). Für die Etablierung solcher Onlineshops gibt es herausragende Beispiele wie den Musikinstrumentenhändler Thomann (siehe Box), Reuter-Badshop, Gartenmoebel. de, Kartenmacherei oder Rosebikes (Heinemann 2022).

Box 1
Hidden Champions 1: Musikhaus Thomann, Treppendorf
Das Musikhaus Thomann ist ein seit 1954 bestehendes Familienunternehmen im oberfränkischen Treppendorf. Schon Mitte der 1990er Jahre wurde ein Onlineshop eröffnet, womit das Unternehmen eines der ersten Musikgeschäfte war, das Onlinebestellungen ermöglichte. Seitdem wuchs die Zahl der Kunden auf über 12 Mio. weltweit rasant an, was die Anzahl der Beschäftigten auf heute 1500 steigen ließ. Im Jahr 2022 liegt das Unternehmen auf Platz 29 der größten Onlinehändler Deutschlands. Thomann generierte im Jahr 2022 einen Umsatz von 455,6 Mio. EUR in Deutschland und 1,34 Mrd. EUR weltweit. Der Onlineshop wurde häufig ausgezeichnet, insbesondere der „Deutsche Online-Handels-Award" des Instituts für Handelsforschung (IFH) wurde mehrmals auf Basis von Kundenbewertungen verliehen.

Das Unternehmen ist seinem Standort immer treu geblieben, weshalb der Ort mit 140 Einwohnern heute von den Flächen dieses Unternehmens geprägt ist (Foto). Aufgrund der häufig handwerklich produzierenden Hersteller von Musikinstrumenten wird eine ausgeprägte Lagerhaltung betrieben, um Lieferengpässe zu vermeiden. Zudem werden nach wie vor am Standort Musikinstrumente präsentiert und verkauft und ebenso die Kunden von Fachpersonal beraten. Auch betreibt Thomann vor Ort umfangreiche Fachservicewerkstätten für alle Warengruppen.

Der Onlinehändler Thomann aus der Vogelperspektive (Quelle: Thomann 2023)
Quelle: www.thomann.de

KMU verkaufen Produkte online jedoch nicht nur über eigene Onlineshops, sondern verstärkt auch über Marktplätze wie Amazon, eBay oder Otto (siehe Abschn. 1.2). Insgesamt wurden 2023 42 Mrd. EUR über Online-Marktplätze umgesetzt, das sind mehr als 50 % des gesamten E-Commerce-Umsatzes in Deutschland (bevh 2024:19). Der Anteil der Handelsunternehmen, die Verkäufe über Online-Marktplätze tätigen, beträgt nach der HDE-Konjunkturumfrage 2024 etwa 19 % (HDE 2024). In Box 2 ist beispielhaft die Marktplatztätigkeit eines Schuh-Händlers dargestellt.

Box 2
Hidden Champions 2: Schuhhaus Lange & Bollig, Euskirchen
Das Schuhhaus Lange & Bollig verkauft seit 1858 heute in 5. Generation Schuhe in Euskirchen, seit 65 Jahren am heutigen Standort in der Neustraße 29, der 1a-Lage der 60.000 Einwohner-Stadt in der Nähe von Köln.

Schon früh setzten die Inhaber auch auf einen Verkauf über das Internet. So betreiben sie sowohl einen eigenen Onlineshop, verkaufen aber auch über eine Vielzahl von Onlineplattformen wie Amazon oder Mirapondo sowie über Schuhe.de, eine Verkaufsplattform der ANWR Group (eine genossenschaftliche Handelskooperation mit rund 4800 selbstständigen Unternehmen in den Branchen Schuh-, Sport- und Lederwarenhandel), durch die die Bestellungen aus den Fachgeschäften direkt an die Kunden geliefert werden. Insgesamt generiert das Unternehmen etwa 20–25 % des Umsatzes über den Onlinekanal.

Die Flutkatastrophe von 2021 hat auch dieses Ladengeschäft komplett zerstört. Trotzdem gaben die Inhaber nicht auf, sondern eröffneten 2022 mit erweiterter und völlig neuer Ladengestaltung den Verkaufsraum neu und bieten den Kunden heute einen umfassenden Service wie Fußanalyse, Bestellservice, Lieferservice und Click and Collect. Die Unternehmensprozesse sind hoch digitalisiert, das Unternehmen verfügt über eine eigene Passantenfrequenzmessung, ein Kundenbindungstool sowie ein Personalplanungstool und ist in den Sozialen Medien aktiv.

Quelle: Schuhhaus Lange & Bollig

1.3 Vom Versandhandel zum Onlinehandel: eine alte Branche im Umbruch

Cordula Neiberger

1.3.1 Innovationen, Gesetze, Kriege: eine wechselvolle Geschichte des Versandhandels und seiner Unternehmen

Der Verkauf von Waren über eine räumliche Distanz hat eine durchaus lange Tradition. Schon der Venezianer Manutius hat im Jahre 1498 Bücher per Katalog angeboten und Kaufleute aus Nürnberg und Leipzig betrieben im 16. Jahrhundert Kaufhäuser, die ihre Kunden durch den Versand von Verzeichnissen über hochwertige Tuch- und Silberwaren informierten. Allerdings blieb diese Vertriebsform lange eine Ausnahme ohne gesamtwirtschaftliche Bedeutung (Stolte 2005).

Umfassendere Versandhandelsaktivitäten sind seit Mitte des 19. Jahrhunderts zu beobachten. Zu dieser Zeit verschickte das Londoner Kaufhaus Harrods Waren an Offiziere und Beamte in die britischen Überseekolonien und 1867 veröffentlichte das französische Warenhaus Bon Marché seinen ersten Versandhandelskatalog (BVH 2002; Eli und Laumer 1970). Aufgrund der dünnen Besiedlung und großen Entfernungen wurden in den USA Ende des 19. Jahrhunderts reine Versandhandelsunternehmen gegründet. Montgomery Ward & Co. (gegründet 1872) und Sears, Roebuck & Co. (gegründet 1886) entwickelten sich vom Versorger der Farmer des mittleren Westens zu Universalgeschäften, die aufgrund ihrer großen Verbreitung die Produktstandards und den Geschmack der Mittelschicht entscheidend beeinflussten (König 2008).

Die Entwicklung des Versandhandels in Deutschland begann in den 1870er Jahren nach Gründung des Kaiserreichs. Mit der damit verbundenen Einführung der Gewerbefreiheit und der Gründung des Deutschen Zollvereins wurde ein einheitlicher Wirtschaftsraum realisiert, der als Voraussetzung für einen erfolgreichen Versandhandel angesehen werden kann. Ein wichtiger Entwicklungsimpuls war zudem der Ausbau des Transportwesens, insbesondere des Eisenbahnnetzes. Dessen schneller Ausbau (bis 1880 waren bereits 33.838 km Schienenstrecke fertiggestellt) erlaubte überhaupt erst eine kostengünstige Verteilung von Waren über weite Strecken, ebenso wie eine starke Beschleunigung des Post- und Güterverkehrs insgesamt (BVH 2002; Nuhn und Hesse 2006).

Ebenso war die Umstrukturierung des Postdienstes von großer Bedeutung. Der Warenversand wurde durch eine neue Tarifpolitik der Post unterstützt, da im Jahr 1874 das Porto für eine Postkarte auf 5 Pfennige fiel und ein Einheitspreis von 50 Pfennigen für Pakete bis zu 5 kg eingeführt wurde. Sondertarife für Drucksachen und Warenproben sowie Sonderbeilagen für Zeitschriften ermöglichten erstmals einen massenhaften Versand von Katalogen, Werbung und Preislisten (Nieschlag 1936; Spiekermann 1999). Das Werbewesen entwickelte sich in dieser Zeit wiederum durch Fortschritte der Druck- und Vervielfältigungstechnik inklusive der Möglichkeiten bildlicher Wiedergabe und parallel zur Entwicklung der Zeitungen und Zeitschriften hin zu Massenkommunikationsmedien. Neben Werbeeinlagen in Zeitungen und Zeitschriften wurden Inserate nun zu einem wichtigen Werbeträger des Versandhandels (Werner 1932; Nieschlag 1936). Darüber hinaus bewirkte die Einführung von Telegraphen in den 1840er Jahren und des Telefons um 1880 eine beschleunigte Kommunikation, die insbesondere in der Abstimmung zwischen Versandhändlern und Herstellern zum Tragen kam (Hesse 2002).

Während die Handelsfreiheit, der Ausbau des Transportsystems und die Reformation des Postwesens entscheidende Komponenten für die Entwicklung der Bestell- und Auslieferungsvorgänge des Versandhandels waren, wurde gleichzeitig der Bezahlvorgang durch die Einführung eines schnelleren und sicheren Zahlungsverkehrs verbessert – Schaffung der Postanweisung (1865), des Postnachnahmeverkehrs (1878) sowie des Postscheckdienstes (1909). Insbesondere das Nachnahmeverfahren trug durch die erforderliche Barzahlung der Ware bei Auslieferung zur Zahlungssicherheit der Versandhändler bei (Nieschlag 1936).

Die positiven Veränderungen der gesetzlichen und technischen Rahmenbedingungen in der Kaiserzeit nutzten viele Unternehmen des stationären Einzelhandels zum Einstieg in den Versandhandel. Zuvorderst Kauf- und Warenhäuser verschickten seit etwa 1875 Kataloge; die Versandabteilung des Berliner Kaufhauses Rudolph Herzog galt Mitte der 1890er Jahre als das größte Versandhaus Europas. Im Jahr 1913 arbeiteten hier 360 Personen und verschickten 400.000 Pakete. Die Auflage der Kataloge und Preislisten lag bei 1,5 Mio. Aber auch kleinere Einzelhändler konnten mittels des Warenversands ihre Umsätze steigern, so bspw.

das 1884 gegründete Kölner Fachgeschäft für Jagdkleidung und Waffen Kettner sowie das 1893 eröffnete Münz- und Briefmarkendirektgeschäft Richard Borek in Braunschweig (BVH 2002). Zudem vertrieben Hersteller ihre Produkte schon früh über einen eigenen Versandhandel, ebenso Großhändler, insbesondere aus den Hafenstädten (Kaffee, Tee, Schokolade etc.; Weißburger 1935). Reine Neugründungen von Versandhandelsunternehmen waren in dieser Zeit noch eher selten, zu nennen ist die Leipziger Firma Mey & Edlich, die in der zweiten Hälfte der 1870er Jahre mit dem Versand selbst produzierter Papierwäsche („Mey's Stoffkragen") begann und in den Folgejahren das Sortiment stark ausbaute.

Die Zielgruppe der Versender war zu dieser Zeit einerseits die in den Dörfern und Kleinstädten lebende Ober- und Mittelschicht, die neben der Nachfrage des Grundbedarfs auch Konsumwünsche des hochwertigen Bedarfs durch den Versandhandel befriedigen konnten, und andererseits die städtische Bevölkerung, die wiederum mit Agrarprodukten versorgt wurde. Detaillierte Daten zur Struktur des Versandhandelsgeschäfts liegen nicht vor, als Indikatoren können hier die Entwicklung des Paketdienstes und des Wertes der Nachnahmesendungen herangezogen werden. Beide weisen zwischen 1895 und 1913 deutliche Zunahmen auf: Während sich die Anzahl der Pakete von rund 70 Mio. (1895) auf 290 Mio. Stück (1913) vervierfachte, stieg der Wert der Nachnahmen sogar um 700 % von 200 Mio. auf 1400 Mio. Reichsmark (RM, Spiekermann 1999). Trotzdem schätzen Nieschlag (1959) und Berekoven (1986) die wirtschaftliche Bedeutung des Versandhandels in dieser Zeit als eher gering ein. Mit Beginn des Ersten Weltkriegs wurde der Versandhandel fast vollständig eingestellt (BHV 2002).

Nach Beendigung des 1. Weltkriegs und mit dem wirtschaftlichen Aufschwung der Weimarer Republik konnten breitere Schichten der Bevölkerung Konsumgüter nachfragen, was einen allgemeinen Aufschwung des Einzelhandels und damit auch des Versandhandels bedeutete. Es kam zu einer ersten Gründungswelle von Versandhandelsgeschäften, im Zuge derer eine Reihe lange Zeit bedeutender großer, leistungsfähiger Unternehmen entstanden. Tab. 1.2 listet einige davon auf.

Diese Versandhändler konzentrierten sich nun stärker auf die Zielgruppe der einkommensschwächeren und preisbewussteren Bevölkerungsschichten. Aber

Tab 1.2 Ausgewählte Versandhandelsunternehmen mit Gründungsjahr zwischen 1920 und 1930 (Stolte 2005:19)

Unternehmen	Gründer	Jahr	Standort	Start-Sortiment
Eduscho	Eduard Schopf	1924	Bremen	Kaffee
Klingel	Robert Klingel	1925	Pforzheim	Stoffe, Textilien
Baur	Friedrich Baur	1925	Burgkunstadt	Schuhe
Wenz	Friedrich Wenz	1926	Pforzheim	Uhren, Schmuck
Quelle	Gustav Schickedanz	1927	Fürth	Wollwaren
Bader	Bruno Bader	1929	Pforzheim	Uhren, Schmuck
Schöpflin	Wilhelm Schöpflin	1929	Lörrach	Textilien

1.3 Vom Versandhandel zum Onlinehandel …

auch jetzt stand die Versorgung des nach wie vor mit Ladengeschäften unterversorgten, ländlichen Raums im Fokus (Nieschlag 1949). Die Versandhändler boten zunächst ein eher schmales Sortiment gängiger Verbrauchsgüter des Massenbedarfs, die entsprechend günstig hergestellt werden konnten. Der Umsatz des Versandhandels wird für das Jahr 1929 auf 1 Mrd. RM geschätzt, was einen Anteil am Gesamtumsatz des Einzelhandels von 2,7 % entsprach. Infolge der Weltwirtschaftskrise konnte der Versandhandel sogar eine Steigerung des Marktanteils auf 3,5 % erlangen (Nieschlag 1949). Aufgrund wirtschaftspolitischer Regulierungen des nationalsozialistischen Regimes ging der Versandhandel danach kontinuierlich zurück und kam im 2. Weltkrieg weitgehend zum Erliegen (Berekoven 1986).

Mit dem Wirtschaftswachstum der 1950er Jahre und der damit sinkenden Arbeitslosigkeit bei gleichzeitig wachsender Bevölkerung stieg die Kaufkraft deutlich an, was neben einer allgemeinen Zunahme des Einzelhandelsumsatzes auch zu einer neuerlichen Gründungswelle des Versandhandels führte (Tab. 1.3). Die Unternehmen bedienten zunächst wiederum die Nachholbedürfnisse breiter Bevölkerungskreise nach einfachen Massenwaren. Durch eine schrittweise Ausdehnung des Sortiments entstanden nun aber Universalversender mit umfassendem Vollsortiment, ähnlich der Warenhäuser (z. B. Quelle, Otto, Neckermann, Schwab).

Im Jahr 1960 wurden 3671 Versandhandelsbetriebe in Westdeutschland gezählt, die sich in 3654 Spezialversender und 17 Universalversender unterteilten. Die Branche war dabei kleinbetrieblich strukturiert, lediglich 183 Versandhandelsunternehmen setzten mehr als eine Mio. Deutsche Mark (DM) um, während 2500 Unternehmen mit ihrem Umsatz unter 100.000 DM blieben (Statistisches Bundesamt, zit. n. Eli und Laumer 1970). Durch den starken Konkurrenzdruck der 1960er Jahre kam es aber schon bald zu Konsolidierungsprozessen; viele Kleinversender gaben auf oder wurden übernommen (Reubel-Ciani 1995). Beschleunigt wurde dies durch hohe notwendige Investitionen in Technisierung und Automatisierung der innerbetrieblichen Prozesse wie Bestellablauf, Kundendatenverwaltung und Versandabwicklung (Abb. 1.6).

Tab 1.3 Ausgewählte Versandhandelsunternehmen mit Gründungsjahr zwischen 1948 und 1960. (Eigene Darstellung, Daten: BVH 2002:12–13)

Unternehmen	Gründer	Jahr	Standort	Start-Sortiment
Otto	Werner Otto	1949	Hamburg	Schuhe
Tchibo	Max Herz, Carl Tchilling-Hiryan	1949	Hamburg	Kaffee
Neckermann	Josef Neckermann	1950	Frankfurt a. M.	Textilien
Heine	Karl Heinrich Heine	1951	Karlsruhe	Spiele, Geschenkartikel
Junghans	Erhard Junghans	1954	Aachen	Wollwaren
Schwab	Friedrich Schwab	1955	Klein-Auheim	Textilien
Peter Hahn	Margrit und Peter Hahn	1960	Winterbach	Reformprodukte, Textilien

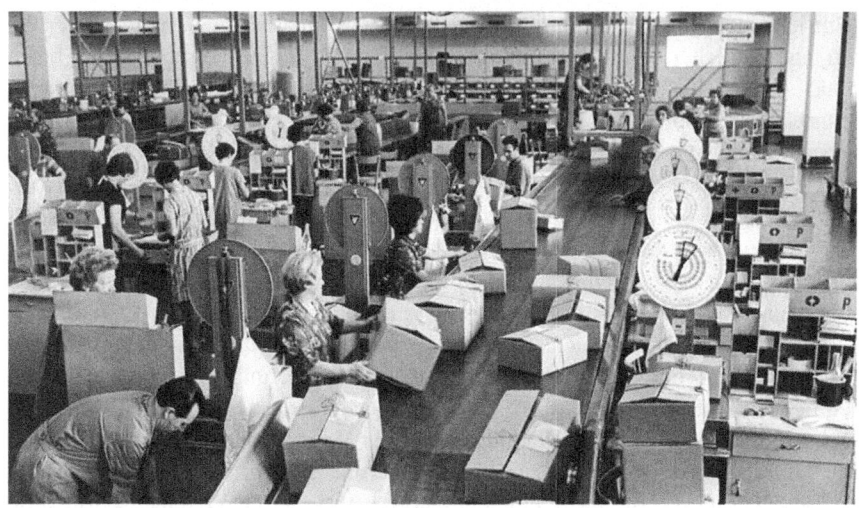

Abb. 1.6 Versandabteilung bei Quelle, Fürth 1964. (Foto: Gertrud Gerardi/VNP)

Das Wachstum des Lebensstandards führte zu steigenden Einzelhandelsumsätzen, durch die noch immer geringe Versorgung des ländlichen Raums mit Ladengeschäften sowie die zunehmende Berufstätigkeit der Frauen bei gleichzeitiger Einführung des Ladenschlussgesetzes (1956) profitierte der Versandhandel aber überproportional. Dessen Umsatzanteil stieg bis 1969 auf 4,7 %. Besonders hohe Wachstumsraten verzeichnete hierbei der Universalversandhandel (900 % zwischen 1955 und 1969 gegen 100 % des Spezialversandhandels, Eli und Laumer 1970).

In den Jahren 1980 und 1981 erreichte der Versandhandel mit 5,5 % des gesamten Einzelhandelsumsatzes seinen maximalen Marktanteil (Abb. 1.8). Danach stagnierten die Versandhandelsumsätze über ein Jahrzehnt, während der Anteil am Gesamtumsatz abnahm. Eine negative Wirkung entfaltete hier sicherlich eine deutliche Gebührenerhöhung der Deutschen Bundespost 1982 um 30 % (Marketing-Anzeiger 1994). Ein wesentlicher Grund war aber auch die Entstehung und das Wachstum der neuen Betriebsformen wie Fachmärkte, Verbrauchermärkte und SB-Warenhäuser. Deren Standorte waren häufig desintegriert und im verdichteten Umland angesiedelt und damit von der zunehmend automobilen Kundschaft aus der Stadt wie auch dem ländlichen Raum gut zu erreichen (Tietz 1983; Kulke 2023).

Auf Unternehmensebene verstärkte sich der bereits in den 1960er Jahren begonnene Konzentrationsprozess in den 1970er und 1980er Jahren. Verstärkt durch den hohen Konkurrenzdruck sowohl der Versandhandelsunternehmen untereinander als auch zwischen Versandhandel und stationärem Handel erlangte der Verkaufspreis der Waren eine immer höhere Bedeutung. Dieser war neben den Vertriebskosten insbesondere vom Einkaufspreis abhängig und damit von der Verhandlungsmacht der Handelsunternehmen. Je größer ein Handelsunternehmen ist (gemessen an der Zahl der Kunden), umso niedriger sind die verhandelten

Tab. 1.4 Versandhandelsunternehmen und Beschäftigte nach Umsatzgrößenklassen 1993 (Statistisches Bundesamt 1993)

Jahresumsatz in DM	Unternehmen		Umsatz		Beschäftigte	
	Anzahl	Prozent	Anzahl	Prozent	Anzahl	Prozent
< 0,5 Mio	8472	84,1	926	2,3	14.117	14,2
0,5–1 Mio	684	6,8	475	1,2	2319	2,3
1–10 Mio	762	7,6	2045	5,0	6518	6,6
10–100 Mio	116	1,2	3658	9,0	7379	7,4
100 Mio – 1000 Mio	29	0,3	9043	22,2	19.118	19,3
> 1000 Mio	6	0,1	24.599	60,4	49.671	50,1
Insgesamt	10.069	100,0	40.747	100,0	991.122	100,0

Einkaufspreise und umso niedrigere Verkaufspreise können den Kunden offeriert werden (siehe Abschn. 1.1).

So übernahmen wirtschaftsstarke Universalversandhändler kleinere Konkurrenten aus dem Universalhandel wie auch eine Vielzahl von Spezialversendern. Beispielsweise beteiligte sich die Otto-Gruppe 1974 am Karlsruher Versandhaus Heine und übernahm es 1981 vollständig. Im Jahr 1976 wurde die Aktienmehrheit (90 %) am Hanauer Universalversandhändler Schwab übernommen, 1987 der Wäscheversand Witt, 1986 bzw. 1988 kamen Beteiligungen an Alba Moda und Sport Scheck hinzu.

Damit war die deutsche Versandhandelsbranche Anfang der 1990er Jahre durch wenige große Universalanbieter und eine Vielzahl kleiner und mittelgroßer Spezialanbieter gekennzeichnet. In Tab. 1.4 werden insgesamt 10.069 Unternehmen des Versandhandels ausgewiesen, wobei es sich bei einem großen Teil lediglich um rechtlich selbstständige Agenturen und Bestellshops der Großversender ohne eigenen Umsatz handelt. Die Zahl der Versandhändler mit eigenen Umsätzen wird daher für dieses Jahr auf etwa 1500–2000 geschätzt (BBE 1998). Sichtbar wird in der Tabelle eine recht hohe absolute Konzentration. Die sechs Unternehmen mit einem Umsatzvolumen von mehr als 1 Mrd. DM erzielten rund 60 % des Branchenumsatzes und beschäftigten die Hälfte der Mitarbeiter. Von diesen sechs Unternehmen wiederum entfielen 43,8 % des Gesamtumsatzes der Branche auf nur zwei Unternehmen: Quelle (24 %) und Otto (19,8 %). Schon der drittplatzierte Neckermann generierte nur einen Umsatzanteil von 7,8 % (Lehr 1997).

1.3.2 Eine Innovation revolutioniert den Markt

In der langen Geschichte des Versandhandels war dessen Erfolg von veränderten Rahmenbedingungen wie politische Systeme, Kriege und wichtigen Innovationen sowie der Konkurrenz des stationären Handels beeinflusst worden, wobei sich die

Struktur der Branche hin zu wenigen großen Universalanbietern und einer Reihe von Spezialanbietern verändert hatte.

In den 1990er Jahren ergaben sich durch die neue Technologie der Digitalisierung und insbesondere des Internets wieder völlig neue Optionen für die Versandhändler. Zunächst militärisch und wissenschaftlich genutzt, begannen 1995 private Investoren mit der Kommerzialisierung des Internets. Schon sehr bald wurde auch die Möglichkeit des Handels mit Produkten über das Internet erkannt (siehe Box 2.1.1). Tab. 1.5 zeigt einige Neugründungen der 1990er Jahre.

Aber nicht nur Neugründungen prägten den Markt der 1990er Jahre, sondern auch die klassischen Versandhandelsunternehmen haben schnell reagiert und ihre Kataloge um das Internet als Vertriebskanal ergänzt. So eröffneten Quelle, Otto und Neckermann schon im Jahr 1995 erste Onlineshops (Bliemel und Theobald 1999). Sie erhofften sich damit die Erschließung insbesondere der jüngeren Kundengruppen, die dem alten Medium Katalog eher desinteressiert gegenüberstanden. Hierzu hatten sie auch hervorragende Startbedingungen, denn im Gegensatz zu den Neugründungen und Quereinsteigern aus dem stationären Handel verfügten sie bereits über a) einen etablierten Namen im Distanzhandel, b) konnten ihre bestehenden Beschaffungsstrukturen nutzen, c) verwendeten ihre bestehenden internen Prozesse, d) nutzten ihr spezifisches Know-how hinsichtlich des Sortiments, e) hatten ein Bestell- und Kundenverwaltungssystem, f) verfügten über etablierte Logistikstrukturen, g) besaßen ein Retourenmanagement und h) hatten Erfahrung in der Zahlungsabwicklung (Schellenberg 2005; Theis 2007; Riehm et al. 2003).

Aber in all diesen vorhandenen Strukturen und Erfahrungen steckte auch eine große Gefahr für die Unternehmen: die Unterschätzung des Disruptionspotenzials des Onlinehandels. Zunächst stellte das Internet für viele Versandhandelsunternehmen lediglich einen neuen Vertriebskanal dar, der neben dem klassischen

Tab. 1.5 Ausgewählte Onlinehandels- Unternehmen mit Gründungsjahr zwischen 1990 und 2000. (Eigene Darstellung)

Unternehmen	Gründer	Jahr	Standort	Start-Sortiment
alternate	unbekannt	1992	Gießen	Elektronik
Amazon	Jeff Bezos	1994	Washington, USA	Bücher
ebay	Pierre Omidyar	1995	San José	C2C
Cyberport	J. Siegel, O. Siegel, H. Holzmüller	1998	Dresden	Elektronik
Mytoys	Oliver Lederle	1999	Berlin	Spielwaren
Zooplus	Cornelius Patt	1999	München	Heimtierbedarf
Delticom AG	R. Binder, A. Prüfer	1999	Hannover	Autoreifen
Docmorris	J. Waterval, R. Däinghaus	2000	Heerlen	Apotheke

(Quellen: Unternehmenswebsites von Alternate, Amazon, ebay, Cyberport, Mytoys, Zooplus, Delticom, Docmorris)

Katalogversand (oder als Anhängsel dessen) zu führen sei. So konnten die Kosteneinsparungspotenziale, die durch die Warenbestellung ohne Medienbruch durch die Möglichkeit der kostengünstigen Kommunikation (Lieferanfragen, Servicekontakte, Reklamationen) und durch die Einsparung der Druck- und Portokosten der Kataloge und Werbemittel entstanden, ebenso wenig gehoben werden wie die Möglichkeiten eines personalisierten Marketings durch die Erstellung detaillierter Käuferprofile. Noch entscheidender war aber sicherlich die verpasste Gelegenheit einer im Gegensatz zum Katalog möglichen nahezu unbegrenzten Artikelanzahl und die Möglichkeit einer wesentlich flexibleren Preis- und Sortimentspolitik, die sich schnell an dynamische Schwankungen der Einkaufspreise und der Nachfrage anpassen kann. Die Warenpräsentation kann im Webshop wesentlich erlebnis- und informationsreicher gestaltet werden – aber die Websites vieler Versandhändler bildeten lediglich die Kataloge „eins zu eins" ab (Dietz 2019).

Die Potenziale der spezifischen Eigenschaften des Internets wie Interaktivität, Kommunikation und Flexibilität wurden nicht erkannt und genutzt. Gleichzeitig verschärfte sich die Konkurrenzsituation deutlich. Neue Unternehmen traten in den Markt ein. Dies waren zuvorderst Onlineunternehmen, die direkt als solche gegründet wurden und sich ausschließlich auf den Verkauf über das Internet konzentrierten (IPP) und es verstanden, die neuen Möglichkeiten zu nutzen. Aber auch die stationären Händler erkannten das neue Potenzial und stiegen in den Onlinehandel ein, ebenso wie viele Konsumgüterhersteller, die nun durch die Umgehung des Handels einen direkten Kanal zum Kunden eröffnen konnten. Hinzu kam eine steigende Markttransparenz durch die Möglichkeit des schnellen Vergleichs via Internet und noch verstärkt durch Vergleichsportale (z. B. idealo.de oder günstiger. de). Auch Online-Verbraucherportale und -foren sowie soziale Netzwerke werden nun zum Austausch über Güter und Anbieter genutzt.

> **Definition von Versandhandel und Distanzhandel**
> Versandhandel: Verkauf von physischen Waren auf Distanz. Zwischen Anbieter und Nachfrager besteht eine räumliche Trennung (Distanzprinzip), die bei der Angebotserstellung, dem Bestellvorgang und der Warenübernahme zu überwinden ist. Zur Präsentation seines Angebotes setzt der Versandhandel die Medien Katalog, Prospekt und Anzeige oder auch Kontaktstellen (Vertreter, Sammelbesteller, Agenturen, Katalogschauräume) ein. Die Warenbestellung erfolgt durch schriftlichen oder telefonischen Auftrag beim Versender oder persönlich unter Zuhilfenahme der Kontaktstellen (bevh 2002; Ausschuss für Definitionen zu Handel und Distribution 2006).
>
> E-Commerce: Im Unterschied zum traditionellen Versandhandel erfolgen die Anbahnung, Verhandlung und Abwicklung von Transaktionen zwischen Anbietern und Nachfragern mithilfe elektronischer Netzwerke (Neiberger 2020).

> Onlinehandel: Teilmenge des E-Commerce, die den Distanzhandel mit physischen und digitalen (Software, Video, Musik, Games und Büchern) Gütern beinhaltet (Neiberger 2020).
> Distanzhandel: wird mit der Einführung des Internet-Handels ab 1996 als übergeordneter Begriff verwendet, unter dem der traditionelle Versandhandel und der Onlinehandel subsumiert werden.

Zudem veränderten sich Lebensstile und Konsumverhalten seit den 1990er Jahre bedeutend. Eine wichtige Entwicklung ist das zunehmende Streben nach Individualität, wodurch die Nachfrage nach durch den klassischen Versandhandel angebotenen Massengütern sank und verstärkt individuellere Produkte gesucht und in dem nahezu unbegrenzten Angebot des Internets auch gefunden werden. Einer zunehmenden Preisorientierung kommen die Preisvergleichsmöglichkeit des Internets entgegen; das zunehmende Smart-Shopping-Verhalten – Suche nach (qualitativ hochwertigen) Markenprodukten zu herabgesetzten Preisen – kann hier ebenso umfassend umgesetzt werden. Dem Streben nach Einfachheit, Unkompliziertheit und Kürze des Einkaufsvorgangs in den Zeiten der Flexibilisierung der Arbeitswelt unterstützt der 24/7 und an jedem Ort verfügbare Onlinehandel ebenso. Zudem reagieren Kunden unterschiedlich auf neue, bahnbrechende Innovationen. Diejenigen, die frühzeitig diese ausprobieren und nutzen, sind meist junge, gut ausgebildete und eher finanzkräftige Menschen der städtischen Bevölkerung. Und dies war nicht die treue Kundschaft des traditionellen Versandhandels (Wiegandt et al. 2018).

Die Potenziale des Onlinehandels zur Befriedigung der Kundenwünsche und die damit verbundene Notwendigkeit, das klassische Versandhandelsgeschäft vollständig neu zu denken und zu strukturieren, wurden von vielen Versandhändlern nicht erkannt, andere waren in der Lage, sich den neuen Rahmenbedingungen anzupassen. Beispielhaft sind in den Boxen 2 und 3 zwei Unternehmen vorgestellt. Aber alle klassischen großen Versandhandelsunternehmen haben von 2000 bis 2008 zwischen 25 und 50 % ihres Umsatzes eingebüßt (Vogel 2009).

Stattdessen konnten sich andere Unternehmen im Versandhandelsgeschäft etablieren. In Abb. 1.7 wird der Wandel in der Branche aufgezeigt. Dargestellt sind die 30 größten Unternehmen des Versandhandels des Jahres 1996 (in orange/rot) und ihre Positionsänderungen in den Jahren 2000, 2010 und 2020. Schon die Veränderungen bis zum Jahr 2000 sind augenfällig, wenn nun Unternehmen unter den Top 30 auftauchen, die keine klassischen Versandhändler sind (in blau). Im Jahr 2010 hat sich dieser Trend verstärkt, nun sind mehr als die Hälfte der Top 30 Distanzhandelsunternehmen reine Onlinehändler (ohne Vergangenheit im Kataloghandel), stationäre Händler mit Onlinegeschäft und Hersteller oder Televerkäufer. Sechs der 11 aufgeführten klassischen Versandhändler gehören zur Otto Group. Im Jahr 2022 wird der Bedeutungsverlust überdeutlich. Nun sind nur noch vier der

1.3 Vom Versandhandel zum Onlinehandel …

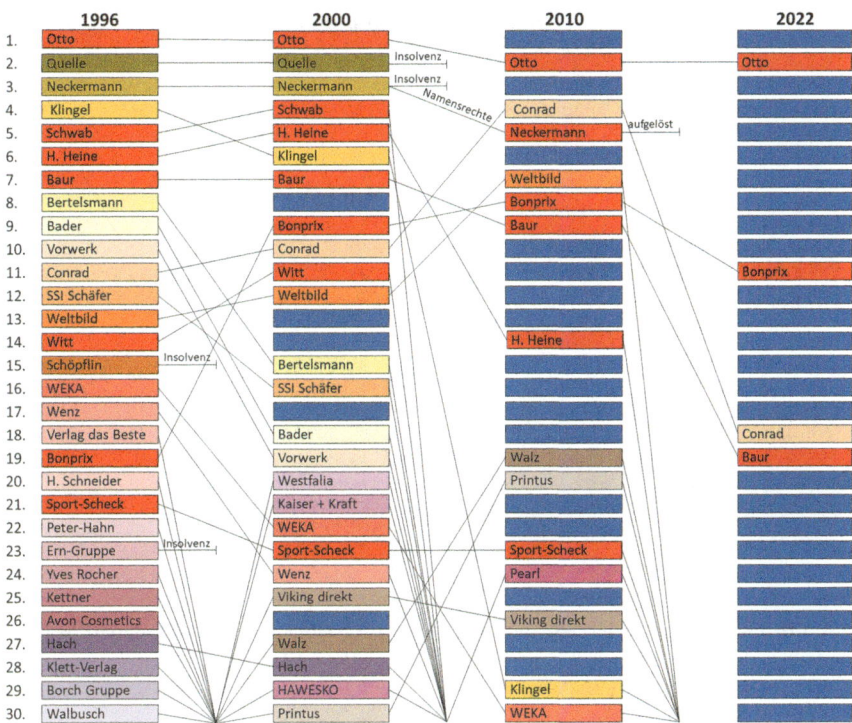

Abb. 1.7 Bedeutungsverlust der klassischen Versandhandelsunternehmen (Eigene Darstellung, Daten: EHI, verschiedene Jahrgänge)

Top 30 Unternehmen von 1996 im Ranking. Davon gehören drei zur Otto Group, die mittlerweile zu einem Marktplatz weiterentwickelt wurde (siehe Abschn. 2.1 und 2.2).

Die Betriebsform Distanzhandel hat eine lange und wechselvolle Geschichte hinter und eine große Zukunft vor sich. Zwischen dem ersten Auftreten Ende des 19. Jahrhunderts, in dem er eher eine unbedeutende Randerscheinung war, bis heute, wo bei einem Anteil von etwa 13 % (2022) am Gesamteinzelhandel (HDE 2023) ein Ende des Wachstums (noch) nicht abzusehen ist, war er beeinflusst von sich immer wieder ändernden Rahmenbedingungen und geprägt durch unternehmerisches Handeln. Abb. 1.8 versucht diese Entwicklung in ihren Zusammenhängen darzustellen. Deutlich werden die tiefen Einschnitte der beiden Weltkriege, aber auch die Wachstumsphasen, die jeweils geprägt waren von sich ändernden Kundenanforderungen und der Generierung und Adaption von Innovationen durch neue Unternehmer.

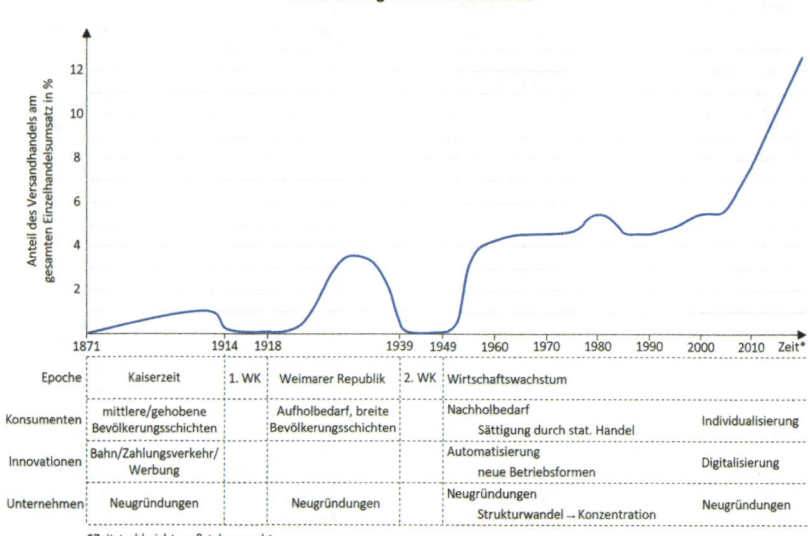

Abb. 1.8 Entwicklung des Distanzhandels nach Anteil am Gesamteinzelhandelsumsatz. (Eigene Darstellung, Daten: Eli und Laumer 1970; BVH 1997, 2002, 2008; HDE 2023)

Literatur

Ausschuss für Definitionen zu Handel und Distribution (2006) Katalog E – Definitionen zu Handel und Distribution. O.V., Köln

Berekoven L (1986) Geschichte des deutschen Einzelhandels. Deutscher Fachverlag, Frankfurt a. M.

Betriebswirtschaftliche Beratungsstelle für den Einzelhandel BBE (1998) Versandhandel/Spezialversandhandel. O.V. Köln

bevh (2022) E-Commerce ist das neue „Normal" – Branchenumsatz wächst 2021 auf mehr als 100 €. <https://www.bevh.org/presse/pressemieilungen/details/e-commerce-ist-das-neue-normal-branchenumsatz-waechst-2021-auf-mehr-als-100-mrd-euro.html> Zugegriffen: 19.12.2022

Bevh (2024) Interaktiver Handel in Deutschland. Ergebnisse 2023. Berlin

Bliemel F, Theobald A (1999) Der Einsatz des Electronic Commerce im Versandhandel. Kaiserslauterer Schriftenreihe Marketing 5. Kaiserslautern

Boschma R A, Weltevreden J W J (2008) An Evolutionary Perspective on Internet Adoption by Retailers in the Netherlands. Environment and Planning A: Economy and Space 40(9): 2222–2237

Bundesverband des Deutschen Versandhandels BVH (1997) Versandhandel in Deutschland. Frankfurt a. M.

Bundesverband des Deutschen Versandhandels BVH (2002) Versandhandel in Deutschland – eine Informationsschrift. Frankfurt a. M.

Bundesverband des Deutschen Versandhandels BVH (2008) Versandhandel in Deutschland (B2C). Frankfurt a. M.

Bundesverband E-Commerce und Versandhandel BeVH (2015) Interaktiver Handel in Deutschland 2014. Frankfurt a. M.

Literatur

Buss K-P (2018) Auf dem Weg in den Handel 4.0? Digitalisierung in kleinen und mittleren Handelsunternehmen. Befunde der SOFI-Erhebung. (Projekt „DiHa 4.0 – Digitalisierung im Handel"). SOFI-Arbeitspapier 14/2018, Göttingen

Busse K-P, Oberbeck H, Tullis K (2022) Systemische Rationalisierung 4.0. Wie Wettbewerb und Geschäftsmodelle die Digitalisierung in Handel, Logistik und Finanzdienstleistungen prägen. Berliner Journal für Soziologie 32: 35–68

Christaller W (1933) Die zentralen Orte in Süddeutschland. Gustav Fischer, Jena

Delpy R (2020) Adoption von Onlinemarketingmaßnahmen im inhabergeführten Einzelhandel. Dissertation, Rheinisch-Westfälische Technische Hochschule Aachen, Aachen

Dietz P (2019) Aufstieg und Ender der Versand-Dinos. In: Frankfurter Rundschau vom 21.1.2019

Douglas GmbH (2022) Financial Report. Kirk Beauty a GmbH as of 30 September 2022, Hagen

EHI (2023) Shopping Center Report 2023. EHI Retail Institute, Köln

EHI Retail Institut (2021) Ranking der Top 100 B2C-Onlineshops für physische Güter nach E-Commerce-Umsatz in Deutschland im Jahr 2020. EHI Retail Institute, Köln

EHI Retail Institut (2022) Ranking der Top 100 B2C-Onlineshops für physische Güter nach E-Commerce-Umsatz in Deutschland im Jahr 2021. EHI Retail Institute, Köln

Eli M, Laumer H (1970) Der Versandhandel – Struktur und Wachstum im internationalen Vergleich. Ifo Institut für Wirtschaftsforschung. Reihe Absatzwirtschaft 1. Duncker & Humblot, Berlin, München

Eurostat (2022) Anteil der Unternehmen mit Web-Verkäufen über Online-Marktplätze in ausgewählten Ländern in Europa im Jahr 2022. Eurostat, Luxemburg

Friedel M (2022) Zara schließt Salzburger City-Store. Österreichische Textilzeitung vom 23. Mai 2022

Gaebe W (1985) Verschiebungen im Zentrensystem des Rhein-Neckar-Raumes durch Einzelhandelsgroßprojekte. In: Blotevogel HH, Strässer M (Hrsg) Aktuelle Probleme der Geographie. Duisburger geographische Arbeiten 5: 121–144

Gebhardt G (1998) Das Zentrale-Orte-Konzept – auch heute noch eine Leitlinie der Einzelhandels- und Dienstleistungsentwicklung? In: Gans P, Lukhaup R (Hrsg) Einzelhandelsentwicklung – Innenstadt versus periphere Standorte. Mannheimer Geographische Arbeiten 47, Mannheim 27–48

Gebhardt G (2002) Neue Lebens- und Konsumstile, Veränderungen des aktionsräumlichen Verhaltens und Konsequenzen für das zentralörtliche System. In: Blotevogel HH (Hrsg) Fortentwicklung des Zentrale-Orte-Konzepts. ARL Forschungs- und Sitzungsberichte 217, Hannover 91–103

Hardaker S, Appel A, Rauch S (2022) Reconsidering retailers' resilience and the city: A mixed method case study. Cities 128: 103796 https://doi.org/10.1016/j.cities.2022.103796

HDE (2017) Handel digital. Online-Monitor 2017. Handelsverband Deutschland, Berlin

HDE (2023) Onlinemonitor 2023. Berlin, Köln

HDE Handelsverband Deutschland (2022): Online Monitor 2022. Handelsverband Deutschland, Köln

HDE Handelsverband Deutschland (2023) Zahlenspiegel. Berlin

HDE Handelsverband Deutschland (2024) Jahrespressekonferenz Handelsverband Deutschland. Berlin, 31. Januar 2024. Handelsverband Deutschland, Köln

Heinemann G (2015) Der neue Online-Handel. Geschäftsmodell und Kanalexzellenz im Digital Commerce. Springer Gabler, Wiesbaden

Heinemann G (2016) Die Mythologie der Digitalisierung – Plädoyer für eine disruptive Transformation. In: Heinemann G, Gehrckens H M, Wolters U J, dgroup GmbH (Hrsg) Digitale Transformation oder digitale Disruption im Handel. Vom Point-of-Sale zum Point-of-Decision im Digitalen Commerce. Springer Gabler, Wiesbaden 3–28

Heinemann G (2022[13]) Der neue Online-Handel. Geschäftsmodelle, Geschäftssysteme und Benchmarks im E-Commerce. Springer Gabler, Wiesbaden

Heinritz G (1978) Weißenburg in Bayern als Einkaufsstadt. Zur zentralörtlichen Bedeutung des Einzelhandels in der Altstadt und der außerhalb der Altstadt gelegenen Verbrauchermärkte. Technische Universität München, Geographisches Institut, München

Herb C, Friedrich C, Neiberger C (2023) Covid 19 – Treiber für die Digitalisierung des Einzelhandels? Eine Untersuchung in vier Mittelstädten. Standort 47: 254–261 https://doi.org/10.1007/s00548-022-00824-z

Hesse J-O (2002) Im Netz der Kommunikation – Die Reichs-Post und Telegraphenverwaltung 1976–1914. Schriftenreihe zur Zeitschrift für Unternehmensgeschichte 8. C.-H. Beck, München

Hornbach Group (2023) Investorenpräsentation März 2023

iBusiness (2001) Shopping-Portale und Onlineshops 2000. HighText Verlag, München

iBusiness (2011) Shopping-Portale und Onlineshops 2010. HighText Verlag, München

Institut für Handelsforschung (IFH) (2006) Katalog E. Definitionen zu Handel und Distribution. Institut für Handelsforschung, Köln

Jürgens U (2014) Entwicklung und Perspektiven von Nahversorgung im Lebensmittelhandel. Kieler Arbeitspapiere zur Landeskunde und Raumordnung 54. Geographisches Institut der Universität Kiel, Kiel

König W (2008) Kleine Geschichte der Konsumgesellschaft. Franz Steiner, Stuttgart

Krüger A, Kahl G (2017) Der technologische Fortschritt im Handel getrieben durch Erwartungen der Kunden. In: Gläß R, Leukert B (Hrsg) Handel 4.0. Die Digitalisierung des Handels – Strategien, Technologien, Transformation. Springer Gabler, Wiesbaden 129–156

Kulke E (2001) Entwicklungstendenzen suburbaner Einzelhandelslandschaften. In: Brake K, Dangschat J, Herfert G (Hrsg) Suburbanisierung in Deutschland – Aktuelle Tendenzen. Springer Fachmedien, Wiesbaden 57–69

Kulke E (2023) Strukturwandel im Einzelhandel. In: Kulke (Hrsg) Wirtschaftsgeographie Deutschlands. Springer Spektrum, Berlin 259–275

Lebensmittel Praxis (2024) Top 30 Ranking im deutschen LEH 2023. <https://lebensmittelpraxis.de/top-30-unternehmen-im-leh.html> Zugegriffen: 21.2.2024

Lehr G (1997) Versandhandel und Direktmarketing. In: Dallmer H (Hrsg.) Das Handbuch Direct-Marketingg & More. Gabler, Wiesbaden: 315–355

Leibold K (2007) Adoption von Internetzahlungssystemen. Dissertationsschrift, Universität Fridericiana zu Karlsruhe, Karlsruhe

LEP Hessen (2000) Landesentwicklungsplan. <https://landesplanung.hessen.de/lep-hessen/landesentwicklungsplan> Zugegriffen: 23.06.2018

Micha M A, Koppers S (2016) Digital Adoption Retail – Hat der Offline-Handel eine Vision? In: Heinemann G, Gehrckens H M, Wolters U J, dgroup GmbH (Hrsg) Digitale Transformation oder digitale Disruption im Handel. Vom Point-of-Sale zum Point-of-Decision im Digital Commerce. Springer Fachmedien, Wiesbaden 49–78

Müller A (2022) Innovieren oder resignieren – Corona als ein Weckruf für den stationären Einzelhandel? In: Breyer-Mayländer T, Zerres C, Müller A, Rahnenführer (Hrsg) Die Corona-Transformation. Krisenmanagement und Zukunftsperspektiven in Wirtschaft, Kultur und Bildung. Springer Gabler, Wiesbaden 43–52

Neiberger C (2020) Digitalisierung und Vernetzung. In: Neiberger C, Hahn B (Hrsg) Geographische Handelsforschung. Springer Spektrum, Heidelberg: 39-48

Neiberger C, Kubon J (2018) Onlinemonitor Kammerbezirk IHK Aachen. Kurzfassung. IHK, Aachen

Neiberger C, Steinke M (2020) Dynamik der Betriebsformen. In: Neiberger C, Hahn B (Hrsg.) Geographische Handelsforschung. Springer Spektrum, Heidelberg

Nieschlag R (1936) Die Versandgeschäfte in Deutschland: ihre volkswirtschaftliche Funktion und betriebswirtschaftlichen Gestaltungen. Sonderhefte des Instituts für Konjunkturforschung 39. Hanseatische Verlagsanstalt, Hamburg

Nieschlag R (1949) Die Versandgeschäfte in Deutschland. Duncker & Humblot, Berlin

Nieschlag R (1959) Binnenhandel und Binnenhandelspolitik. Duncker & Humblot, Berlin

Nuhn H, Hesse M (2006) Verkehrsgeographie. UTB Brill Schöningh, Paderborn, München, Wien, Zürich

Priebs A (Hrsg) (1999) Zentrale Orte, Einzelhandelsstandorte und neue Zentrenkonzepte in Verdichtungsräumen. Kieler Arbeitspapiere zur Landeskunde und Raumordnung 39. Kiel

Reubel-Ciani T (1995) Gustav Schickedanz und sein Jahrhundert: zum 100. Geburtstag des Quelle-Gründers. Sebald, Nürnberg

Riehm U et al. (2003) E-Commerce in Deutschland. Eine kritische Bestandsaufnahme zum elektronischen Handel. Edition Sigma, Berlin

Rogers E M (2003^5) Diffusion of innovations. Free Press, New York, London, Toronto, Sydney

Rumscheidt S (2016) Online-Handel – Chance für den stationären Einzelhandel? ifo Schnelldienst 69(22): 51–56

Sailer U (2020) Shopping Center – Kathedralen des Massenkonsums. In: Neiberger C, Hahn B (Hrsg.) Geographische Handelsforschung. Springer Spektrum, Berlin 193-206

Schellenberg J (2005) Endverbraucherbezogener E-Commerce. Auswirkungen auf die Angebots- und Standortstruktur im Handel und Dienstleistungssektor. Geographische Handelsforschung 10. L.I.S., Passau

Schenk H-O (1991) Marktwirtschaftslehre des Handels. Springer Gabler, Wiesbaden

Spiekermann U (1999) Basis der Konsumgesellschaft – Entstehung und Entwicklung des modernen Kleinhandels in Deutschland 1850–1914. Schriftenreihe zur Zeitschrift für Unternehmensgeschichte 3. Beck, München

Statistisches Bundesamt (1993) Binnenhandel. Gastgewerbe, Tourismus. Unternehmen, Beschäftigte, Wareneingang im Handel

Statistisches Bundesamt, HDE (2024) Verkaufsfläche im Einzelhandel in Deutschland (2002–2022). Wiesbaden

Stolte S (2005) Versandhandel und Verbraucherschutz – Entstehung und Genese in rechtshistorischer Perspektive. Böhlau, Köln

Tagesschau (2021) Douglas schließt jede siebte deutsche Filiale. <https://www.tagesschau.de/wirtschaft/unternehmen/douglas-105.html> 26.10.2023

The Nielsen Company (verschiedene Jahrgänge) Nielsen Universen. Frankfurt a. M.

Theis H-J (2007) Handbuch Handelsmarketing: Erfolgreiche Strategien und Instrumente im E-Commerce. Deutscher Fachverlag, Frankfurt a. M.

Tietz B (1983) Konsument und Einzelhandel. Strukturwandlungen in der Bundesrepublik Deutschland von 1970 bis 1995. Lorch, Frankfurt a. M.

Vogel M (2009) Quelle ist Geschichte. *Lebensmittelzeitung* 47: 8–9

Weißburger F X (1935) Das Versandgeschäft: Eine privatwirtschaftliche Betrachtung. o.V., Tübingen

Weltevreden J W J (2006) City centres in the internet age: Exploring the implications of b2c e-commerce for retailing at city centres in the Netherlands. Utrecht University., Utrecht

Weltevreden J W J, Atzema O A L C (2006) Cyberspace Meets High Street. Adoption of Click-and-Mortar Strategies by Retail Outlets in City Centers. Urban Geography 27(7): 628–650

Weltevreden J W J, Atzema O A L C, Frenken K, Kruif K de, van Oort F G (2008) The Geography of Internet Adoption by Independent Retailers in the Netherlands. Environment and Planning B: Planning and Design 35(3): 443–460

Werner F (1932) Die Betriebsform des Versandhandels. In: Handbuch des Einzelhandels, Poeschel, Stuttgart: 114

Wiegandt C-C et al. (2018) Determinanten des Online-Einkaufs – eine empirische Studie in sechs nordrhein-westfälischen Stadtregionen. *Raumforschung und Raumordnung* 76:247–2652

Wieland T, Hoppe A, Kramer C (2020) Standort, Wettbewerb und Persönlichkeit: Wer oder was entscheidet über die Adoption des Onlinehandels als Vertriebskanal. In: Schrenk M, Popovich V, Zeile P, Elisei P, Beyer C, Ryser J, Reicher C, Celik C (Hrsg) REAL CORP 2020. Proceedings/Tagungsband 15–18 September 2020. CORP, Wien 799–810

Zeit Online (2021) Media Markt und Saturn schließen einige Filialen. Vom 12. August 2021. <https://www.zeit.de/news/2021-08/12/media-markt-und-saturn-schliessen-einige-filialen>Zugegriffen: 12.08.2021

Zoch B (2010) Determinanten der Adoption von Informations- und Kommunikationstechnologien im Handwerk. Modell und empirische Analyse. Dissertationsschrift, Ludwig-Fröhler-Institut, München

Digitale Dynamiken: Disruption, Expansion und Vernetzung im Einzelhandel

2.1 Digitale Plattformen als disruptive Akteure im Einzelhandel

Sina Hardaker

Kürzlich habe ich eine alte Singer-Nähmaschine bei Kleinanzeigen (ehemals eBay Kleinanzeigen) verkauft. Meine Großmutter hatte ihr ganzes Leben lang damit genäht, war aber nun nicht mehr dazu in der Lage. Die Maschine war voll funktionsfähig, immer noch schön anzusehen, aber alt und meines Erachtens sicher nicht mehr effizient. Als der Käufer die Nähmaschine an einem Sonntag abholte, fragte ich aus Interesse, was er damit zu tun gedenke. Er war seit mehreren Wochen der einzige Interessent und es gab ein relativ großes Angebot bei Kleinanzeigen (ehemals eBay Kleinanzeigen) in der Nähe. „Export" lautete die erste Antwort. Der Käufer führte weiter aus, dass die Maschine locker noch 50 Jahre funktionieren würde, sie sei alt, aber robust und nähe sowohl Leder als auch Planen. Sie soll nach Togo verschifft werden. Ich war froh, dass die Maschine noch ein paar Jahre lang genau das tun würde, wofür sie gebaut wurde. Mehr noch, ich war fasziniert, dass wir über Kleinanzeigen zusammengekommen waren und welche Auswirkungen unsere Rolle als Käufer:innen und Verkäufer:innen auf Warenketten und Wertschöpfung von Produkten haben können (kurzer, eigener Erfahrungsbericht).

Diese kurze Geschichte veranschaulicht die weitreichenden Auswirkungen der Zusammenführung zweier Akteure, die sonst kaum Gelegenheit gehabt hätten, zueinanderzufinden. Sie verdeutlicht, wie digitale Plattformen Interaktionen sowie wirtschaftliche und gesellschaftliche Aktivitäten beeinflussen bzw. maßgeblich mitgestalten. Die räumlich-spezifischen Dynamiken und Auswirkungen von Plattformen (z. B. institutionelle Rahmenbedingungen, Auswirkungen auf das Einzelhandelsgeschäft sowie den Standort und die Innenstadt) finden in der aktuellen

Geographischen Handelsforschung erst seit Kurzem stärkere Berücksichtigung. Dies mag u. a. daran liegen, dass die Rolle von Plattformen und ihre räumlichen Auswirkungen kontrovers erscheinen und nur schwierig greifbar sind (Hardaker 2021a). Dies trifft auch in der Praxis zu. Einerseits titelte die Zeitschrift Textilwirtschaft (2021): „Plattformen sind das Ende des stationären Handels." Andererseits lud im Jahr 2021 der ehemalige Bundeswirtschaftsminister Altmaier (CDU) drei große digitale Plattformen (von insgesamt 20 Vertreter:innen aus der Wirtschaft) zum Innenstadt-Gipfel ein, um die Innenstädte „zu retten" (BMWi 2020a; Textilwirtschaft 2020), was wiederum die steigende Bedeutung digitaler Plattformen für Innenstädte verdeutlicht. Das vorliegende Kapitel erläutert zunächst wichtige Begrifflichkeiten und erörtert anschließend die Rolle digitaler Plattformen in größeren, unterschiedlichen Kontexten (Platformurbanismus, Sharing Economy). Auf die zunehmende Plattformisierung des Einzelhandels (insbesondere des Onlinehandels) sowie die damit einhergehenden Veränderungen und räumlichen Auswirkungen geht Abschn. 2.2 detailliert ein.

2.1.1 Von der Plattformökonomie zum Plattformurbanismus

Plattform-Unternehmen haben sich zu dominanten Wirtschaftsakteuren entwickelt (Kenney und Zysman 2020; Rahman und Thelen 2019). In Form von sozialen Netzwerken, Suchmaschinen, App Stores, Sharing-Plattformen und Onlinemarktplätzen verändern und beeinflussen sie wirtschaftliche und gesellschaftliche Prozesse. Dabei übernehmen sie wichtige Funktionen in Wirtschaft und Alltag, was sich auch in der stark ansteigenden gesamtwirtschaftlichen Bedeutung digitaler Plattformen widerspiegelt. Gemessen an der Marktkapitalisierung stellen digitale Plattformen mittlerweile einige der wertvollsten Unternehmen dar. Die Gewinne der fünf größten Plattform-Unternehmen (Apple, Microsoft, Amazon, Meta und Alphabet) sind 2021 im Vergleich zum Vorjahr um 56 % auf 321 Mrd. US$ gestiegen (Netzökonom 2022). Sie haben die Rolle von Verbraucher:innen, produzierenden Unternehmen und Eigentum in etlichen Branchen neu definiert und damit eine Vielzahl von Märkten infiltriert bzw. disruptiert (Kenney und Zysman 2019; Sampere 2016). Die folgenden Unternehmen stellen Beispiele für plattformbasierte Geschäftsmodelle dar, die radikale Marktveränderungen in unterschiedlichen Branchen bewirkt haben: Uber im Bereich Verkehr und Mobilität, Airbnb im Bereich Unterkünfte, Google und Meta im Such- bzw. Kommunikationssektor sowie Amazon in der Handelsbranche.

Der Kern dieser Plattformen basiert jeweils auf dem gleichen Prinzip: Im Zentrum steht „die Vermittlung zwischen Anbietern und Nachfragern, indem sie einen zentralen Austauschpunkt schaffen, an dem beide zusammenfinden" (Kompetenzzentrum Handel 2020). In den Wirtschaftswissenschaften werden digitale Plattformen entsprechend als mindestens zweiseitige bzw. mehrseitige Vermittler (Evans 2011; Rochet und Tirole 2004) verstanden, die es mehreren Akteuren (z. B. Unternehmen, Käufer:innen, Inserent:innen usw.) ermöglichen, miteinander in

2.1 Digitale Plattformen als disruptive Akteure im Einzelhandel

Kontakt zu treten (Schwarz 2017, siehe Abb. 2.1). Während die Idee, dass Unternehmen als Vermittler bzw. Intermediäre agieren, nicht neu ist, verändern digitale Plattformen auf unterschiedlichen Ebenen, wie Angebot und Nachfrage zusammenfinden. Skalen- und Netzwerkeffekte sind dabei ein zentraler Vorteil von Plattformen, d. h., ihre Attraktivität bzw. ihr Nutzen wächst mit ihrer Nutzerzahl (Srnicek 2017). Zudem profitieren sie von relativ geringen Transaktionskosten (Schwarz 2017), derzeit niedrigen Regularien (Graham 2020) und hoher Datensouveränität (BMWi 2022). Dies ermöglicht es ihnen, bestehende Infrastrukturen, Interaktionen, Abläufe und Wertschöpfungsketten zu reorganisieren sowie Wertschöpfungsprozesse gänzlich neu zu definieren (Grabher und van Tuijl 2020; Kenney und Zysman 2019; Richardson 2020). Damit entstehen neue Fragen, wie etwa zu den Beziehungen zwischen Plattformen und unterschiedlichen Akteuren (z. B. Einzelhandelsunternehmen, Konsument:innen, politischen Institutionen etc.), deren Reichweite und Abhängigkeiten sowie dem Umgang mit und der Verwertung von Daten.

Aufgrund ihrer vielfältigen Ausprägungen existieren unterschiedliche Ansätze zur Kategorisierung von Plattformmodellen: Generell lassen sich digitale Plattformen zunächst wie folgt einteilen:

- B2C (Business-to-Consumer; z. B. Amazon Marketplace, Facebook/Meta),
- B2B (Business-to-Business; z. B. Amazon Web Services, Magento, Shopify) sowie
- C2C (Consumer-to-Consumer; z. B. Kleinanzeigen, Gumtree, Vinted).

Eine weitere Kategorisierung teilt Plattformen beispielsweise wie folgt ein (Fumagalli et al. 2018: 8):

- Werbeplattformen (wie Google und Facebook/Meta),
- Cloud-Plattformen (z. B. Amazon Web Services),
- industrielle Plattformen (wie General Electric oder Siemens),
- Produktplattformen (z. B. Spotify),
- Arbeitsplattformen (wie Uber oder Deliveroo) sowie
- Logistikplattformen (wie Amazon).

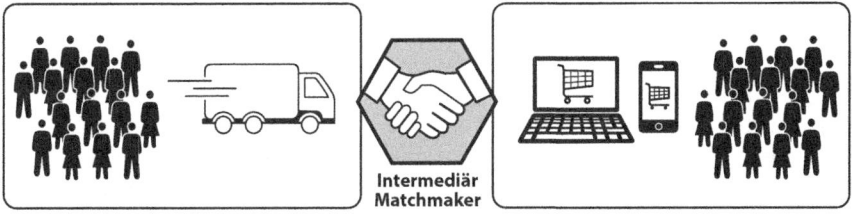

Abb. 2.1 Das Plattformprinzip. (Eigener Entwurf, Darstellung Julia Breunig)

Die Kategorisierungen fallen teils sehr unterschiedlich aus und überschneiden sich nicht selten. Angesichts ihres wachsenden Einflusses und ihrer Marktdurchdringung werden Plattformen in zahlreichen Kontexten diskutiert, was zu unterschiedlichen Begriffen wie Plattformkapitalismus, -logik und -gesellschaft geführt hat. Ein weiterer Begriff, Plattformurbanismus, wird durch die zunehmende Präsenz und Macht digitaler Plattformen im urbanen Raum geprägt (z. B. Hardaker 2021b; Sadowski 2020). Indem Plattformen mittlerweile mit vielen Bereichen unseres Lebens verwoben sind, produzieren sie (urbane) Räume. Sie können beispielsweise an der urbanen Governance teilnehmen, sie spielen also eine aktive Rolle in der Verwaltung und Steuerung städtischer Räume und Prozesse. So können digitale Plattformen Daten, Technologien und Netzwerke bereitstellen, die für die Planung, das Management und die Entscheidungsfindung in Städten genutzt werden. Sie beeinflussen, verändern und steuern damit grundlegende Interaktionen (Graham 2020; Richardson 2020). Dies umfasst das wirtschaftliche und soziale Gefüge wesentlicher Aspekte unseres Alltags wie Arbeit, Wohnen, Reisen sowie Konsum/Einkaufen. Damit haben sich digitale Plattformen als unverzichtbarer Teil des städtischen Lebens im digitalen Zeitalter positioniert, die beeinflussen können, wie wir uns im Raum bewegen und wie und wo wir einkaufen.

Unternehmen wie Google sind teils so mächtig, dass sie ihre eigenen Regeln und eine Art „eigene Welt" erschaffen können (Schwarz 2017) und auch die Logik anderer Institutionen wie des Staates und des Marktes beeinflussen. Jedoch neigen sie häufig dazu, lokale Meinungen und Stimmen zu vernachlässigen (Graham 2020) und sich eher temporär und punktuell in lokale Gegebenheiten einzubetten (Hardaker und Appel 2025). Dies kann auf ein grundlegendes Merkmal digitaler Plattformen zurückgeführt werden, die sich oft von den Waren, die sie verkaufen/vermitteln, abkoppeln. Uber und Airbnb bezeichnen sich selbst als Technologieunternehmen und nicht als Transport- oder Beherbergungsunternehmen, da sie kein Fahrzeug bzw. kein Hotelzimmer besitzen. Zudem stuft Uber seine Fahrer:innen als „unabhängige Auftragnehmer:innen" und nicht als „Arbeitnehmer:innen" ein und umgeht damit vielerorts arbeitsrechtliche Schutzmaßnahmen wie Lohnfortzahlung im Krankheitsfall. Des Weiteren stehen etliche plattformbasierte Technologieunternehmen wie u. a. Amazon in der Kritik, verhältnismäßig geringere Steuern zu zahlen (Rösch und Klug 2022; Schmutz 2021). Dies bringt ihnen als Player im Onlinehandel einen Vorteil gegenüber standortbasierten Geschäften – z. B. in der Innenstadt – ein.

Die Rolle als Vermittler greift folglich nicht weit genug. Ein Großteil digitaler Plattformen hat sich von „matchmakern" zu sogenannten marketmakern entwickelt (z. B. Schwarz 2017), die Nutzer:innen in die Infrastruktur einbinden (Langley und Leyshon 2017) und beispielsweise Konsumgewohnheiten aktiv mitgestalten (Bissell 2020). Wie im Fall von Google werden digitale Plattformen faktisch selbst zum Markt, schaffen ihren eigenen institutionellen und regulatorischen Rahmen und prägen damit wirtschaftliche und gesellschaftliche Interaktionen.

2.1.2 Die Sharing Economy und ihre Auswirkungen auf Prozesse im Handel

Ein großer Teil der (geographischen) Forschung der letzten Jahre hat sich auf die Dynamik der sog. Sharing Economy konzentriert (auf Deutsch u. a. „Gemeinschaftswirtschaft" oder „Kollaborative Wirtschaft"). In diesem Modell teilen Menschen Ressourcen, beispielsweise Wohnungen, Autos, Kleidung oder Werkzeuge, um sie effizienter zu nutzen und die Kosten zu senken. Diese Form des Teilens wird durch digitale Plattformen und Technologien ermöglicht, die die Vermittlung und den Austausch zwischen den Teilnehmenden erleichtern und nach dem Motto „Access over Ownership" – also Zugang vor Eigentum oder „Benutzen statt Besitzen" – handeln und so Nutzer:innen das Teilen von Gütern, Dienstleistungen oder Informationen erlauben.

Im weiteren Sinne umfasst dies auch Plattformen wie Vinted oder Kleinanzeigen. Erstere, eine 2008 in Litauen gegründete Kleidertausch-App, wurde in Deutschland zunächst unter dem Namen Kleiderkreisel bekannt. Mittlerweile haben Nutzer:innen die Möglichkeit, Kleidung wie auch andere Gegenstände (z. B. Spielzeug) zu kaufen, zu verkaufen oder zu tauschen. Die Bezahlung wird über die Plattform von Vinted abgewickelt, wobei das Unternehmen bei jedem Kauf eine Provision einbehält. Weitere Plattformen, die darauf abzielen, bestimmte Ressourcen zu teilen, sind z. B. US-amerikanische Unternehmen wie Neighborhood Goods und Showfields, die sich auf gemeinsam genutzte Ausstellungsräume von E-Commerce-Unternehmen fokussieren, die nun eine erste physische Präsenz aufbauen möchten.

Die Sharing Economy hat zwar neue Möglichkeiten der Wertschöpfung geschaffen, steht aber im Falle einzelner Unternehmen zunehmend in der Kritik. Insbesondere die verwendete Rhetorik des „Teilens" wird oft kritisch hinterfragt (z. B. Cockayne 2016; Richardson 2015). Stehlin et al. (2020) argumentieren, dass die Sharing Economy als Teil des Kapitalismus einerseits, als Alternative andererseits, ein Paradoxon darstellt. Ein Hauptkritikpunkt ist die Überschneidung mit sozialräumlichen Ungleichheiten. Viele Studien zu Uber und Aibnb zeigen, dass die Sharing Economy Kontroversen über Ungleichheit bei Löhnen, Arbeitsbedingungen und im (inner-)städtischen Raum ausgelöst hat. Airbnb trägt zur Verdrängung von Mieter:innen, Finanzialisierung von Wohnraum und Gentrifizierung bei (Cocola-Gant und Gago 2019). Gleichzeitig machen Airbnb wie auch Vinted Bürger*innen zu „Entrepreneurs", wovon etliche Menschen in Form eines zusätzlichen Einkommens auch profitieren.

Es lässt sich festhalten, dass die zunehmende Etablierung von infrastrukturellen wie auch regelsetzender digitaler Plattformen fundamentale Transformationsprozesse in höchst unterschiedlichen Bereichen mit sich zieht (z. B. Kommunikation, Handel, Wohnen und Mobilität) und gesamtgesellschaftliche Prozesse beeinflussen bzw. verändern (Eisenegger 2021), die sich auch räumlich niederschlagen.

Seit den 2010er Jahren lässt sich auch im deutschen Handel eine zunehmende Plattformisierung feststellen (Hardaker 2022a; Hardaker et al. 2023). Darunter wird der gesellschaftliche Bedeutungsgewinn und die zunehmende Reichweite digitaler Plattformen wie Google, Apple oder Amazon verstanden, die im Fokus von Abschn. 2.2 stehen.

2.2 Plattformisierung im Einzelhandel: Transformationen und Trends

Sina Hardaker

Der (deutsche) Einzelhandel, inklusive seiner vielen stationären inhabergeführten Geschäfte, durchläuft einen enormen Digitalisierungsprozess (Neiberger 2020) und digitale Plattformen gewinnen zunehmend an Bedeutung (Hardaker 2024). Vom Marketing über Kund:innenansprache zur Standortsuche, in allen Bereichen ist eine Bedeutungszunahme von Plattformen (sog. Plattformisierung) erkennbar, die folglich mit der Reorganisation von Abläufen und Strategien einhergeht, deren längerfristige Folgen (z. B. Abhängigkeiten bzgl. technischer Infrastruktur, Verschiebung der Umsätze in Richtung Plattformen, Restrukturierung von Arbeitsabläufen) bislang in Teilen unbeobachtet blieben bzw. erst kürzlich in den Kontext einer Plattformisierung eingeordnet wurden (z. B. Culpepper und Thelen 2019; Hardaker 2022; Repenning 2022). Die Plattformisierung des Einzelhandels hat die Art und Weise, wie Produkte gekauft und verkauft werden, grundlegend verändert (zur Definition von digitalen Plattformen sowie Begrifflichkeiten siehe Abschn. 2.1). Aus betriebswirtschaftlicher Sicht bieten digitale Plattformen Einzelhandelsunternehmen potenziell die Möglichkeit, ihre Reichweite zu erweitern, neue Kund:innen zu gewinnen und ihr Geschäft effizienter zu gestalten. Gleichzeitig haben digitale Plattformen den Wettbewerb intensiviert und neue Herausforderungen für Handelsunternehmen geschaffen. Diesbezüglich sind v. a. steigende Abhängigkeiten und Machtkonzentration sowie ökologische Probleme (z. B. anhaltendes/steigendes Konsumverhalten im Bereich Ultra Fast Fashion, Retouren etc.) hervorzuheben.

Die steigende Bedeutung von digitalen Plattformen im deutschen Einzelhandel lässt sich am deutlichsten am Beispiel von Onlinehandelsplattformen (insbesondere Amazon) beobachten: Die 13 weltweit größten digitalen Marktplätze setzten 2020 Waren im Wert von 2,4 Billionen Euro um, 20,5 % mehr als im Vorjahr. Die COVID-19-Krise hat das Wachstum des Onlinehandels und damit auch vieler digitaler Plattformen beschleunigt (Hardaker 2022a): In Deutschland steigerten sie ihren Anteil am Onlinehandel auf 63 %. Davon entfällt über die Hälfte – 53 %, folglich mehr als jeder zweite Euro im Onlinehandel – auf Amazon (siehe Abb. 2.2).

Die umsatzstärksten Onlineshops in Deutschland betrachtend (siehe Abb. 2.3) wird deutlich, dass hier plattformbasierte Anbieter wie Amazon.de, Otto.de und Zalando.de dominieren.

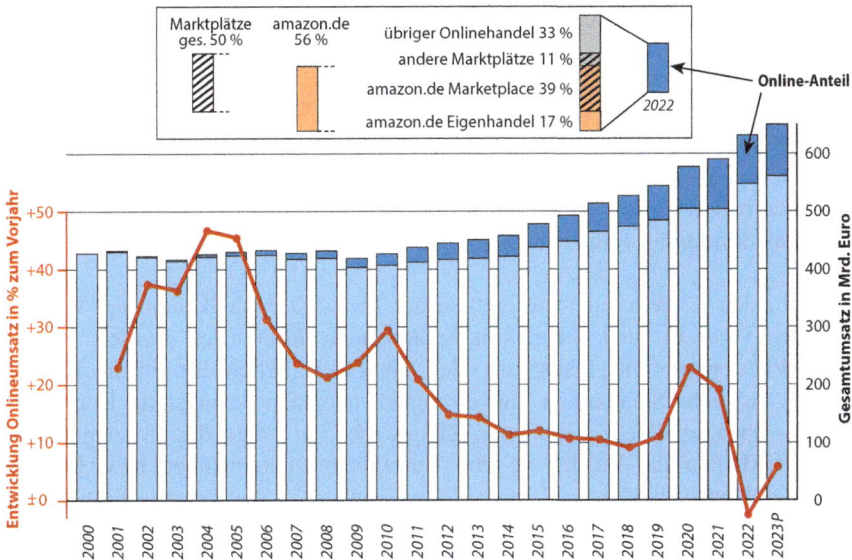

Abb. 2.2 Entwicklung des Onlinehandels in Deutschland und Anteil der digitalen Plattformen. (Eigener Entwurf, erweitert nach Hardaker 2022a: 311, HDE 2022, 2023, Darstellung Julia Breunig)

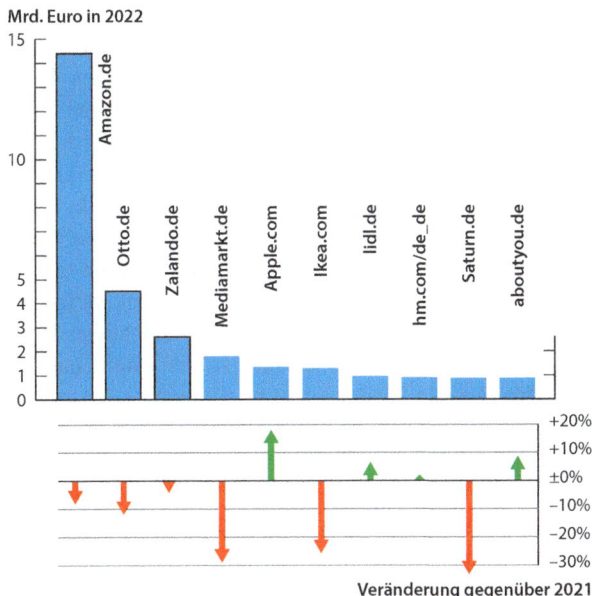

Abb. 2.3 Die umsatzstärksten Onlineshops* in Deutschland. (Eigene Darstellung nach Hardaker 2022, Daten: HDE 2023)
*Zum Vergleich B2C-Marktplätze: Amazon rund 46 Mrd. € E-Commerce-Bruttowarenwert (E-Commerce-GMV) 2022

Digitale Marktplätze können verschieden kategorisiert werden. So werden

- vertikale Marktplätze (die sich nur auf eine Produktkategorie konzentrieren wie Kleidung und Accessoires, z. B. Zalando),
- horizontale Marktplätze (die verschiedene Produkte anbieten, die aber alle eine Gemeinsamkeit haben, z. B. individualisiert und selbst erstellt sind wie auf etsy.com) sowie
- globale Marktplätze (die fast alles anbieten, z. B. Amazon und eBay)

unterschieden. Zudem kann hinsichtlich der Ziele, Kommunikation und Vertrieb zwischen Vertriebs- und Vermarktungsplattformen differenziert werden. Social-Media-Plattformen wie Instagram oder TikTok verhelfen Einzelhandelsunternehmen zu mehr Sichtbarkeit und ermöglichen eine personalisierte Kommunikation – insbesondere mit jüngeren Zielgruppen. In Folge dessen steigern die sozialen Medien die Reichweite von Einzelhandelsunternehmen bzw. Marken und Produkten maßgeblich; Content, Management und der gesamte Fulfillment-Prozess (alle Schritte, die notwendig sind, um eine Bestellung abzuwickeln, z. B. Lagerung der Waren, Kommissionierung, Versand etc.) bleiben jedoch (bislang) in den Händen der Einzelhandelsunternehmen. Social-Media-Plattformen werden damit Teil von alltäglichen Arbeitsabläufen stationärer Handelsunternehmen und reorganisieren deren Kommunikations- und Absatzkanäle neu (Ghani und Hofreiter 2021; Repenning 2022). Darüber hinaus werden die auf sozialen Plattformen wie Instagram und TikTok erhobenen Daten bzw. deren Auswertung und darauf gewonnene Informationen an Werbetreibende verkauft. Das vermeintlich kostenlose Angebot wird damit durch jeden Like bzw. jeden Klick seitens der Plattformen monetarisiert. Lobeck und Wiegandt (2018) weisen darauf hin, dass aufgrund des Trackings der Nutzer:innen ein immer zielgruppenspezifischeres Marketing möglich ist – weitaus effizienter als im stationären Handel. Diese Entwicklungen setzen den stationären Handel weiter unter Druck, Geschäftsmodelle und Strategien sowie Standort- und Investitionsentscheidungen anzupassen. Aus Anbietersicht eröffnen sich jedoch u. a. Möglichkeiten, die die Erschließung neuer Wachstumspotenziale, insbesondere aufgrund eines stark vergrößerten Absatzmarktes, umfassen. Ferner können digitale Plattformen hilfreich sein, um (kleineren) Einzelhandelsunternehmen den Einstieg in den Onlinehandel (Battermann und Neiberger 2018) oder den Markteintritt im Rahmen einer Auslandsexpansion zu erleichtern (Hardaker und Zhang 2021; siehe Abschn. 3.2). Suchmaschinen wie Google und Vergleichsportale wie Check24 oder Idealo stellen mittlerweile zentrale Anlaufstellen für Informationssuchende dar. Auch Marktplätze wie eBay oder Amazon, die für Einzelhandelsunternehmen in erster Linie darauf ausgelegt sind, den Absatz zu födern (Kompetenzzentrum Handel 2020), dienen im Onlinehandel nicht nur als Hauptanlaufstelle für Einkäufe, sondern werden auch immer mehr zur Hauptquelle für die Produktsuche und -inspiration (siehe Abb. 2.4). Ihre Marktmacht und die Notwendigkeit für Einzelhandelsunternehmen, auf der Plattform zu agieren, nehmen hierdurch weiter zu.

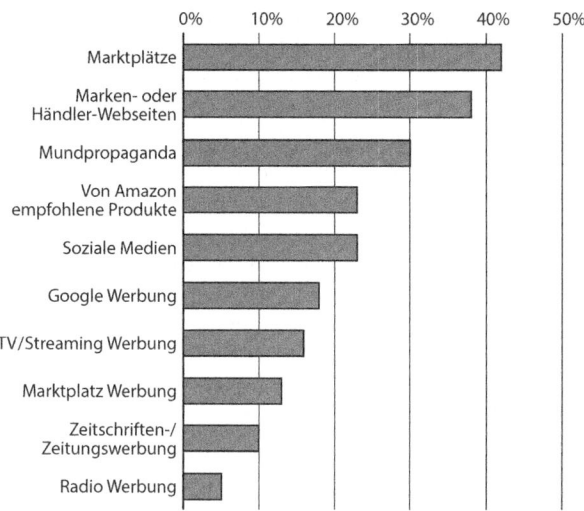

Abb. 2.4 Wo Onlinekäufer:innen gekaufte Produkte entdeckt haben. (Eigene Darstellung, Quelle: Global Consumer Behavior Report 2022; The original platform fund)

Die (Mit-)Nutzung der plattformbasierten Technologien kann zunächst für etliche Einzelhandelsunternehmen viele Vorteile mit sich bringen: geringe Entwicklungskosten sowie i. d. R. Teilhabe an Netzwerkeffekten (siehe Abschn. 2.1). Denn Einzelhandelsunternehmen können die enorme Reichweite nutzen und eine Vielzahl an potenziellen Kund:innen erreichen. Der Verkauf auf Plattformen geht jedoch auch mit Risiken bzw. potenziellen Nachteilen einher (siehe Tab. 2.1). Neben teils hohen Verkaufsgebühren setzen sich Einzelhandelsunternehmen einem starken (internationalen) Wettbewerb aus. So kommen z. B. seit 2016 täglich mehr als 2000 neue Verkäufer:innen auf den zwanzig globalen Marktplätzen von Amazon hinzu (Marketplace Pulse 2022). In Deutschland kamen im Jahr 2020 circa 40 % aller Amazon-Händler:innen aus China (Wölbert 2021). Aus Kund:innensicht spielt es jedoch kaum eine Rolle, woher die Produkte stammen, und Händler:innen auf Amazon bleiben oftmals „unsichtbar" (Hardaker 2022b). Regionale Wertschöpfungsprozesse (im Gegensatz zu einigen lokalen Marktplatz-Ansätzen, siehe Abschn. 4.3) und nachhaltiger Konsum rücken damit (weiter) in den Hintergrund.

Etliche digitale Plattformen, z. B. Instagram und Facebook, stehen dabei nicht immer in direkter Konkurrenz zu stationären Einzelhandelsunternehmen, sondern werden zunehmend von ihnen u. a. als Kommunikations-, Werbe- sowie Absatzkanal genutzt und in eigene Geschäftsabläufe sowie -strategien eingebettet (Hardaker et al. 2022; Repenning 2022). Unternehmen wie Amazon stehen hingegen immer wieder in der Kritik, da sie die Infrastruktur bereitstellen sowie gleichzeitig selbst als Händler auftreten. Dadurch entsteht eine direkte Konkurrenzsituation, bei der Amazon als Plattformbetreiber über entscheidende Marktinformationen verfügt, die seinen Wettbewerbern fehlen.

Tab. 2.1 Mögliche Vor- und Nachteile für Handelsunternehmen, auf digitalen Plattformen zu verkaufen. Die Vor- und Nachteile variieren teils stark und unterscheiden sich je nach Plattform und Einzelhandelsunternehmen. (Eigene Zusammenstellung)

Vorteile	Nachteile
Große Reichweite und damit Zugriff auf eine potenziell große Kundschaft; Steigerung von Umsatz sowie Bekanntheit	Je nach Marktplatz liegen die Kommissionen für verkaufte Produkte zwischen 5 und 20 %
Schnelle Markteinführung, optimierte Abläufe und Schutz vor Betrug	Klare Spielregeln/Richtlinien seitens der Plattform müssen eingehalten werden (z. B. bzgl. des Verkaufs von Markennamen, der Preisgestaltung)
Die Möglichkeit, Lager- und Versanddienste zu nutzen, die von einigen Marktplätzen angeboten werden, zum Beispiel Fulfillment by Amazon (FBA) bei Amazon oder eBay Global Shipping Program	Abhängigkeiten: Risiko, von der Plattform gesperrt oder ausgeschlossen zu werden (z. B. bei Unzufriedenheit der Kund:innen und/oder verspäteter Zustellung)
Möglichkeit, für Produkte zu werben und umfangreiche Einkaufsdaten zu nutzen, z. B. mit Amazon Advertising oder eBay Promoted Listings. Eingebaute Tools und E-Commerce-Lösungen	Verzicht auf die Kontrolle über die Daten und damit fehlende Möglichkeit der Kund:innenbindung
Produkttests mit geringem Risiko möglich	Starker Wettbewerb, Risiko von Preiskämpfen
Risikostreuung durch Multichannel-Verkaufsstrategie	Hoher technischer Aufwand, falls Daten noch nicht digitalisiert sind (WMS, Produktfotos etc.)
Möglichkeit, international zu verkaufen	

Digitale Plattformen profitieren von Netzwerkeffekten, die zu sogenannten Lock-Ins führen können. Das bedeutet: Je mehr Nutzer:innen und Anbieter:innen sich einer Plattform anschließen, desto größer wird deren Nutzen. Gleichzeitig wird ein Wechsel zu konkurrierenden Plattformen erschwert, da bereits etablierte Netzwerke und Prozesse gebunden sind. Unternehmen wie Alibaba und Amazon ermöglichen es Händlern, ihre Waren direkt über die Plattformen zu verkaufen und die gesamte Transaktionsabwicklung dort durchzuführen (Hänninen et al. 2018). Dabei erwirtschaften einige Plattformen nicht nur Einnahmen aus Verkaufsprovisionen, sondern auch durch zusätzliche Dienstleistungen wie Logistik, Datenanalyse und digitales Marketing, wie das Beispiel von Amazon zeigt (siehe Abb. 2.5).

In letzter Zeit wurden von mehreren Plattformunternehmen (z. B. eBay, Amazon, Google) sogenannte Digitalisierungskooperationen initiiert, um mit stationären Handelsunternehmen in Kontakt zu treten, die die jeweiligen Plattformen bisher nicht nutzen. So erklärte Amazon in seinem Jahresbericht 2020, dass es „Beschleunigungsprogramme für kleine Unternehmen in ganz Europa gestartet hat, um ihnen zu helfen, in der digitalen Welt erfolgreich zu sein" (Amazon 2021:3, eigene Übersetzung). Vor dem Hintergrund der zunehmenden Bedeutung des Onlinehandels ist es auffällig, dass privatwirtschaftliche Unternehmen wie Amazon,

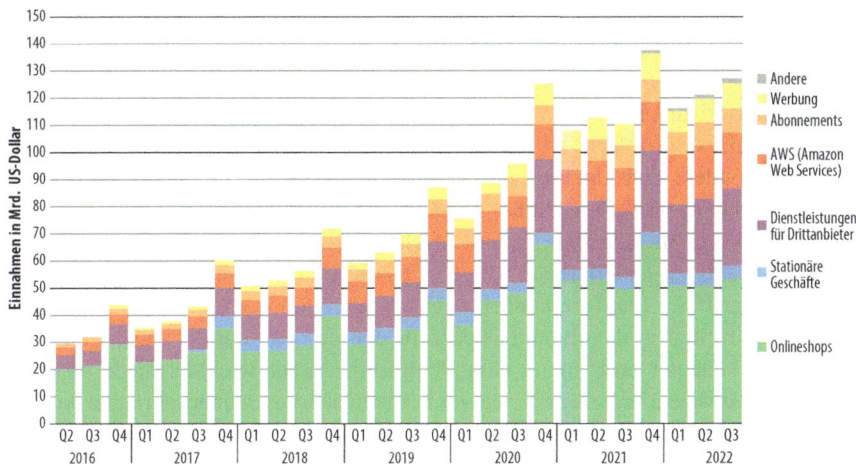

Abb. 2.5 Amazons Umsatzentwicklung in Milliarden US$. (2016–2022, eigene Darstellung nach Hardaker 2024, Daten: Amazon und The original platform fund)

Google, Facebook und LinkedIn mit Einzelhandelsverbänden und staatlichen Institutionen kooperieren. Die aktive Förderung digitaler Plattformen durch staatliche Institutionen und Einzelhandelsverbände trägt dazu bei, dass sie als kompetente Partner des stationären Einzelhandels wahrgenommen werden und dadurch an Legitimität gewinnen (Hardaker 2022a; Hardaker und Appel 2025). Somit beteiligen sich die genannten Unternehmen aktiv an der Gestaltung des Einzelhandels, etwa durch lokale Marktplatz- und Digitalisierungsinitiativen (siehe Abschn. 2.4) was sowohl deren Einfluss stärkt als auch die Abhängigkeit des Einzelhandels von ihnen erhöht (Hardaker und Appel 2025). Dadurch entstehen widersprüchliche politische Leitlinien: Während einerseits Maßnahmen ergriffen werden, um die Marktmacht digitaler Plattformen einzuschränken, werden sie gleichzeitig gezielt in Digitalisierungsstrategien des Einzelhandels eingebunden (Hardaker 2022a).

2.2.1 Fluch oder Segen – eine kritische Perspektive auf digitale Plattformen und ihre Auswirkungen auf den deutschen Einzelhandel

Digitale Plattformen haben die Kontrolle über die Infrastruktur, die es Einzelhandelsunternehmen und Kund:innen ermöglicht zusammenzukommen. Aufgrund ihrer wachsenden Marktmacht und Datensouveränität sowie ihrer (Fehl-)Nutzung von Daten, wie im Falle von Amazon und Google, stehen sie häufig in der Kritik. Sie können u. a. Gebühren erhöhen, Algorithmen ändern (z. B. ihre Empfehlungsalgorithmen, um den Preis stärker in den Vordergrund zu stellen) und von Verkäufer:innen erwarten, dass sie Werbung schalten, wenn sie in den Suchergebnissen sichtbar bleiben wollen. Darüber hinaus verkaufen sie – wie im Falle von Amazon – Produkte auf einem Marktplatz, den sie gleichzeitig betreiben, und verdrängen dadurch Anbieter:innen, indem sie direkt mit ihnen konkurrieren (Zhu und Liu 2018).

Einzelhandelsunternehmen müssen sich an die vorgegebenen Regeln und technischen Schnittstellen der Plattformen anpassen, um daran teilzunehmen. Dies betrifft insbesondere den Umgang mit Verbraucherdaten, die durch die Einbettung in Plattformen in größerem Umfang erfasst und genutzt werden. Ohne diese Integration wäre es für den stationären Einzelhandel kaum möglich, eine vergleichbare Datenbasis zu generieren (Wang und Coe 2021). In diesem Zusammenhang wird der Begriff der Plattformkontrolle relevant, den Schwarz (2017: 8) als die exklusive Kontrolle über die digitale Oberfläche definiert, auf der der Austausch stattfindet. Das bedeutet zwar nicht, dass Plattformbetreiber wie Meta jede einzelne Interaktion auf Facebook steuern, jedoch besitzen sie die uneingeschränkte Autorität, Akteur:innen zu entfernen oder Konten zu sperren – sei es bei Regelverstößen oder bereits bei einem vagen Verdacht. Besonders Amazon gerät in diesem Zusammenhang immer wieder in die Kritik. Eine Studie des Bundesverbands Onlinehandel (2021) zeigt, dass 78 % der befragten 1.600 Händler:innen, die auf Amazon tätig sind, das Verhältnis zum Unternehmen als schwierig oder nicht partnerschaftlich empfinden. Gleichzeitig generieren sie durchschnittlich 51,2 % ihres Umsatzes über Amazon, was sowohl den wirtschaftlichen Nutzen als auch die starke Abhängigkeit von der Plattform verdeutlicht. Weitere Ergebnisse der Studie veranschaulichen das Machtgefälle in der Beziehung zwischen Marktplatzbetreiber und Händler:innen (Bundesverband Onlinehandel 2021: o. S.):

- „Um die sogenannte Buy Box zu erhalten, geben die Händler:innen an, dass der Verkaufspreis 22,3 % günstiger sein muss als das vergleichbare Angebot vom Händler Amazon.
- 44 % der Händler:innen geben an, dass sie am Verkauf eines Markenproduktes gehindert werden, wobei 78 % der Befragten sagen, dass Amazon diese Verkaufsbeschränkung ausspricht.
- 80 % der Händler:innen haben auf Amazon schon Erfahrung mit Artikellöschungen gemacht und fast immer, wenn es um den Vorwurf des Verkaufs von Testern, Proben, gebrauchten Artikeln anstatt Neuware oder sogar Fake-Produkten geht, war dieser Vorwurf unberechtigt."

Neben ihrer Funktion als Kommunikations-, Werbe- und Absatzkanal im deutschen Einzelhandel werden Plattformen (z. B. eBay, Amazon, Google, LinkedIn) dabei zunehmend im Rahmen von Digitalisierungsinitiativen (z. B. Quickstart Online, Google Zukunftswerkstatt) auch als eine Art Berater für stationäre Einzelhandelsunternehmen tätig (Hardaker 2022a). Dies ist unter anderem aufgrund ihrer Legitimation seitens öffentlicher Institutionen und Verbände (z. B. Handelsverband Deutschland, HDE) möglich. Ähnlich verdeutlicht auch das Beispiel eBay Deine Stadt, wie ein digitaler Plattformbetreiber mit städtischen Akteuren zusammenarbeitet und Einfluss auf städtische Infrastruktur und Interaktionen nehmen kann (Hardaker et al. 2023; Hardaker und Appel 2025; siehe

Abschn. 3.4). Das wiederum veranschaulicht, dass sich digitale Plattformen in Deutschland nicht nur als Infrastrukturanbieter, sondern auch als Akteure innerhalb dieser Infrastrukturen, die sowohl digitale als auch physische Einzelhandelsräume gestalten, etablieren und folglich einen weiter wachsenden Einfluss auf die Einzelhandelslandschaft sowie die städtische Governance haben, was erhebliche räumliche Auswirkungen auf das bestehende Standortgefüge sowie gesellschaftliche Konsumprozesse hat (Hardaker 2022a).

2.2.2 Räumliche Auswirkungen der Plattformisierung im Einzelhandel

Die räumlichen Auswirkungen digitaler Plattformen im Einzelhandel sind vielfältig und betreffen sowohl die physischen Infrastrukturen als auch die räumliche Organisation der Wirtschaft. Digitale Plattformen wie Amazon oder Alibaba sind auf essentielle physische Infrastrukturen angewiesen, die ihre Funktionsfähigkeit und das Wachstum im E-Commerce-Sektor unterstützen. Dazu gehören Rechenzentren, Lagerhäuser, Serverhardware und Logistikzentren, die an strategisch wichtigen Orten angesiedelt sind, um eine schnelle Lieferung und eine effiziente Vernetzung der Marktakteure zu gewährleisten (Hardaker 2025). Diese Infrastruktur ist nicht nur für die Plattformbetreiber selbst, sondern auch für die Einzelhandelsunternehmen von Bedeutung, die ihre Waren über diese Plattformen verkaufen. Der Aufbau und die Verlagerung von Logistik- und Distributionszentren in bestimmte Regionen hat somit direkten Einfluss auf die räumliche Struktur des Einzelhandels. Darüber hinaus wird durch die zunehmende Abhängigkeit von digitalen Plattformen die räumliche Organisation des Einzelhandels selbst verändert, da stationäre Einzelhandelsgeschäfte in ihrer Rolle als Marktakteure verstärkt in die digitalen Ökosysteme integriert werden. Infolgedessen entstehen neue räumliche Verflechtungen zwischen den Plattformen, ihren physischen Infrastrukturen und den Einzelhandelsunternehmen, die auf diese digitalen Kanäle angewiesen sind, um wettbewerbsfähig zu bleiben. Die räumlichen Aspekte sind zudem von großer Bedeutung, da der Einzelhandel historisch eine zentrale Rolle für die Innenstädte spielt – sowohl in Bezug auf die Flächennutzung als auch auf die gesellschaftliche Bedeutung. Die Ko-Evolution von digitalem Handel und physischen Einzelhandelsstrukturen führt zu neuen Auswirkungen für Einzelhandelsstandorte und Innenstädte, die sowohl neu entstehen als auch bereits bestehende Probleme verschärfen. Die Auswirkungen der Plattformökonomie sind jedoch nicht eindeutig und werden in der Fachwelt widersprüchlich diskutiert. Besonders der Einfluss der Plattformisierung auf das Konsumverhalten muss differenziert betrachtet werden, da er in vielschichtige Verhaltensweisen und unterschiedliche räumliche Ebenen eingebettet ist. Es steht außer Frage, dass digitale Plattformen erheblichen Einfluss auf die Interaktionen, das Konsumverhalten und die Geschäftsprozesse im Handel haben. Plattformen spielen eine zentrale Rolle in verschiedenen Bereichen, die weit über den Einzelhandel hinausgehen. Denn wie der Onlinehandel, der als „wichtiger Teil einer integrierten Stadtentwicklung"

(Habbel 2016: 1) gesehen wird, spielen Plattformen in unterschiedlichen Bereichen eine zentrale Rolle für Stadtplanung und -entwicklung.

Augenscheinliche Veränderungen sind die zusätzlichen Lagerräume bzw. Flächen, die für den Versand von Onlinebestellungen benötigt werden – aufseiten der stationären Einzelhandelsunternehmen, die über Plattformen verkaufen, wie auch aufseiten der digitalen Plattformen selbst. Social-Media-Plattformen wie Facebook, Instagram, WhatsApp und TikTok gewinnen an Einfluss auf den stationären Einzelhandel, indem sie sich von reinen Kommunikations- hin zu Vertriebskanälen wandeln. Das stationäre Geschäft bildet somit einen Bestandteil in der Ergänzung zu Webshops und Social Commerce (Terpitz 2022). In einigen Fällen haben Online-Marketingstrategien, einschließlich des Engagements auf digitalen Plattformen wie Instagram oder eBay, dazu beigetragen, die Resilienz des stationären Einzelhandels (kurzzeitig) in Zeiten der COVID-19-bedingten Schließung zu stärken (Appel und Hardaker 2021b; Hardaker et al. 2022).

Für die geographische Navigation der Nutzer:innen greifen viele Techunternehmen auf den Dienst Google Maps zurück. Dort integrieren und verorten sie ihre eigenen Angebote. Durch die permanente algorithmische Datenerfassung und -verarbeitung via Smartphone entstehen mehr und mehr „datenbasierte, soziale Parallelwelten" (Nassehi 2019). Die Betreiber der digitalen Plattformen monetarisieren via Advertising Targeting (Werbung wird speziell auf Menschen gerichtet, die am wahrscheinlichsten an dem beworbenen Produkt oder der Dienstleistung interessiert sind) die erhobenen Daten (Eisenegger 2021) und beeinflussen somit das Kaufverhalten. Google spielt mittlerweile eine dominierende Rolle dabei, Kund:innen bei der Suche nach lokalen Einzelhandelsunternehmen zu helfen. Diese haben einen starken Anreiz, auf der Google-Plattform zu werben und auf Google Maps registriert zu sein. Eine gängige These unter Einzelhandelsexpert:innen lautet: „Sie existieren nicht, wenn sie nicht bei Google sind."

Klar ist, dass digitale Plattformen grundlegend die Verflechtung von sozialer und räumlicher Neuordnung der Städte vorantreiben und teils revolutionieren, da sie eine wachsende Bedeutung als Infrastrukturen der städtischen Gesellschaften (z. B. Transport, Medien, Lebensmittelversorgung) erfahren (Barns 2019). Stationäre Einzelhandelsunternehmen und damit die Handelsstandorte haben zwar einen „neuen Mitspieler" bzw. Partner, dieser entzieht sich jedoch den bisher gültigen und erprobten Prozessen (Hardaker 2021a). Die Beziehungen zwischen Plattformen und stationären Einzelhandel werden neu ausgehandelt und werfen etliche Fragen bezüglich der Wertschöpfung, Reichweite und Abhängigkeiten auf. Im Rahmen dessen ist es nicht nur nützlich, sondern wichtig, eine räumliche Perspektive einzunehmen, da diese u. a. die Gleichzeitigkeit von unterschiedlichen Prozessen sichtbar machen kann.

2.2.3 Fazit und Ausblick

Der stationäre Einzelhandel verliert an Bedeutung (hier muss jedoch sehr deutlich zwischen unterschiedlichen Branchen sowie verschiedenen Standorten differenziert werden) und greift zunehmend auf digitale Plattformen zurück. Damit tritt er Bedeutung an unterschiedliche Plattformen ab. Google z. B. ist Teil des hegemonialen lokalen Informationspakets geworden. Auf lokaler Ebene sind etliche stationäre Einzelhandelsunternehmen auf Google Search und Maps, Yelp und Meta angewiesen, um Kund:innen zu gewinnen bzw. mit ihnen in Kontakt zu sein/bleiben. Das wiederum ermöglicht es u. a. Google, lokale Einzelhandelsunternehmen enger in seine Werbemaschine zu integrieren und damit andere Akteure (z. B. Zeitungen, Gelbe Seiten) zu ersetzen (Kenney und Zysman 2020). Obwohl der Onlinehandel in der deutschen Geographischen Handelsforschung bisweilen ein zentrales Forschungsfeld darstellt, steht die Plattformforschung im Einzelhandel noch am Anfang. In jüngerer Zeit kommen Studien zu Onlinestrategien hinzu, insbesondere im inhabergeführten stationären Einzelhandel in Zeiten der COVID-19-Pandemie, die auch die Rolle von z. B. Social-Media-Plattformen untersuchen (z. B. Friedrich et al. 2022). Die Corona-Krise beschleunigte (teils jedoch nur kurzfristig) auch Bereiche, die zuvor als Nischen eingestuft waren, wie lokale Onlinemarktplätze (Hardaker 2022b; siehe Abschn. 4.3), den Online-Lebensmittelhandel (Dannenberg et al. 2020; siehe Kap. 4), deren Ultraspeed-Auslieferung (Kläsgen und Kunkel 2022) sowie die Einrichtung lokaler städtischer Liefersysteme (Appel und Hardaker 2021a). Zukünftig sollten die räumlichen und gesellschaftlichen Auswirkungen der Plattformökonomie im Einzelhandel in den Fokus der Forschung rücken, damit Entwicklungen nicht nur nachvollzogen, sondern auch begleitet bzw. beeinflusst werden können. Jüngste Ausnahmen konzentrieren sich bisweilen z. B. auf service- bzw. konsumseitige Auswirkungen (Hokkanen et al. 2021), sowie die Marktmacht und Wissensvorteile seitens digitaler Plattformen (Wang und Coe 2021) – inwieweit digitale Plattformen auch nachhaltigere Konsummuster und alternative Ökonomien (weiter) vorantreiben bzw. hemmen können, sollte Gegenstand künftiger Forschung sein.

2.3 Cross-Border E-Commerce: globaler Handel im digitalen Zeitalter

Sina Hardaker

Grenzüberschreitender E-Commerce, auch als Cross-Border E-Commerce bekannt, beschreibt den Onlinehandel über nationale Grenzen hinweg. Schätzungen zufolge erreichte der weltweite Markt für grenzüberschreitenden B2C-E-Commerce im Jahr 2022 ein Volumen von etwa 800 Mrd. US$. Die Umsätze werden laut Prognosen wahrscheinlich in den kommenden Jahren weiter steigen und bis zum Jahr 2030 voraussichtlich auf 5,1 Billionen US$ anwachsen (siehe Abb. 2.6). Dies verdeutlicht die Bedeutung des grenzüberschreitenden E-Commerce in der heutigen globalisierten Wirtschaft. Der folgende Abschnitt bietet eine Übersicht über den aktuellen Stand des Cross-Border E-Commerce in Deutschland und stellt relevante Zahlen und Trends vor.

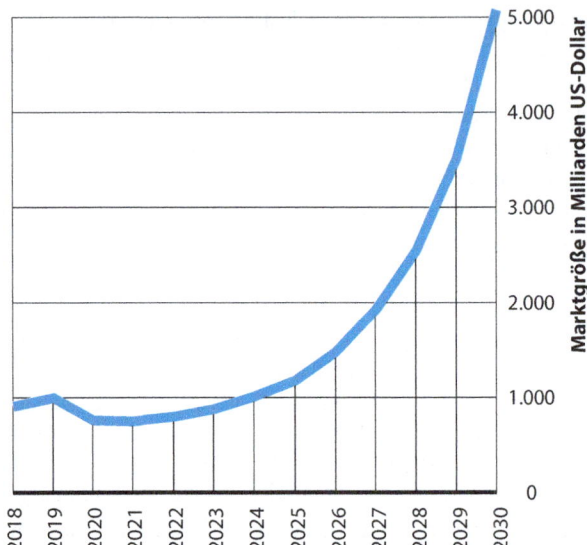

Abb. 2.6 Schätzungen der Marktgröße von Cross-Border B2C-E-Commerce weltweit (2018–2030). (Eigene Darstellung nach Polaris Market Research und Statista Estimates)

2.3.1 Von „international sourcing" über „cross-border-retailing" zu „cross-border e-commerce"

Die Internationalisierung des Einzelhandels lässt sich in zwei Hauptbereiche aufteilen: Beschaffung und Verkauf. Die internationale Beschaffung, auch als „international sourcing" bezeichnet, hat eine lange Geschichte. Selbst Einzelhandelsunternehmen, die hauptsächlich auf dem heimischen Markt tätig sind, kaufen bereits seit geraumer Zeit Waren aus dem Ausland ein. Im Gegensatz dazu hat die Internationalisierung des stationären Einzelhandelsverkaufs, auch als „cross-border-retailing" bekannt, in den letzten drei Jahrzehnten erheblich an Bedeutung gewonnen (Hardaker 2020a). Diese Entwicklung wurde durch verschiedene Faktoren beschleunigt, darunter die Liberalisierung des Welthandels im Rahmen von internationalen Abkommen wie dem Allgemeinen Zoll- und Handelsabkommen (GATT) sowie seiner Nachfolgeorganisation, der Welthandelsorganisation (WTO). Ebenso trugen die Harmonisierung nationaler Gesetze im Rahmen der Osterweiterung der Europäischen Union, Innovationen im Transportwesen und die Neugestaltung von Wertschöpfungsketten dazu bei, die Internationalisierung im Einzelhandel zu fördern (Kulke und Pätzold 2009). Ein vergleichsweise neueres Phänomen repräsentiert der Cross-Border E-Commerce, der den grenzüberschreitenden Onlinehandel von Gütern oder Services bezeichnet, bei dem keine physische Präsenz im Zielland notwendig ist. Dabei können sowohl B2B- als auch B2C-Transaktionen stattfinden (Auger 2022).

Eine weltweite Befragung nach dem Herkunftsland des letzten Online-Einkaufs, bei der 32 % der Befragten angaben, aus China gekauft zu haben, 13 % aus den USA, 12 % aus Deutschland und 9 % aus dem Vereinigten Königreich (IPC 2023), verdeutlicht einerseits die enorme Bedeutung chinesischer Händler:innen, andererseits auch das große Potenzial für deutsche Unternehmen.

2.3.2 Cross-Border E-Commerce in Deutschland, Europa und der Welt

Im Jahr 2021 betrug das Umsatzvolumen für grenzüberschreitenden E-Commerce in Europa (ohne den Reisesektor) etwa 171 Mrd. EUR (Einfuhren nach Europa und Ausfuhren aus den Ländern innerhalb Europas). Dies entspricht einem Anstieg von 17 % im Vergleich zum Vorjahr.

Im Jahr 2022 lag der Cross-Border E-Commerce-Umsatz in Deutschland bei 34 Mrd. EUR (zum Vergleich: im Vereinigten Königreich bei rund 28 Mrd. EUR, in Frankreich bei ca. 25 Mrd. EUR; CBCommerce Europe 2023; Einfuhren und Ausfuhren aus und nach Deutschland). Für deutsche Onlinehändler:innen sind die europäischen Märkte besonders attraktiv. Dank der EU-weiten Harmonisierung von Gesetzen und Vorschriften ist es einfacher geworden, in verschiedenen EU-Ländern zu verkaufen. Dies ermöglicht einen relativ reibungslosen Zugang zu einem großen Verbrauchermarkt (siehe Abb. 2.7).

Nichtsdestoweniger birgt der Einstieg in den grenzüberschreitenden Onlinehandel für Unternehmen auch enorme Herausforderungen (Auger 2022). Diese beinhalten eine umfassende Planung und die Anpassung von Vertriebs- und Marketingstrategien an lokale Gegebenheiten, die mit finanziellen wie auch personellen Ressourcen einhergehen. Präferenzen der Kund:innen, Kommunikationskanäle und Zahlungsmethoden können sich im Zielland stark von denen im Heimatland unterscheiden und müssen entsprechend angepasst werden. Insbesondere rechtliche Unsicherheiten, beispielsweise internationale Liefer- und Zahlungsbedingungen, unterschiedliche Verbraucherschutzgesetze, Vertragswesen, Zulassungsvoraussetzungen, allgemeine Geschäftsbedingungen (AGBs), Haftungsfragen, Datenschutzbestimmungen sowie Fragen der Versteuerung, hemmen Cross-Border E-Commerce-Tätigkeiten (siehe Abb. 2.8).

Unternehmen müssen nicht nur rechtliche Anforderungen wie Verbraucherschutzvorschriften und Zollbestimmungen einhalten, sondern auch kontinuierlich ihre Strategie überwachen und anpassen, um wettbewerbsfähig zu bleiben. Dafür sind Kenntnisse über die Internetdurchdringung, den Digitalisierungsgrad und die Entwicklung des Onlinehandels im Zielmarkt essenziell. Ebenso relevant sind länderspezifische Einkaufskanäle wie Apps und Social Commerce, die Nutzung gängiger Suchmaschinen und Social-Media-Plattformen sowie die Berücksichtigung von Kundenpräferenzen in Bezug auf Lieferung, Bezahlung und Service im Zielland.

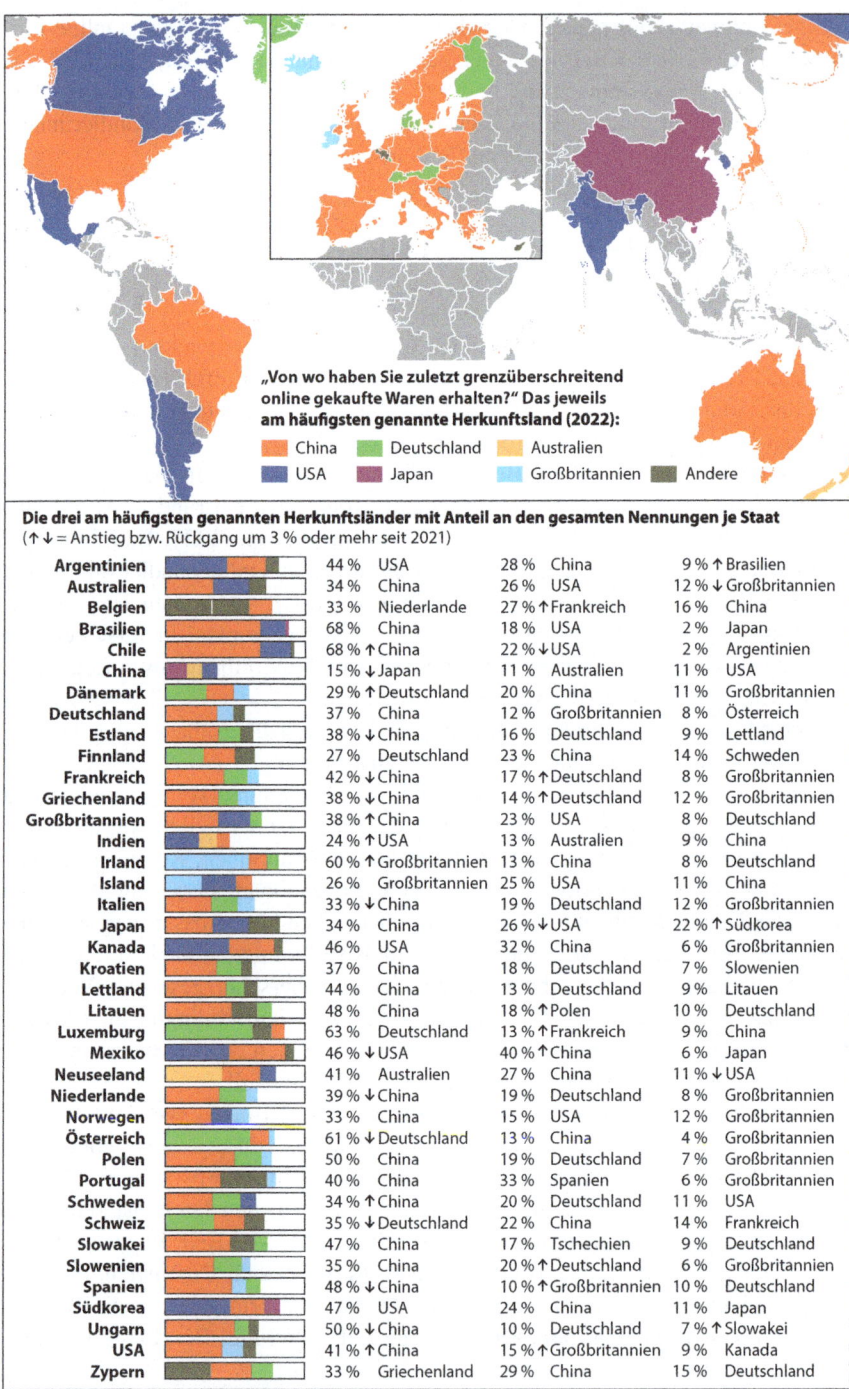

Abb. 2.7 Welt- bzw. Europakarte mit ausgewählten Daten zu grenzüberschreitendem Onlinehandel. (Eigene Darstellung; Quelle: IPC 2023: 10, 11)

2.3 Cross-border E-Commerce: globaler Handel im digitalen Zeitalter

Abb. 2.8 Gründe, im Ausland nicht online zu verkaufen. (Quelle: https://international.bihk.de/fileadmin/eigene_dateien/auwi_bayern/eigene_dateien/Online_erfolgreich_im_Ausland/2022-02-17_BIHK-Kompendium_Vertrieb_final.pdf)

2.3.3 Onlineshops und Marktplätze als Gateways für internationale Märkte

Eine verbreitete Strategie im wachsenden Cross-Border E-Commerce ist der Vertrieb über etablierte Online-Marktplätze wie Amazon oder Alibaba – ein Ansatz, den zunehmend auch deutsche Handelsunternehmen nutzen (siehe Tab. 2.2).

Einzelhandelsunternehmen wie die Drogeriekette dm und der Discounter Aldi Süd sind mittlerweile in vielen Märkten innerhalb wie auch außerhalb Europas aktiv. So auch im chinesischen Markt, wo sie Onlineshops betreiben (Hardaker und Zhang 2023). Dabei testeten sie mithilfe von Tmall (Alibaba) die ersten Schritte im Cross-Border E-Commerce (Hardaker und Zhang 2021; siehe Textbox „dm startet Online-Verkauf nach China"). Die Nutzung einer bekannten Plattform kann den Markteinstieg vereinfachen, birgt aber auch das Risiko der Abhängigkeit und der zunehmenden Inflexibilität. Wie auch deutsche Handelsunternehmen vermehrt in ausländische Märkte expandieren, so verkaufen auch zunehmend ausländische Unternehmen auf dem deutschen Markt (siehe Textbox „Temu in Deutschland"), was zu einem steigenden Wettbewerb führt.

> **Textbox 1: dm startet Online-Verkauf nach China**
> Die dm-Drogeriemarktkette hat ihren Hauptsitz in Karlsruhe, Deutschland. Sie betreibt etwa 3850 Filialen in Europa und beschäftigt rund 66.000 Mitarbeiter:innen (Stand 2022). Im Jahr 2017 betrat dm erstmals einen außereuropäischen Markt und verkaufte online via Tmall Global, dem Cross-

Border Online-Marktplatz, einer Tochtergesellschaft der Alibaba-Gruppe, direkt in China an chinesische Kund:innen (DM 2023; siehe Abb. 2.9).

Damit tut es dm anderen deutschen Handelsunternehmen wie der Drogeriekette Rossmann, dem Discounter Aldi Süd sowie Markenartikler Henkel und Beiersdorf gleich, die ebenfalls mit Shops in der Volksrepublik China vertreten sind und in den meisten Fällen über Portale der Alibaba-Gruppe verkaufen. Zunächst bot dm 22 Produkte der Marken Balea, DAS gesunde PLUS, DONTODENT und Prinzessin Sternenzauber über den dm-Store auf der Plattform an. Weitere Produkte folgten – so waren es im Jahr 2018 bereits 140 (Lebensmittelzeitung 2018: online). Die Lieferung erfolgt aus einem speziell eingerichteten Verteilzentrum in Deutschland. In Deutschland fungieren DSV und die Hermes Germany GmbH als Distributionspartner. Für die Belieferung der Kundschaft in China ist das Alibaba-eigene Logistiknetzwerk Cainiao verantwortlich. Den Kundenservice übernimmt ein chinesisches Partnerunternehmen, um eine zeitnahe und landessprachliche Beratung und Betreuung sicherzustellen.

Tab. 2.2 Ausgewählte Marktplätze nach Region. (Quelle: Nach Shopify shopify.com/enterprise/global-ecommerce-marketplace inkl. Erweiterungen durch ibi research)

REGION/LAND	MARKTPLATZ
Nordamerika (USA & Kanada)	• Amazon • eBay • Walmart • Rakuten • Best Buy • Etsy
Asia–Pacific (insbesondere China)	• Alibaba • AliExpress • JingDong • TaoBao • Tmall Global • XiaoHongShu
Australien & Neuseeland	• Amazon • eBay • Etsy • GraysOnline
Indien	• Flipkart • Amazon
Deutschland	• Amazon • eBay • Otto • Kaufland.de • Zalando

2.3 Cross-border E-Commerce: globaler Handel im digitalen Zeitalter

Abb. 2.9 Screenshot der dm-Präsenz auf tmall. (Neueröffnung März 2017)

Regionale Einbettung von Onlinehändlern
Die regionale Einbettung von Onlinehändlern ist ein entscheidender Aspekt im Kontext des modernen Handels. Während Onlinehändler digital agieren, sind sie dennoch in regionale Gegebenheiten eingebettet, die ihre Geschäftstätigkeiten beeinflussen. Dies schließt Aspekte wie lokale Marktanforderungen, Logistikinfrastruktur, rechtliche Rahmenbedingungen und Kundenpräferenzen ein. Die Anpassung an regionale Faktoren ist entscheidend für den Erfolg von Onlinehändlern, da sie dadurch nicht nur die Bedürfnisse der lokalen Bevölkerung besser bedienen, sondern auch eine nachhaltige und wettbewerbsfähige Position in der jeweiligen Region aufbauen können.

Der Begriff „Einbettung" (englisch: embeddedness) wurde von Polanyi ([1944] 1957) und Granovetter (1985) geprägt. Er bezieht sich im Wesentlichen darauf, dass jegliches wirtschaftliche Handeln in laufenden räumlichen Systemen sozialer Beziehungen eingebettet ist (Granovetter 1985: 487; Pike et al. 2000). Diese sozialen Beziehungen und Institutionen, sowohl formell als auch informell, variieren über den Raum hinweg und beeinflussen die Organisationsmuster, Strategien und Handlungen individueller und kollektiver Akteure in sozioökonomischen Systemen. Im Kontext des (Multichannel-) Einzelhandels bedeutet diese Vorstellung, dass räumliche Variationen sozialer Ordnungen und Institutionen nach lokal/regional angepassten Strategien im Einzelhandelsbetrieb und die (Re-)Produktion geographisch variabler Einzelhandelsräume verlangen (Coe und Lee 2006, 2013).

Appel (2016) untersucht die räumlichen Auswirkungen der Digitalisierung und der Integration eines Onlineshops in das Profil einer Supermarktkette am Beispiel des Multichannel-Lebensmitteleinzelhandelsunternehmens Migros in der Türkei. Unter Anwendung des Konzepts der Einbettung erläutert sie die komplexen, vielfältigen und ungleichen Prozesse der (Einzelhandels-)Umstrukturierungen, die verschiedene Dimensionen und Dynamiken von Netzwerken, Gesellschaften und Räumen beeinflussen. Dabei identifiziert sie zwei Dimensionen von Einbettungsprozessen: 1) die Einbettung des Onlineshops in die Routinen und Praktiken des Unternehmens, wobei Prozesse des Wissenstransfers und der Technologie dominieren und 2) die Einbettung des Online-Shoppings in die Routinen und Praktiken der Kund:innen, wobei Prozesse der Anpassung an die Verbraucherkultur dominieren. Diese Dimensionen sind reflexiv und spiegeln laufende Verhandlungsprozesse zwischen den beiden Interessengruppen wider. Multichannel-Handel verändert nicht nur den Ort, sondern auch die Art und Weise, wie Menschen einkaufen, und kann zu neuen Einzelhandelsräumen wie Abholgeschäften führen. Gleichzeitig zeigt sich, dass die „Standorte", an denen Online-Shopping verfügbar ist, räumliche Variationen sozioökonomischer Faktoren wie Einkommensverteilung oder Bevölkerungsdichte reproduzieren. Beckers et al. (2018) machen diesbezüglich deutlich, dass E-Commerce-Praktiker:innen und Wissenschaftler:innen die spezifische Geographie der Online-Shopping-Adoption nicht ignorieren sollten. Wer sind die Onlineshopper? Und wo leben sie? (siehe Kap. 3)

Einbettung im Kontext der Einzelhandelsinternationalisierung
Verhaltensweisen oder Prozesse, die in einer Region oder in einem Land gelten, können i. d. R. nicht ohne Weiteres auf einen anderen Markt übertragen werden. Eine gezielte Anpassung an die Besonderheiten des entsprechenden Marktes und seiner Konsument:innen ist erforderlich. Vor allem in der Internationalisierungsforschung gilt, dass der Markteintritt erfolgreich ist, wenn das Einzelhandelsunternehmen territorial in sein Umfeld eingebettet ist (Hardaker 2020a; Hess 2004). Denn insbesondere die globale Einzelhandelsexpansion umfasst dynamische Beziehungen zwischen Einzelhändlern und vielfältigen institutionellen, wettbewerbsorientierten und verbraucherorientierten Anforderungen auf unterschiedlichen räumlichen Ebenen. Wirtschaftsgeograph:innen diskutieren diese Prozesse u. a. durch die Konzepte der territorialen sowie gesellschaftlichen Einbettung von Einzelhandelsunternehmen. Bislang fokussierte die Forschung insbesondere die Expansion von stationären Händler:innen; erst seit kürzerer Zeit stehen auch Online-Einzelhandelsunternehmen im Fokus, die ebenfalls transnational agieren. Wood et al. (2019) zeigen im Fall von fünf führenden internationalen Online-Modehändlern mit Sitz im Vereinigten Königreich, dass der Markteintritt von einem auf die Gesellschaft ausgerichteten Einbettungsansatz dominiert wird, mit begrenzten Investitionen in ausländische physische Infrastruktur und Personal.

Dies liegt daran, dass die Verwaltung von Produktsortimenten, Preisgestaltung sowie Warenabwicklung in der Regel im Heimatmarkt erfolgt. Generell greifen viele Händler:innen vermehrt auf digitale Plattformen zurück. So auch im chinesischen Markt, wo viele internationale Unternehmen (wie Aldi Süd oder DM) über Alibabas Tmall (Global Cross-Border E-Commerce-Plattform) in den Markt eintreten (Alibaba 2020). Dies gilt auch für die beiden internationalen Einzelhändler Aldi Süd (Deutschland) und Costco (USA), die nach zwei Jahren Onlinepräsenz auf Tmall ihre ersten stationären Laden in Shanghai eröffneten. Die Internationalisierung des Lebensmitteleinzelhandels gilt dabei als besonders sensibel (Hardaker 2020b), die chinesische Einzelhandelslandschaft als sehr dynamisch und herausfordernd, wie die Marktaustritte von Tesco, Carrefour oder Media Markt zeigen (Zhang und Hardaker 2021). Die beiden Einzelhändler Aldi Süd und Costco nutzen chinesische Onlineshops, um Beziehungen und Netzwerke mit Lieferant:innen und Kund:innen aufzubauen und die Vorlieben der chinesischen Verbraucher:innen zu verstehen und somit einen (zumindest vorerst) erfolgreichen Markteintritt zu realisieren (Hardaker und Zhang 2021). Aldi Süd wählt dabei stationär wie auch online einen anderen Ansatz als das deutsche Discount-Prinzip und passt sich den regionalen Gegebenheiten des chinesischen Marktes online wie auch offline an (Hardaker 2018b; siehe Abb. 2.10).

Zusammenfassend zeigt sich, dass Onlinehändler trotz der weltweiten Reichweite des Internets stark von regionalen Gegebenheiten beeinflusst werden. Sie ermöglicht es, lokalspezifische Bedürfnisse zu adressieren, nachhaltige Geschäftsbeziehungen

Abb. 2.10 Screenshot der chinesischen Aldi-Website (vom 10.12.2023)

aufzubauen und so die eigene Marktposition in einem zunehmend digitalisierten Einzelhandelsumfeld zu stärken und zu differenzieren.

2.3.4 Deutsche Verbraucher:innen und weltweite Onlinekäufe

Viele deutsche Verbraucher:innen tätigen inzwischen Online-Einkäufe im Ausland (siehe Textbox „Temu in Deutschland"). Im Ranking der größten Onlineshops gibt es neben Amazon weitere Unternehmen mit internationaler Herkunft. Diese sind beispielsweise der britische Modehändler Asos sowie der chinesische Anbieter für Modeartikel Shein. Laut einer Umfrage gaben 37 % der befragten deutschen Verbraucher:innen an, dass das letzte Produkt, das sie im Rahmen eines grenzübergreifenden Online-Einkaufs erworben haben, aus China stammte. Dies wurde gefolgt von 12 % aus dem Vereinigten Königreich und 8 % aus Österreich (IPC 2023: 11). Mit zunehmender Erfahrung im Bereich E-Commerce schwindet die Zurückhaltung gegenüber grenzüberschreitendem Onlineshopping. Dennoch beeinflussen Sicherheitsbedenken nach wie vor viele Kaufentscheidungen. Hierbei spielen Ängste vor nicht absehbaren Risiken eine entscheidende Rolle. Dazu gehören beispielsweise Unsicherheiten im internationalen Zahlungsverkehr, versteckte Kosten, Bank- oder Zollgebühren sowie die Sicherheit persönlicher Daten (Hardaker 2020b). Tatsächlich haben viele Kunden:innen bereits unbewusst im Ausland bestellt und erst bei der Lieferung festgestellt, dass die Ware nicht aus Deutschland stammt (Seyffarth 2018). Insbesondere Bekleidung (rund 50 %) wird grenzüberschreitend online eingekauft (gefolgt von Elektronikartikeln mit ca. 34 %; Schleiden und Neiberger 2020; Wagner et al. 2019).

Das immer größer werdende Angebot, der damit einhergehende intensive Wettbewerb und Preisschlachten, insbesondere angetrieben durch Unternehmen wie Shein und Temu (siehe Textbox), die mit einer Kombination aus kontinuierlicher Werbung, Gamification, extrem günstigen Preisen und kostenloser Lieferung werben, führt jedoch auch zu steigenden irrationalen Einkäufen, was wiederum von Umweltorganisationen wie auch Verbraucherinitiativen sehr stark kritisiert wird (Verbraucherzentrale 2023).

> **Textbox 2: Temu in Deutschland**
> Temu ist eine Online-Handelsplattform, die sich laut eigenen Angaben das Ziel gesetzt hat, „Verbraucher weltweit mit Millionen von Verkäufern, Herstellern und Marken zu verbinden, um ihnen die Möglichkeit zu bieten, ein erfülltes Leben zu führen" (Temu 2023). Der Cross-Border E-Commerce-Anbieter setzt dabei auf aggressives Marketing, Gamification und sehr niedrige Preise, was Menschen zu irrationalen Einkaufen ermutigt (siehe Abb. 2.11). Laut eigenen zählte Temu im Jahr 2024 im Schnitt rund 97 Mio. monatliche Nutzer:innen in der EU (im Zeitraum von April bis Oktober 2024).

2.3 Cross-border E-Commerce: globaler Handel im digitalen Zeitalter

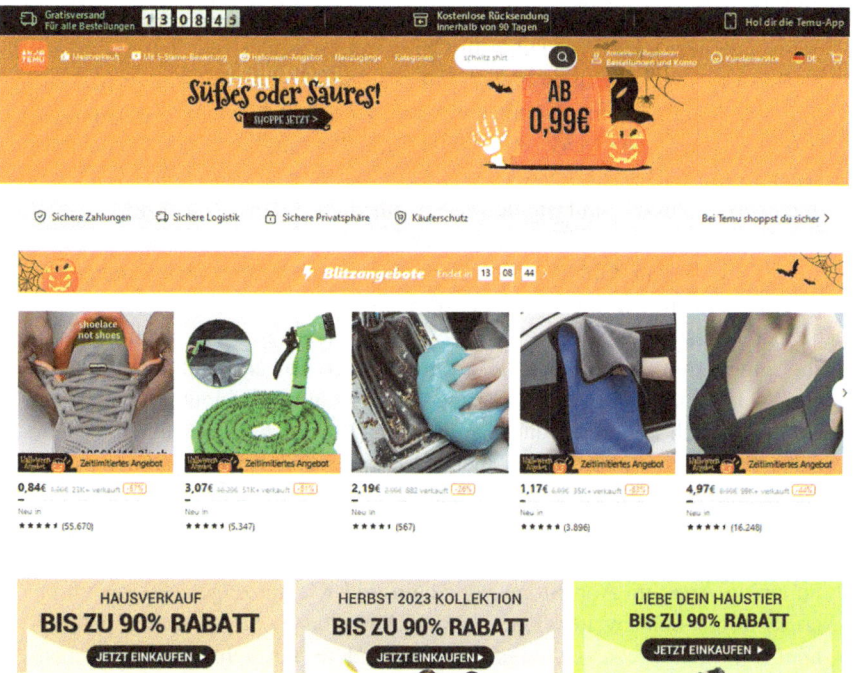

Abb. 2.11 Screenshot der Temu-Website (vom 04.10.2023)

Obwohl Temu im Jahr 2022 in Boston, USA, gegründet wurde, handelt es sich um ein chinesisches Unternehmen, hinter dem der 2015 gegründete, chinesische Onlinehandel-Gigant Pinduoduo steht. Die Plattform startete in den USA im September 2022 und ist seit dem Frühling 2023 auch in Deutschland, Italien, Frankreich, Spanien, Großbritannien und den Niederlanden verfügbar.

Amazon hat in den letzten Jahren aktiv chinesische und andere internationale Verkäufer:innen unterstützt, indem es ihnen den Zugang zum Amazon Marketplace erleichterte und durch zielgerichtete Werbekampagnen zur Kontoeröffnung motivierte. Dies ermöglichte eine direkte Verbindung zwischen chinesischen Herstellern und Anbietern mit Verbraucher:innen in Europa und Deutschland. Ähnlich wie Amazon bietet Temu über seine Website und die mobile App eine breite Palette von Produkten an, darunter Modeartikel, Drogerieprodukte, Elektronik und Haushaltswaren. Temu betreibt jedoch (bislang) keine eigenen Lagerbestände und vertreibt keine Eigenmarken. Stattdessen fungiert die Plattform als digitaler Marktplatz, auf dem Verkäufer:innen, vorwiegend aus China, ihre Waren anbieten können. Produkte werden erst nach Bestelleingang produziert, was Lagerhaltung und Zwischenhändler weitgehend überflüssig macht. Inspiriert von der Schwestern-App Pinduoduo in China unterscheidet sich Temu von Anbietern wie Shein, die ursprünglich mit einer vertikalen Wertschöpfungskette starteten (siehe Abschn. 2.4) und sich nun zu einem Marktplatz entwickeln. Um Temu auf dem Markt zu etablieren, setzt die Muttergesellschaft ein beträchtliches Marketingbudget ein. Laut einem Bericht des US-Technikmagazins „Wired" sind in den USA im Jahr 2023 etwa 1,4 Mrd. US$ für Werbekampagnen vorgesehen, und im Jahr 2024 sollen es sogar 4,3 Mrd. US$ sein. Obwohl spezifische Zahlen für Deutschland fehlen, deutet eine Vielzahl von Social-Media-Werbungen darauf hin, dass auch hier erheblich investiert wird. Die niedrigen Preise verführen teils auch Verbraucher:innen zum übermäßigen Konsum, die Wert auf Nachhaltigkeit legen – ein Widerspruch, der im Marketing als Attitude-Behaviour Gap bekannt ist (siehe auch Schleiden und Neiberger 2020). In den Vereinigten Staaten zählt Temu bereits zu den am meisten heruntergeladenen Apps und ist im Apple App Store die bevorzugte Shopping-Plattform, noch vor Amazon und Shein. Ebenso erobert Temu in Deutschland die Charts der Shopping-Apps im Sturm. Im Jahr 2024 belegte der Onlineshop den ersten Platz unter den Shopping-Apps im App Store, vor Shein und Kleinanzeigen. Insgesamt erreicht Temu den zweiten Platz in den App-Charts, direkt nach ChatGPT. Die niedrigen Preise lassen sich insbesondere mit fehlenden Zwischenhändlern erklären. Allerdings auch mit der starken Subventionierung der Bestellungen, an denen Temu wie auch die Hersteller in vielen Fällen (noch) nichts verdienen.

Darüber hinaus steht das Unternehmen teils massiv in der Kritik: Die Qualität der Waren wird oft als minderwertig eingestuft, Standards für Produktsicherheit werden unterlaufen, der Kundenservice sei schlecht erreichbar (NDR 2023). Hinzu kommt, dass das Geschäftsmodell von Temu zu enormen ökologischen Belastungen, insbesondere durch die Abhängigkeit von Luftfrachttransporten führt. Die Notwendigkeit, Produkte schnell aus Asien zu liefern, resultiert in einer hohen Anzahl von Frachtflügen, die zunächst in europäische Länder wie die Niederlande oder Belgien und von dort weiter nach Deutschland geflogen werden. Diese Praxis garantiert zwar schnellere Lieferzeiten und die Einhaltung der versprochenen Fristen, führt aber auch zu einem massiven Ausstoß von Treibhausgasen. Laut einem Bericht eines amerikanischen Kongressausschusses verursachen Shein und Temu zusammen in den USA ein Drittel aller Einzelsendungen, was täglich rund 600.000 Sendungen entspricht. Diese Sendungen, die meist wegen ihres niedrigen Warenwerts zollfrei bleiben, tragen zu einem deutlichen Anstieg der Fast-Fashion-Sendungen von China nach Europa und in die USA bei. Zahlreiche Logistikunternehmen in Europa und den USA bestätigen, dass Fast-Fashion-Unternehmen für die Hälfte aller internationalen Sendungen aus dem chinesischen Onlinehandel verantwortlich sind und weltweit etwa ein Drittel der Kapazitäten von Langstrecken-Frachtflugzeugen beansprucht (Oberholzer 2024). Wenn die kurze Nutzungsdauer vieler Produkte (u. a. aufgrund minderer Qualität, geringe Wertschätzung und Kauf von nicht benötigten Produkten aufgrund sehr günstiger Preise) mitbedacht wird, dann kann im Fall Temus durchaus von einer ökologischen Katastrophe gesprochen werden.

2.3.5 Fazit

Dieses Unterkapitel zeigt die erhebliche und stetig wachsende Wettbewerbsdynamik im Bereich des Onlinehandels, die grenzüberschreitend wirkt und in den kommenden Jahren sehr wahrscheinlich weiter anhalten wird. Während Cross-Border E-Commerce auch deutschen Unternehmen höhere Umsätze durch vergrößerten Marktzugang ermöglichen kann, strömen auch zunehmend ausländische Händler auf den deutschen Markt. Entsprechend warnen Handelsexpert:innen seit einigen Jahren, dass die Onlineumsätze in Deutschland zunehmend aus dem Ausland importiert werden und somit ein wachsender Anteil des Einzelhandelsumsatzes ins Ausland abfließen werden (Heinemann 2022).

2.4 Digitale Vernetzung: Onlinehandel und globale Wertschöpfungsketten

Sina Hardaker

In einer Welt, die zunehmend durch digitale Technologien geprägt wird, nimmt der Onlinehandel eine revolutionäre Rolle in der Gestaltung und Funktionsweise globaler Wertschöpfungsketten ein. Das vorliegende Unterkapitel führt zunächst eine Definition von Wertschöpfungsketten ein und beleuchtet anschließend, wie digitale Plattformen und E-Commerce-Lösungen die Strukturen und Prozesse globaler Wertschöpfungsketten transformiert haben. Dies wirft u. a. Fragen nach dem Einfluss der digitalen Wirtschaft und des E-Commerce sowohl auf die Steuerungsstrukturen globaler Industrien als auch auf die Aufwertungsmöglichkeiten für lokale Produzenten in globalen Wertschöpfungsketten auf. Ob der Kauf eines Produkts zu Umweltbelastungen und prekären Arbeitsbedingungen bzw. Ausbeutung oder ggf. zu einer nachhaltige(re)n (wirtschaftlichen) Entwicklung in der Herstellungsregion führt, hängt stark von der Art der jeweiligen Wertschöpfungskette ab (Dannenberg 2020).

2.4.1 Globale Wertschöpfungsketten

Durch Arbeitsteilung und Globalisierung erfolgt oft eine Verteilung der verschiedenen Produktions- und Wertschöpfungsschritte auf mehrere Standorte weltweit.

Besonders seit den 1990er Jahren wird die zunehmende Komplexität von Wertschöpfungsketten sowie deren Bedeutung und Einfluss auf die beteiligten Akteure und Regionen auf verschiedenen Ebenen analysiert (Dannenberg 2020; Neiberger 2020). In der Geographie haben sich verschiedene Konzepte herausgebildet, die sich mit dem globalen Austausch von Waren beschäftigen und dies v. a. im Hinblick auf globale Warenketten (Global Commodity Chains; Gereffi und Korzeniewicz 1994; Gereffi 1996), globale Wertschöpfungsketten (Global Value Chains; Gereffi et al. 2005) und globale Produktionsnetzwerke (Global Production Networks; Henderson et al. 2002; Yeung und Coe 2015) diskutieren. Unter dem Begriff der Wertschöpfungskette wird dabei die Abfolge von Prozessen verstanden, die beginnend mit der Gewinnung von Rohstoffen über deren Verarbeitung bis hin zum Verkauf eines Endprodukts reichen (Kulke 2017: 76 ff.). Somit können Wertschöpfungsketten durch die Darstellung der verschiedenen involvierten Orte – angefangen beim Rohstofflager über den Verarbeitungsstandort bis hin zum Onlineshop oder Marktplatz – und durch die Aufteilung der einzelnen Beiträge zum Wertschöpfungsprozess als eine lineare Abfolge veranschaulicht werden. Wirtschaftliche, gesellschaftliche und politische Dynamiken in einem Land oder einer Region können folglich weitreichende Auswirkungen haben, die über lokale Ereignisse hinausgehen und sich auf globale Wertschöpfungsketten ausdehnen können. Das Konzept der globalen Wertschöpfungsketten untersucht dabei, wie eine bestimmte Branche organisiert ist, indem es die Struktur und Dynamik verschiedener Akteure analysiert, die an globalen Transaktionen beteiligt sind. Wertschöpfungsketten lassen sich in käufer- und produzentengesteuerte Typen unterteilen. Führende Unternehmen (sog. Lead Firms) innerhalb dieser Ketten können entweder Käufer oder Produzenten der Endprodukte sein. In produzentengesteuerten Ketten liegt die Macht häufig bei den Herstellern der Endprodukte, was typisch für kapital- und kompetenzintensive Branchen ist (z. B. Automobilindustrie). Andererseits liegt in käufergesteuerten Ketten die Macht bei Einzelhandelsunternehmen, Vermarktern oder Markenherstellern (z. B. Textilsektor).

Im Unterschied zu dieser eher linearen Betrachtungsweise konzentriert sich der Global-Production-Networks-(GPN-)Ansatz (globale Produktionsnetzwerke) speziell auf Netzwerkstrukturen (Yeung und Coe 2015). Diese umfassen nicht nur Unternehmen, sondern auch deren Verbindungen mit regionalen und nationalen Institutionen und Akteuren, einschließlich des Staates, der Gewerkschaften und der Verbände. Diese dynamische Verbindung zwischen Netzwerk und Region hat das Potenzial, die regionale Entwicklung auf vielfältige Weise – positiv wie auch negativ – zu beeinflussen (Dannenberg 2020). Entsprechend treten, trotz vieler Argumente für die Integration in internationale Wertschöpfungsketten, bei genauerer Analyse verschiedene Probleme zutage, die sich u. a. in ungleich verteilten Erlösen aus den Wertschöpfungsprozessen und in Machtasymmetrien widerspiegeln (Dannenberg 2020).

2.4.2 Wertschöpfungsketten und Onlinehandel

Die fortschreitende Digitalisierung spielt bei der kontinuierlichen Anpassung und Transformation globaler Wertschöpfungsketten eine zentrale Rolle, da sie Einfluss auf alle Segmente der Wertschöpfungskette nimmt. Dies umfasst Bereiche von der Produktionsstufe wie die additive Fertigung über die Kommunikationsprozesse wie digitale Warenwirtschaftssysteme bis hin zum Konsum, der zunehmend durch Online-Handelsplattformen geprägt ist (Heinemann 2013; BMWi 2020b; siehe Abschn. 2.2). Die digitale Transformation erleichtert und ermöglicht die Reorganisation klassischer Wertschöpfungsprozesse und beinhaltet u. a. die Schwächung des institutionellen Einzelhandels als primäre Schnittstelle zu Kund:innen (Reinartz et al. 2019). E-Commerce (sowohl im B2B- als auch im B2C-Bereich) hat enorme Auswirkungen auf die traditionellen Zwischenhändler von Geschäfts- und Einzelhandelstransaktionen. Insbesondere der grenzüberschreitende E-Commerce, auch Cross-Border E-Commerce (siehe Abschn. 2.3; Hardaker 2020b), ermöglicht Herstellern einen einfacheren Zugang zu Exportzielen, da er die für eine Firma notwendige Investition verringert, um auf dem globalen Markt sichtbar zu werden. Indem lange Transaktionszeiten reduziert und die Abhängigkeit von Überseegroßhändlern und Einzelhandelsunternehmen verringert werden, gestaltet der grenzüberschreitende E-Commerce den internationalen Handel neu – auch für kleine und mittlere Unternehmen. Dies wird insbesondere durch die Internationalisierung von Plattformen wie Alibaba, Amazon, Shein und Temu ermöglicht bzw. vorangetrieben (Jia et al. 2018; siehe Abschn. 2.1 zu digitalen Plattformen; Abschn. 2.2 zur Plattformisierung des deutschen Einzelhandels sowie Abschn. 2.3 zu grenzüberschreitendem E-Commerce). Diese senken die Markteintrittsbarrieren (Hardaker und Zhang 2021) und ermöglichen es Unternehmen, nicht nur neue Märkte unter relativ einfachen und kostengünstigen Bedingungen zu testen, sondern auch gegebenenfalls innerhalb der Wertschöpfungskette aufzusteigen (siehe Textbox „Taobao.com – Demokratisierung und Globalisierung von Wertschöpfungsketten"). Insbesondere chinesische Player haben damit die Supply Chain revolutioniert: Es wird nichts mehr für das Lager produziert und Herstellern direkt mit Endkund:innen verknüpft.

> **Textbox: Taobao.com – „Demokratisierung" und Globalisierung von Wertschöpfungsketten**
> Taobao.com ist eine der größten Online-Einkaufsplattformen in China, die von der Alibaba Group betrieben wird. Sie funktioniert nach dem Prinzip eines Marktplatzes, auf dem eine Vielzahl von Verkäufer:innen ihre Produkte anbieten können (siehe Abschn. 2.1). Kund:innen können aus einer breiten Palette von Waren wählen, die von Kleidung und Elektronik bis hin zu Lebensmitteln und Haushaltswaren reichen. Das Prinzip von Taobao basiert auf der Vereinfachung des Handelsprozesses zwischen Käufer:innen

und Verkäufer:innen. Die Plattform ermöglicht es Verkäufer:innen, ihre Produkte einem breiten Publikum zu präsentieren, ohne dass sie eigene physische Geschäfte unterhalten müssen (Hardaker 2021a; Wei et al. 2019). Für Käufer:innen bietet Taobao eine bequeme Möglichkeit, Produkte zu suchen und zu vergleichen, wobei oft detaillierte Produktbeschreibungen und Bewertungen zur Verfügung stehen (Chu et al. 2023). Die Auswirkungen von Taobao auf Wertschöpfungsketten sind dabei vielfältig und schließen u. a. mit ein: **„Demokratisierung" des Handels:** Kleine und mittelständische Unternehmen erhalten durch Taobao einen einfacheren Zugang zum Markt, auch wenn gewissen Kriterien wie Bildung eine große Rolle für die Errichtung von sog. Taobao-Dörfern spielen (Qui et al. 2019; Fuyi et al. 2018). Einzelhandelsunternehmen müssen digital aufgestellt sein und können ohne die Kosten für physische Ladengeschäfte oder umfangreiche Vertriebsnetze direkt an Konsument:innen verkaufen. Oftmals werden Bauern und Bäuerinnen zu E-Commerce-Unternehmern und Plattformnutzenden, indem ländliche Produktionsstätten direkt mit der E-Commerce-Plattform verbunden werden (Hardaker 2021a; siehe Abb. 2.12).

Abb. 2.12 Verkauf von Produkten in einem Taobao-Dorf an Konsument:innen in China: Insbesondere während der COVID-19-Pandemie, als traditionelle Lieferketten gestört und viele Einzelhandelsläden schließen mussten, suchten auch immer mehr Landwirt:innen nach innovativen Wegen, um frische Produkte von Dorffarmen direkt an Verbraucher:innen zu verkaufen. (Foto:© Photoshot/picture alliance)

> **Reduzierung von Zwischenhändlern:** Da Verkäufer*:nnen direkt an Konsument:innen verkaufen können, werden traditionelle Zwischenhändler oft umgangen, was zu effizienteren und kostengünstigeren Wertschöpfungsketten führt (Graham und Ferrari 2022; Zhang 2022). **Datengesteuerte Optimierung:** Taobao.com sammelt umfangreiche Daten über Käuferverhalten und Präferenzen. Diese Daten werden genutzt, um Angebot und Nachfrage besser aufeinander abzustimmen und die Produktion und das Sortiment effizienter zu gestalten. **Globalisierung:** Obwohl Taobao hauptsächlich auf den chinesischen Markt ausgerichtet ist, ermöglicht es auch internationalen Verkäufer:innen, chinesische Kund:innen zu erreichen. Dies trägt zur Globalisierung der Wertschöpfungsketten bei. **Herausforderungen für traditionelle Einzelhandelsunternehmen:** Die Popularität von Online-Plattformen wie Taobao stellt eine erhebliche Herausforderung für traditionelle Einzelhändler dar, die sich an die veränderten Einkaufsgewohnheiten und die digitale Konkurrenz anpassen müssen.
>
> Insgesamt hat Taobao die Art und Weise, wie Handel in China und darüber hinaus betrieben wird, erheblich verändert, indem es den Onlinehandel gestärkt und die Wertschöpfungsketten in vielen Branchen reorganisiert hat.

Frühere Prognosen sagten voraus, dass viele der traditionellen Zwischenhändler von Geschäfts- und Einzelhandelstransaktionen verschwinden würden, da ihre Funktionen durch direkte Online-Transaktionen ersetzt würden (Dicken 2015). Insbesondere für Länder des globalen Südens wurde entsprechend das Potenzial der Disintermediation diskutiert (Graham 2008). Tatsächlich ist dies jedoch nicht in dem vorhergesagten Umfang eingetreten bzw. ist ein neues Phänomen aufgetreten, insbesondere mit dem digitalen Marktplatzmodell (siehe Textbox „Taobao.com"). In vielen Fällen hat E-Commerce die Möglichkeiten für solche Rollen verbessert und neue, auf dem Internet basierende Dienstleistungsunternehmen geschaffen. Einige traditionelle Zwischenhändler haben sich angepasst und neue Wege gefunden, als Anbieter von Logistik-, Informations- und Finanzdienstleistungen Mehrwert zu schaffen; neue Zwischenhändler sind entstanden, andere entfallen (Dicken 2015; Graham 2011; siehe Abb. 2.13; siehe Textbox „Zunahme der Komplexität in Wertschöpfungsketten – das Beispiel der deutschen Schuhindustrie").

Beispiel: Beschäftigung und Arbeitsweisen in Produktion und Logistik
Das digitale Geschäftsmodell des Onlinehandels reorganisiert dabei nicht nur die Rolle von Zwischenhändlern, sondern transformiert auch Beschäftigung und Arbeitsweisen sowohl in stationären Geschäften als auch entlang der gesamten Lieferkette. Anhand einer Fallstudie von H&M und Zara zeigen Lopéz et al. (2021), wie die digitalen Strategien von Textileinzelhändlern für das Lieferkettenmanagement mit der Dequalifizierung, Standardisierung und Rationalisierung von

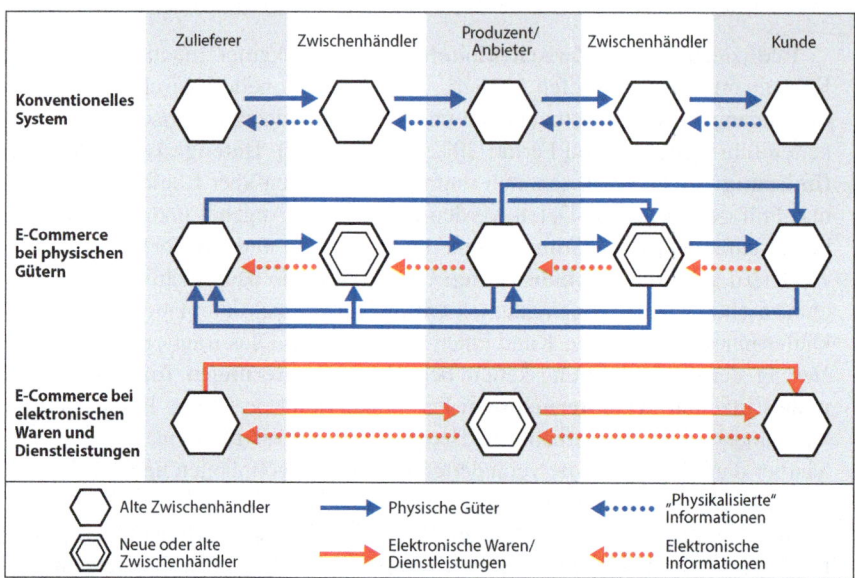

Abb. 2.13 Die Rolle von Zwischenhändlern im E-Commerce. (Eigene Darstellung nach Dicken 2015: 673, auf Basis von Kenney und Curry 2001)

Aufgaben sowie mit dem Aufkommen neuer digitaler Formen der Arbeitskontrolle in Produktion, Logistik und Einzelhandel verbunden sind. Gleichzeitig stellen sie fest, dass die Auswirkungen dieser Transformationen auf die Arbeitsbedingungen durch die Position der Arbeitnehmer:innen in der Wertschöpfungskette sowie durch Geschlecht und Machtverhältnisse zwischen Kapital und Arbeit vermittelt werden. Sie zeigen damit auf, wie unter den Bedingungen des „digitalen Kapitalismus" die Fähigkeit zur Kontrolle und digitalen Integration von Arbeitsprozessen in komplexen Netzwerken von Geschäften, Logistik und Fertigung eine Schlüsselquelle der Macht in käufergesteuerten Wertschöpfungsketten darstellt.

Im Zuge des Onlinehandels kommen darüber hinaus v. a. Arbeitsplätze in Logistikzentren sowie im Bereich der Warenauslieferung hinzu. Unternehmen wie Amazon und Alibaba beeinflussen dabei aktiv die Beschäftigung und Arbeitsbedingungen über ihre eigenen Unternehmensgrenzen hinaus. Eine Studie von Fuchs et al. (2021b) betont die Notwendigkeit eines regional differenzierten Blickwinkels. Am Beispiel von Amazon wird deutlich, dass die Bedeutung der Logistikarbeit zunimmt, besonders in Randgebieten und im Umland von Städten sowie an verkehrsgünstigen Standorten zwischen Ballungsräumen. Dadurch verlagern sich Arbeitsplätze aus den innerstädtischen Ladenlokalen in diese peripheren Bereiche.

Plattform-Geschäftsmodelle verfolgen dabei eine Art „doppelte Wertschöpfung". Dabei wird der finanzielle Wert, den der angebotene Dienst erzeugt, durch den Nutzungs- und spekulativen Wert der Daten erhöht, die vor, während und nach der Dienstleistung produziert werden (van Doorn und Badger 2020: 1476). Zum Beispiel erzeugt ein Logistikhub oder Fullfillment Center durch die Lagerung, Verarbeitung und den Verkauf von Waren Einnahmen. Gleichzeitig werden durch diese Prozesse Daten gesammelt. Diese Daten fließen nicht nur zurück in die Betriebsabläufe, sondern bilden auch eine eigene Wertschöpfung (Neilson 2022).

> **Textbox: Zunahme der Komplexität in Wertschöpfungsketten – das Beispiel der deutschen Schuhindustrie**
> Eine aktuelle Studie von Herb (2022) beleuchtet das Beispiel des deutschen Schuhhandels, der sich momentan in einem weitreichenden Strukturwandel befindet. Die Digitalisierung und das Internet haben es ermöglicht, dass sich zahlreiche Onlinehändler erfolgreich im Schuhmarkt etablieren konnten. Dadurch eröffneten sich für klassische Hersteller Möglichkeiten, schnell wachsende neue Geschäftspartner:innen zu gewinnen. Insbesondere die Kooperation mit großen Online-Plattformen wie Zalando und Amazon hat in den letzten Jahren für traditionelle Hersteller deutlich an Bedeutung gewonnen. Diese beiden Akteure sind für viele Hersteller wichtige Kund:innen geworden und nur eine geringe Anzahl von Herstellern steht einer Zusammenarbeit grundsätzlich ablehnend gegenüber (Herb 2022: 141): „Zurückzuführen ist dies unter anderem auf die fortschrittliche Sichtweise der Online-Plattformen hinsichtlich der Konsumenten. Die Analyse von Verkaufsdaten und Konsumentenwünschen spiegelt sich auch im Einkaufsverhalten der Plattformen bei den Herstellern wider." Somit stellen Onlinehändler, besonders große Plattformen, eine immer wichtigere Datengrundlage für klassische Hersteller dar. Zudem zeigt Herb (2022), dass Hersteller Kundendaten nicht mehr über den stationären Fachhandel, sondern vermehrt über Onlinehändler, eigene Vertriebsmöglichkeiten oder Drittanbieter (Analysedienstleister*innen) generieren. So sei es nicht verwunderlich, dass der inhabergeführte Fachhandel, der den Onlinehandel oftmals als wesentliches Problem für die Schieflage stationärer Geschäfte heranzieht, eine zunehmende Abwendung der Hersteller von Fachhändler hin zu Onlinehändler fürchtet. Insgesamt verdeutlicht Herb's (2022) Analyse eine signifikante Zunahme der Komplexität in Wertschöpfungsketten durch die Digitalisierung. In der Schuhbranche treten neue Marktteilnehmer auf, während sich etablierte Akteure anpassen müssen. Dies führt zu einer Neukonstellation der Akteure und einem sich verändernden Machtgefüge, was letztendlich in einer Restrukturierung der bestehenden Wertschöpfungsketten resultiert. Dabei wird deutlich, dass Akteure mit einer geringen Umsetzung digitaler Prozesse zum Teil bereits aus Wertschöpfungsketten ausgeschlossen werden (Herb und Neiberger 2021).

2.4.3 Vertikalisierung im Onlinehandel: Wenn Partner zu Wettbewerbern werden oder Hersteller auf Kund:innen treffen

In diesem Unterkapitel wurde bereits gezeigt, dass durch E-Commerce Möglichkeiten für funktionale Aufwertung (Übergang von der Herstellung zur Markenbildung) und Diversifizierung der Endmärkte geschaffen werden (Li et al. 2018). Diese Prozesse werden auch unter dem Begriff der Vertikalisierung diskutiert. Vor der Etablierung des Internets in Privathaushalten hatten Hersteller von Produkten in der Regel keinen direkten Kontakt zu Endkund:innen, mit Ausnahme z. B. über Flagship-Stores. Einzelhandelsunternehmen waren wichtig, weil sie den Vertrieb effizienter machten. Seit einigen Jahren zeichnet sich die Einzelhandelslandschaft durch zunehmende vertikale Integration von (Marken-)Herstellern aus (Kim und Chun 2018). Mit dem Aufkommen von sozialen Medien und der Nutzung von Smartphones begannen Marken, durch eigene mobile Anwendungen, direkt mit Endverbraucher:innen in Kontakt zu treten (Kim et al. 2015). Vertikalisierung bedeutet folglich die Integration sowohl vor- als auch nachgelagerter Schritte im Wertschöpfungsprozess (Abb. 2.14). Das führt dazu, dass die einst klaren Rollen und Verantwortlichkeiten von Herstellern und Händlern zunehmend verschmelzen und die Grenzen zwischen ihnen fließender werden. Folglich entspricht die traditionelle Trennung zwischen Herstellern und dem Weiterreichen der Produkte an Vertriebspartnern nicht mehr den derzeitigen Gegebenheiten, wobei die Digitalisierung hierbei nur eine von vielen Triebkräften ist. Es wird immer wichtiger, dass Hersteller eine starke Außenwirkung erzielen und gleichzeitig durch offene Strukturen die Kundenbindung verstärken. Dieses Konzept wird im (Online-)Marketing als vertikales Marketing bezeichnet.

Ob und inwieweit eine Vertikalisierung vorangetrieben werden kann, hängt sehr von der Branche und vom Händlernetzwerk ab, in dem Produkte vertrieben werden. Dabei kommt es nicht nur zu Verschiebungen der Machtverhältnisse zwischen den Händlern untereinander, sondern auch zwischen Herstellern und Händlern.

Durch die Vertikalisierung gelingt es beispielsweise Zara, den gesamten Produktionsprozess – von Design über Produktion bis hin zum Verkauf – zu integrieren und eng zu kontrollieren. Diese Strategie ermöglicht es dem Unternehmen, sehr schnell auf Markttrends zu reagieren und neue Kollektionen in kürzester Zeit in die Läden zu bringen. Im Gegensatz zu traditionellen Modeunternehmen, die mehrere Monate für die Umsetzung eines Designs bis zur Markteinführung benötigen, kann Zara neue Trends innerhalb weniger Wochen von der Designphase bis zum Verkauf im Einzelhandel umsetzen. Diese Schnelligkeit und Flexibilität in der Anpassung an die sich ständig ändernden Verbraucherwünsche sind zentrale Faktoren für Zaras Erfolg in der dynamischen Welt der Fast Fashion.

Shein, ein chinesisches Unternehmen, das sich auf den Online-Verkauf von Modeartikeln spezialisiert hat, betreibt Vertikalisierung auf einem neuen Niveau. Das Geschäftsmodell basiert auf dem schnellen und effizienten Verkauf trendbasierter

2.4 Digitale Vernetzung: Onlinehandel und globale …

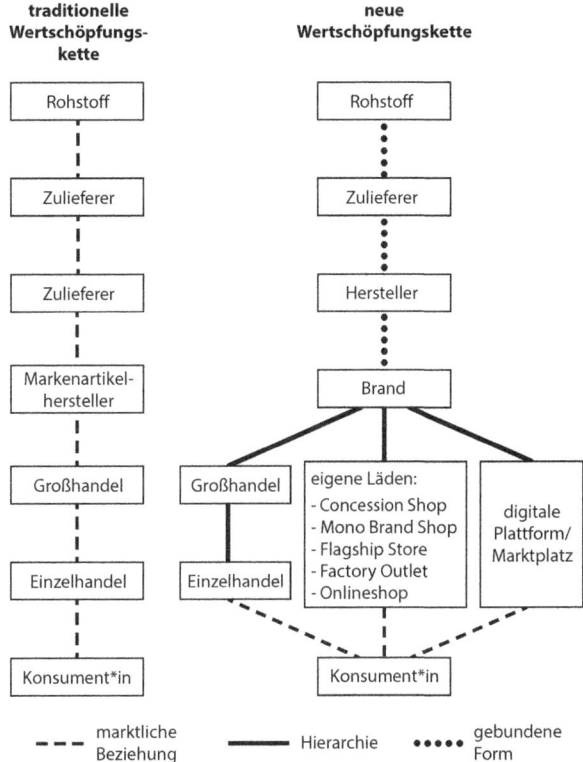

Abb. 2.14 Vom Produzenten zum Vertikalisten. (Leicht erweiterte Darstellung nach Neiberger 2020: 54)

Kleidung zu äußerst günstigen Preisen. Ein Schlüsselelement dieses Modells der „Ultra Fast Fashion" beinhaltet, dass Shein aktuelle Modetrends rasch aufgreift und diese schnell in Produkte umsetzt, die dann direkt an die Konsument:innen verkauft werden. Das Konzept des „Producer-to-Consumer" (P2C) spielt bei Shein eine zentrale Rolle. Für Wertschöpfungsketten bedeutet dies, dass die traditionellen Zwischenhändler wie Großhändler oder Einzelhändler umgangen werden. Stattdessen stellt Shein eine direkte Verbindung zwischen der Herstellung der Ware und den Endverbraucher:ininen her. Dieser Ansatz ermöglicht es Shein, Kosten zu senken, die Produktions- und Lieferzeiten zu verkürzen und schnell auf Veränderungen in der Nachfrage zu reagieren. Gleichzeitig ist es sehr schwierig nachzuvollziehen, unter welchen Bedingungen und in welchen Fabriken die Kleidung hergestellt wird. Zudem gibt es Vorwürfe, dass Shein häufig Designs anderer namhafter und aufstrebender Designer kopiert, was zu mehreren Klagen wegen Plagiats geführt hat. Darüber hinaus wird häufig auf die „katastrophale Ökobilanz" von Shein hingewiesen, da Kleidung minderer Qualität mit sehr geringer Wiederverwertbarkeit produziert und meist über Luftfracht in Umlauf gebracht wird (Wintermantel 2023; siehe auch Abschn. 2.3).

2.4.4 Fazit

E-Commerce hat das Potenzial, Unternehmen untereinander sowie Produzenten mit Verbraucher:innen durch internetbasierte Plattformen auf neue Weise zu verbinden, was zu einer Restrukturierung von Wertschöpfungsketten sowie neuen Formen der Wertschöpfung (z. B. datengetriebene Wertschöpfung, neue Dienste) führt. Dies betrifft sowohl die Produktion als auch die Logistik und den Konsum, wobei digitale Plattformen wie Amazon, Alibaba oder Temu eine Schlüsselrolle spielen. Die Digitalisierung hat teils zu kürzeren und konzentrierteren Wertschöpfungsketten, gleichzeitig jedoch auch zu einer gesteigerten Komplexität in den Wertschöpfungsketten geführt, wie am Beispiel der deutschen Schuhindustrie deutlich wird (siehe Textbox). In Zukunft ist zu erwarten, dass die Digitalisierung und die damit verbundenen Veränderungen weiterhin einen erheblichen Einfluss auf den Einzelhandel und die globalen Wertschöpfungsketten haben werden und insbesondere neue Geschäftsmodelle und Unternehmen wie Shein sowie Social-Media-Plattformen wie TikTok diese Transformation vorantreiben. Gleichzeitig müssen Aspekte wie Nachhaltigkeit, faire Arbeitsbedingungen und Transparenz innerhalb der Wertschöpfungsketten unbedingt stärker in den Fokus rücken, um langfristig erfolgreich und verantwortungsbewusst zu wirtschaften.

Literatur

Amazon (2021) Amazon.com announced financial results and CEO transition. 2. Februar. https://s2.q4cdn.com/299287126/files/doc_financials/2020/q4/Amazon-Q4-2020-Earnings-Release.pdf.

Appel, A. (2016): Embeddness and the (re)making of retail space in the realm of multichannel retailing. The case of Migros Sanal market in Turkey. In: Geografiska Annaler: Series B, Human Geography 98(1), S. 55–69. https://doi.org/10.1111/geob.12089.

Appel, A. und Hardaker, S. (2021a) Strategies in Times of Pandemic Crisis – Retailers and Regional Resilience in Würzburg, Germany. Sustainability 13(3643). https://doi.org/10.3390/su13052643.

Appel, A. und Hardaker, S. (2021b) Einzelhandel als Katalysator für nachhaltige urbane Radlogistik? – WüLivery, ein Fallbeispiel aus Würzburg. Standort. https://rdcu.be/cCOqv.

Auger, M. (2022) Internationalisierung E-Commerce: Mit diesen Schritten internationalisiert Ihr Euren Onlineshop. 13. Oktober. ORM Reviews. https://omr.com/de/reviews/contenthub/internationalisierung-ecommerce (Zugriff: 03.10.2023)

Barns, S. (2019) Negotiating the platform pivot: From participatory digital ecosystems to infrastructures of everyday life. Geography Compass 13 (9): e12464.

Battermann, J. und Neiberger, C. (2018) Kommunale Strategien zur Unterstützung des stationären Einzelhandels. Standort 42:164–170.

Literatur

Beckers, J.; Cárdenas, I.; Verhetsel, A. (2018): Identifying the geography of online shopping adoption in Belgium. In: Journal of Retailing and Consumer Services 45, S. 33–41. https://doi.org/10.1016/j.jretconser.2018.08.006.

Bissell, D. (2020) Affective platform urbanism: Changing habits of on-demand consumption. Geoforum 115: 102–110.

BMWi (2020a) Altmaier: „Innenstädte sollen wieder Lieblingsplätze werden". Pressemitteilung vom 20. Oktober.

BMWi (2020b): Den digitalen Wandel gestalten. https://www.bmwi.de/Redaktion/DE/Dossier/digitalisierung.html (20.12.2023).

BMWi (2022) Digitale Plattformen. https://www.bmwi.de/Redaktion/DE/Artikel/Digitale-Welt/digitale-plattformen.html Zugriff: 23.11.2023

Bundesverband Onlinehandel (2021) Report: 111 Fragen zu Amazon. Dreiviertel der Händler sehen in Amazon keinen Partner. https://bvoh.de/dreiviertel-der-haendler-sehen-in-amazon-keinen-partner%E2%80%8B/.

Chu, H., Hassink, R., Xie, D. und Hu, X. (2023) Placing the platform economy: the emerging, developing and upgrading of Taobao villages as a platform-based place-making phenomenon in China. Cambridge Journal of Regions, Economy and Society 16(2): 319–334.

Cockayne, D G (2016) Sharing and neoliberal discourse: The economic function of sharing in the digital on-demand economy. Geoforum 77: 73–82.

Cocola-Gant, A, Gago, A, (2019) Airbnb, buy-to-let investment and tourism-driven displacement: A case study in Lisbon. Environment and Planning A.

Coe, N. M. and Lee, Y. S. (2013): „,We've learnt how to be local": the deepening territorial embeddedness of Samsung-Tesco in South-Korea', Journal of Economic Geography 13 (2): 327–356.

Coe, N. M. und Lee, Y.-S. (2006): ‚The strategic localization of transnational retailers: the case of Samsung-Tesco in South Korea', Economic Geography 82 (1): 61–88.

Culpepper, P. D. und Thelen, K. (2019) Are we all Amazon Primed? Consumers and the politics of platform Power. Environment and Planning B (53)2: 288–318.

Dannenberg, P. (2020): Internationale Wertschöpfungsketten: Akteurskonstellationen und Auswirkungen im Globalen Süden. In: Hahn, B. und C. Neiberger (Hrsg.): Geographische Handelsforschung. Springer Spektrum: 230–237.

Dannenberg, P., Fuchs, M., Riedler, T., Wiedemann, C (2020) Digital Transition by Covid-19 Pandemic? The German Food Online Retail. Tijdschrift voor Economische en Sociale Geografie 111(3): 543–560.

Dicken, P. (2015): ‚Making the Connections, Moving the Goods'. In: Dicken, P. (Hrg.): Global Shift. 7th edition. New York/London: The Guilford Press.

DM (2023) Geschichte von dm-drogerie markt. https://www.dm.de/unternehmen/geschichte#zwanzigzehn

Eisenegger, M. (2021) Dritter, digitaler Strukturwandel der Öffentlichkeit als Folge der Plattformisierung. In: Eisenegger, M., Prinzing, M., Ettinger, P., Blum, R. (Hrsg.) Digitaler Strukturwandel der Öffentlichkeit. Mediensymposium. Springer VS, Wiesbaden: 17–39. https://doi.org/10.1007/978-3-658-32133-8_2

Evans, D. S. (2011) Platform economics: Essays on multi-sided markets. Competition Policy International.

Friedrich, C. und Herb, C. und Neiberger, C. (2022) Soziale Medien, Webseiten oder Onlineshops? (Digitale) Reaktionen des Einzelhandels. In: Appel, A. und Hardaker, S. (Hrsg.) Innenstädte, Einzelhandel und Corona. GHF. Band 31: 61–86.

Fuchs, M. et. al (2021a): Marktführer des Online-Handels: Wirkungen auf Arbeit und Beschäftigung in Deutschland. Study der Hans-Böckler-Stiftung No. 463. Düsseldorf: Hans-Böckler-Stiftung. http://hdl.handle.net/10419/236190.

Fuchs, M. und Dannenberg, P. und Wiedemann, C. (2021b) Big Tech and Labour Resistance at Amazon. Science as Culture 31(1): 1–15.

Fuchs, M., Dannenberg, P., López, T., Wiedemann, C., Riedler, T. (2022) Location-specific labour control strategies in online retail. ZFW – Advances in Economic Geography. Online first: https://doi.org/10.1515/zfw-2021-0028.

Fumagalli, A/ Lucareli, S/ Musolino, E/ Rocchi, G (2018) Digital Labour in the Platform Economy: The Case of Facebook. Sustainability 10: 1757.

Fuyi, L.; Frederick, S.; Gereffi, G. (2018): E-Commerce and Industrial Upgrading in the Chinese Apparel Value Chain. In: Journal of Contemporary Asia 49(1), 24–53. https://doi.org/10.1080/00472336.2018.1481220.

Gereffi, G. (1996): Global Commodity Chains. New Forms of Coordination und Control among Nations und Firms in International Industries. Competition und Changes 1(4): 427–439.

Gereffi, G. und Korzeniewicz, M. (1994): Commodity Chains and Global Capitalism. Santa Barbara: ABC-CLIO.

Gereffi, G., Humphrey, J. und Sturgeon, T. (2005): The Governance of Global Value Chains. Review of International Political Economy 12(1): 78–104.

Ghani, L. und Hofreiter, S. (2021) Wie Social Commerce die Welt des Online-Handels verändert. In: Gutting, D., Tang, M., Hofreiter, S. (Hrsg.) Innovation und Kreativität in Chinas Wirtschaft. Springer Gabler.

Grabher, G/ van Tuijl, E (2020) Uber-production: From global networks to digital platforms. Environment and Planning A (52)5: 1005–1016.

Graham, M (2020) Regulate, replicate, and resist – The conjunctural geographies of platform urbanism. Urban Geography 41(3): 453–457.

Graham, M. (2008): Warped Geographies of Development. The Internet and Theories of Economic Development. Geography Compass (2)3: 771–789.

Graham, M. (2011): Disintermediation, Altered Chains and Altered Geographies. The Internet in the Thai Silk Industry. The Electronic Journal of Information Systems in Developing Countries (45)1: 1–25.

Graham, M.; Ferrari, F. (2022): Digital Work in a Planetary Market. Cambridge: The MIT Press.

Granovetter, M. (1985): ‚Economic action and economic structure: the problem of embeddedness', American Journal of Sociology 91 (3): 481–510.

Habbel, F.-R. (2016) Online belebt die Innenstädte. Editorial. Vhw FWS. https://www.vhw.de/fileadmin/user_upload/08_publikationen/verbandszeitschrift/FWS/2016/1_2016/FWS_1_16_Editorial.pdf.

Hardaker, S (2024): A critical perspective on the increasing power of digital platforms through the lens of conjunctural geographies. In Vale, M, Ferreira, D, Rodrigues, N (eds.) Geographies of the platform economy. Critical perspectives. *Springer Economic Geography Series*.

Hardaker, S, Appel, A, Doll, P, Ströbel, K (2023) Digitale Einzelhandelsplattformen und städtische Akteur*innen – Kooperation als zukunftsfähiges Modell? Standort.

Hardaker, S, Zhang, L (2021) 'Testing the water' – prior-online market entry in China. International Journal of Retail & Distribution Management 49 (7): 1111–1129.

Hardaker, S. (2018a): Retail Revolution in China' – Transformation Processes in the World's Largest Grocery Retailing Market. Die Erde 149:1, 14–24.

Hardaker, S. (2018b): Retail Format Competition – The Case of Grocery Discount Stores and why they haven't conquered the Chinese market (yet). Moravian Geographical Reports, 26:3, 220–227

Hardaker, S. (2020a): Internationalisierung des Einzelhandels – Einführung und Theorie. In: Hahn, B. und C. Neiberger (Hrsg): Geographische Handelsforschung. Springer Spektrum: 217–228. https://doi.org/10.1007/978-3-662-59080-5

Hardaker, S. (2020b): Transiträume und internationale Einkaufsverflechtungen. In: Hahn, B. und C. Neiberger (Hrsg.): Geographische Handelsforschung. Springer Spektrum: 239–248. https://doi.org/10.1007/978-3-662-59080-5

Hardaker, S. and Zhang, L. (2021): "Testing the water" – prior-online market entry in China. International Journal of Retail & Distribution Management 49(7), S. 1111–1129. https://doi.org/10.1108/IJRDM-10-2020-0406

Hardaker, S. (2021a) Platform Economy: (dis-) embedding processes in urban spaces? Urban Transformations 3(12). https://doi.org/10.1186/s42854-021-00029-x

Hardaker, S. (2021b): E-Commerce in China – Taobao-Dörfer als Instrument für ländliche Entwicklung. In: Geographische Rundschau. GR Plus 5: 44–49.

Hardaker, S. (2022a) More than infrastructure providers – digital platforms' role and power in retail digitalization initiatives in Germany. Tijdschrift voor economische en sociale geografie 113(3): 310–328.

Hardaker, S. (2022b) Lokale Online-Marktplätze: Intermediäre im online-lokalen Raum. In: Appel, A. and Hardaker, S. (eds.): Innenstadt, (Einzel-)Handel und Covid-19. Geographische Handelsforschung 31: 153–176.

Hardaker, S. (2024) A critical perspective on the increasing power of digital platforms through the lens of conjunctural geographies. In Vale, M, Ferreira, D, Rodrigues, N (eds.) Geographies of the platform economy. Critical perspectives. Springer Economic Geography Series.

Hardaker, S. (2025) From Bytes to Bricks: Advocating for a Turn Toward Platform-led Infrastructuralization in Economic Geography. Progress in Economic Geography 3(1): 100038

Hardaker, S. und Zhang, L. (2023): Chinas Wandel zur Konsumgesellschaft. In: Hardaker, S. und Dannenberg, P. (Hrsg.): China – Geographien einer Weltmacht. Springer.

Hardaker, S., Appel, A. and Rauch, S. (2022) Reconsidering retailers' resilience and the city: A mixed method case study. Cities 128: 103796. https://doi.org/10.1016/j.cities.2022.103796.

Hardaker, S., Appel, A. (2025) (Retail) platform legitimation through municipal partnerships? Digital Geography and Society. https://doi.org/10.1016/j.diggeo.2024.100111.

Hardaker, S., Appel, A., Doll, P., Ströbel, K. (2023) Digitale Einzelhandelsplattformen und städtische Akteur*innen – Kooperation als zukunftsfähiges Modell? Standort.

HDE (2023) Online Monitor 2022. IFH Köln. https://einzelhandel.de/index.php?option=com_attachments&task=download&id=10659 (Zugriff: 02.10.2023)

Heinemann, G. (2013): Digitale Revolution im Handel – steigende Handelsdynamik und disruptive Veränderung der Handelsstrukturen. In: Heinemann, G./Haug, K./Gehrckens, M. (Hrsg.): Digitalisierung des Handels mit ePace. Wiesbaden, 3–26.

Heinemann, G. (2022) Der neue Online-Handel. 13. Auflage. Springer.

Henderson, J.; Dicken, P.; Hess, M.; Coe, N.M. und Yeung, H. W.-C. (2002): Global Production Networks und the Analysis of Economic Development. Review of International Political Economy 9(3): 436–464.

Herb, C. (2022): Restrukturierung von Wertschöpfungsketten in der Digitalisierung: eine Analyse der deutschen Schuhbranche vom Hersteller bis zum Konsumenten. Würzburg: Würzburg University Press.

Herb, C., und Neiberger, C. (2021): Intermediation, Disintermediation und Cybermediäre: Zum Einfluss der Digitalisierung auf Wertschöpfungsketten in der Schuhbranche. In: ZFW – Advances in Economic Geography.

Hokkanen, H., Hänninen, M., Yrjöläm, M., Saarijärvi, H. (2021) From customer to actor value propositions: an analysis of digital transaction platforms. International Review of Retail, Distribution & Consumer Research 31(3): 257–279.

IPC (2023) Cross-border e-commerce shopper survey 2022. https://www.ipc.be/-/media/documents/public/publications/ipc-shoppers-survey/onlineshoppersurvey2022.pdf?rev=5f1322673bee4c6ba58a4d52c75ae609 (Zugriff: 04.09.2023)

Jia, K.; Kenney, M. und Zysman, J. (2018): Global Competitors? Mapping the Internationalization Strategies of Chinese Digital Platform Firms. In: Progress in International Business Research 13, S. 187–215. https://papers.ssrn.com/sol3/papers.cfm?abstract_id=3220936.

Kenney, M. und Zysman, J. (2020) The platform economy: restructuring the space of capitalist accumulation. Cambridge Journal of Regions, Economy and Society 13(1): 55–76.

Kenney, M/ Zysman, J (2019) Work and Value Creation in the Platform Economy. In Kovalainen, A, Vallas, S (Hrsg.) Work and Labor in the Digital Age (Emerald Publishing Limited): 13–41.

Kim, J. -C., und Chun, S. H. (2018): Cannibalization and competition effects of a manufacturer's retail channel strategies: Implications on an omni-channel business model. Decision Support Systems 109: 5–14.

Kim, S. J., Wang, R. und Malthouse, E. (2015): The effects of adopting and using a brand's mobile application on customers' subsequent purchase behavior. Journal of Interactive Marketing 31: 28–41.

Kläsgen, M. und Kunkel, C. (2022) Sie bringen's nicht mehr. Süddeutsche Zeitung, 16. November 2022. https://www.sueddeutsche.de/wirtschaft/gorillas-flink-lieferdienste-preise-hype-1.5696083?reduced=true.

Kompetenzzentrum Handel (2020) Trendthema „Digitale Plattformen"? Eine Einordnung für kleine und mittlere Unternehmen. https://digitalzentrumhandel.de/wp-content/uploads/2020/03/infoblatt_trendthema-plattformen.pdf Zugegriffen: 16.10.2023

Kulke, E. (2017): Wirtschaftsgeographie. Paderborn, Stuttgart: UTB Verlag.

Kulke, E. und Pätzold, K. (2009) Internationalisierung des Einzelhandels – Unternehmensstrategien und Anpassungsmechanismen. Geographische Handelsforschung 15. Passau: L.I.S. Verlag.

Langley, P/ Leyshon, A (2017) Platform capitalism: The intermediation and capitalisation of digital economic circulation. Finance and Society 3(1): 11–31.

Lebensmittelzeitung (2018) dm und Tmall bauen Partnerschaft aus. 20. März 2018. https://www.lebensmittelzeitung.net/handel/online-handel/Online-Handel-dm-und-Tmall-bauen-Partnerschaft-aus-134658?crefresh=1 (Zugriff: 04.10.2023)

Lobeck, M. und Wiegandt, C.-C. (2018) Online-Handel, Stadtentwicklung und Datenschutz. Stationen eines Einkaufs. In: Bauriedl, S. und Strüver, A. (Hrsg.): Smart City. Kritische Perspektiven auf die Digitalisierung in Städten.

López, T.; Riedler, T.; Köhnen, H. und Fütterer, M. (2021): Digital value chain restructuring and labour process transformation in the fast-fashion sector: Evidence from the value chains of Zara & H&M. In: Global Networks 22: 684–700. https://doi.org/10.1111/glob.12353.

Marketingplace Pulse (2022) Amazon Is Adding Thousands of New Sellers Daily. 7. April. https://www.marketplacepulse.com/articles/amazon-is-adding-thousands-of-new-sellers-daily.

Nassehi, A. (2019) Muster. Theorie der digitalen Gesellschaft. München: C.H. Beck.

NDR (2023) Billig einkaufen bei Temu: Warum Verbraucherschützer warnen. 05. September 2023 (Zugriff: 03.10.2023)

Neiberger, C. (2020) Onlinehandel und Stadt. In: Neiberger, C. und Hahn, B. (Hrsg.) Geographische Handelsforschung. SpringerSpektrum: 207–214.

Neilson, B. (2022): Working the Digital Silk Road: Alibaba's Digital Free Trade Zone in Malaysia. In: Graham, M. und Ferrari, F. (Hrsg.): Digital Work in a Planetary Market. Cambridge: The MIT Press. 117–136.

Netzökonom (2022) https://www.netzoekonom.de/blog/ Zugegriffen: 16.10.2023

Oberholzer, E. (2024) Shein und Temu schicken täglich Tausende Kleidungsstücke per Flugzeug nach Europa und in die USA – das wird zum Problem für die Luftfracht. NZZ vom 28.02.2024. Zugriff am 29.02.2024. https://www.nzz.ch/wirtschaft/shein-und-temu-schicken-taeglich-tausende-kleidungsstuecke-per-flugzeug-nach-europa-und-in-die-usa-das-wird-zum-problem-fuer-die-luftfracht-ld.1815053

Pike A, Lagendijk A, Vale M (2000) Critical reflections on 'embeddedness' in economic geography: labour market governance in the north east region of England. Giunta A, Lagendijk A, Pike A: Restructuring industry and territory: the experience of Europe's regions. TSO, London: 59–82

Polanyi, K. ([1944] 1957) The Great Transformation: The Political and Economic Origins of Our Time. Beacon Press, Boston, MA.

Qui, J.; Zheng, X. und Guo, H. (2019): The formation of Taobao villages in China. China Economic Review 53: 106–127.

Rahman, K S/ Thelen, K (2019) The Rise of the Platform Business Model and the Transformation of Twenty-First-Century Capitalism. Politics & Society 47(2): 177–204.

Reinartz, W.; Wiegand, N. und Imschloss, M. (2019): The impact of digital transformation on the retailing value chain. In: International Journal of Research in Marketing 36(3): 350–366. https://doi.org/10.1016/j.ijresmar.2018.12.002.

Repenning, A. (2022) Workspaces of Mediation: How Digital Platforms Shape Practices, Spaces and Places of Creative Work. *Tijdschrift voor Economische en Sociale Geografie*, 113(2): 211–224.

Richardson, L (2015) Performing the sharing economy. Geoforum 67: 121–129.

Richardson, L (2020) Coordinating the city: platforms as flexible spatial arrangements. Urban Geography 41(3): 458–461.

Rochet, J. C. und Tirole, C. (2004) Two-Sided Markets: An Overview. https://web.mit.edu/14.271/www/rochet_tirole.pdf

Rösch, B. und Klug, D. (2022) So viele Steuern hat Amazon 2021 in Deutschland gezahlt. Textilwirtschaft, 22. April 2022. https://www.textilwirtschaft.de/business/news/frisch-aus-dem-bundesanzeiger-so-viele-steuern-hat-amazon-2021-in-deutschland-gezahlt-235486

Sadowski, J. (2020) Cyberspace and cityscapes: on the emergence of platform urbanism. Urban Geography 41(3): 448–452.

Sampere, J. P. V. (2016) Disruptive innovation: Why Platform Disruption Is So Much Bigger than Product Disruption. Harvard Business Review. 8. April.

Schleiden, S. und Neiberger, N. (2020) Does sustainability matter? A structural equation model for cross-border online purchasing behaviour, The International Review of Retail, Distribution and Consumer Research 30(1): 46–67.

Schmutz, C. G. (2021) Warum Amazon in Europa kaum Steuern bezahlt. Neue Züricher Zeitung, 2. Juni. https://www.nzz.ch/wirtschaft/warum-amazon-in-europa-nur-wenig-steuern-bezahlt-ld.1627930

Schwarz, A J (2017) Platform Logic: An interdisciplinary approach to the Platform-based Economy. Policy and Internet 9(4): 374–394.

Seyffarth, M. (2018) Die deutsche Angst vor dem ersten Online-Kauf im Ausland. Die Welt vom 8. Juli 2018. https://www.welt.de/wirtschaft/article178949440/Viele-Verbraucher-kaufen-online-unbewusst-im-Ausland-ein.html (Zugriff: 04.10.2023)

Srnicek, N (2017) Platform Capitalism. Cambridge: Polity Press.

Stehlin, J, Hodson, M, McMeekin, A (2020) Platform mobilities and the production of urban space: Toward a typology of platformization trajectories: Environment and Planning A (52) 7: 1250–1268.

Terpitz, K. (2022) Social Commerce: Shopping auf Plattformen wie Instagram und Tiktok wird zum Billionenmarkt. Handelsblatt. 07. Januar.

Textilwirtschaft (2020) Innenstadt-Gipfel: Das sagen die Teilnehmer. 20. Oktober. https://www.textilwirtschaft.de/business/news/altmaier-initiative-innenstadt-gipfel-das-sagen-teilnehmer-227782 Zugegriffen: 23.03.2024

Textilwirtschaft (2021) Plattformen sind das Ende des stationären Handels. 21. Januar. https://www.textilwirtschaft.de/business/news/wortmann-ceo-jens-beining-ueber-krisen-management-trading-up-und-den-handel-der-zukunft.-plattformen-sind-das-ende-des-stationaeren-handels-229064 Zugegriffen: 23.03.2024

van Doorn, N. und Badger, A. (2020): Platform Capitalism's Hidden Abode: Producing Data Assets in the Gig Economy. Antipode: A Journal of Radical Geography 52(5): 1475–1495.

Verbraucherzentrale (2023) Schnäppchen-App Temu: Aufpassen beim Online-Shoppen! 15. August. https://www.verbraucherzentrale.de/wissen/digitale-welt/onlinehandel/schnaeppchenapp-temu-aufpassen-beim-onlineshoppen-86905 (Zugriff: 03.10.2023)

Wagner, G., Schramm-Klein, H. und Fota, A. (2019) Die Rolle des Verbraucherschutzes beim grenzüberschreitenden Online-Handel. Working Papers des KVF NRW, Nr. 12 | https://doi.org/10.15501/kvfwp_12 (Zugriff: 05.10.2023)

Wang, J. und Coe, N. M. (2021) Platform ecosystems and digital innovation in food retailing: Exploring the rise of Hema in China. Geoforum 126: 310–321.

Wei, Y.D.; Lin, J. und Zhang, L. (2019): E-Commerce, Taobao Villages and Regional Development in China. Geographical Review 110(3): 380–405.

Wintermantel, B. (2023) Shein: Die dunkle Seite der Ultra-Fast-Fashion. Utopia. 2. Juni 2023. https://utopia.de/ratgeber/shein-kritik-ultra-fast-fashion/ (Zugriff: 18.12.2023)

Wood, S., Coe, N. M., Watson, I. und Teller, C. (2019) Dynamic Processes of Territorial Embeddedness in International Online Fashion Retailing. Economic Geography (95)5: 467–493

Yeung, H. W.-C. und Coe, N. (2015): Toward a Dynamic Theory of Global Production Networks. Economic Geography 91(1): 29–58.

Zhang, L. und Hardaker, S. (2021), Divestment of European grocery retailers from China. In: Geografiska Annaler: Series B, Human Geography. https://doi.org/10.1080/04353684.2021.1923375

Zhu, F. und Liu, Q. (2018) Competing with Complementors: An Empirical Look at Amazon. Strategic Management 39: 2618–2642.

Konsumenten im digitalen Zeitalter: räumliches Einkaufsverhalten im Spannungsfeld zwischen online und stationär

3

3.1 Online vs. stationär? Oder doch lieber no-line? Konsumentenverhalten im Raum

Thomas Wieland

3.1.1 Räumliches Einkaufsverhalten: ein Klassiker der Geographie im digitalen Zeitalter

Das räumliche Einkaufsverhalten, wie es die geographische Handelsforschung versteht, bezieht sich auf „die Wahl der geeigneten Einkaufsstätte, wobei dafür die vorhandenen Informationen über Standorte mit diesem Angebot, deren Ausgestaltung sowie Attraktivität und deren Erreichbarkeit mit Verkehrsmitteln (bzw. der Aufwand an Zeit und Mühe zur Anreise) prägende Bedeutung gewinnen" (Kulke 2005:10). Dies ist bereits hauptsächlicher Gegenstand der *Zentrale-Orte-Theorie* von Christaller (1933) und spielt in der geographischen Handelsforschung als Untersuchungsgegenstand seit Jahrzehnten eine entscheidende Rolle. Sowohl dieser theoretische Klassiker und dessen Weiterentwicklungen als auch davon unabhängig entwickelte Theorien und Modelle (z. B. Huff 1963; Nelson 1958) versuchen, die Wahl der Einkaufsstätte bzw. räumliche Kunden- oder Kaufkraftströme zu erklären. Als zentrale Erklärungstatbestände werden hierbei v. a. die Erreichbarkeit und die Attraktivität von Handelsstandorten ausgemacht (Popp 2020; Timmermans 2004; siehe auch Abschn. 1.1). Allerdings beziehen sich die alten

---

Ausschließlich aufgrund der besseren Lesbarkeit wird auf die gleichzeitige Verwendung männlicher, weiblicher und diverser Sprachformen verzichtet. Sämtliche Personenbezeichnungen gelten gleichermaßen für alle Geschlechter.

© Der/die Autor(en), exklusiv lizenziert an Springer-Verlag GmbH, DE, ein Teil von Springer Nature 2025
C. Neiberger et al., *Onlinehandel und Raum*,
https://doi.org/10.1007/978-3-662-70185-0_3

Standorttheorien ebenso wie die empirischen Studien zur Einkaufsstättenwahl allein auf den stationären Einzelhandel.

Dass der Onlinehandel in klassischen Standorttheorien nicht berücksichtigt wird, ist natürlich der Tatsache geschuldet, dass die besagten Theorien und Modelle Jahrzehnte vor dessen Einführung entwickelt wurden. Allerdings wird auch der klassische Versandhandel, der sich in die Mitte des 19. Jahrhunderts zurückführen lässt (siehe Abschn. 1.3), in der Regel ausgeblendet. Einzig Lange (1973) „denkt" den Versandhandel – damals allein durch Katalog- und Telefonbestellungen repräsentiert – in seiner *Wachstumstheorie zentralörtlicher Systeme* „mit". In diesem theoretischen Gebäude geht Lange davon aus, dass Haushalte ein *Bedarfsprofil* (d. h. die Summe aller konsumierten Güter) haben, das in ein *Besorgungsprofil* (d. h. die Summe aller konsumierten Güter, die über Einkaufsfahrten besorgt werden) umgesetzt wird; hierbei wird der Versandhandel insofern berücksichtigt, als dass dessen Marktanteil vom Bedarfsprofil abgezogen wird. Eine direkte Einbindung des Versandhandels in dieses Theoriegebäude erfolgt jedoch nicht.

Die Erklärung des räumlichen Einkaufsverhaltens im Multi-Channel-Kontext hat zunächst die Schwierigkeit, dass der Onlinehandel keinen physischen Standort hat, zu dem sich die Konsumenten hinbewegen müssen. Hierdurch fällt eine zentrale Erklärungsgröße der traditionellen Handelsforschung – nämlich die Erreichbarkeit eines Einzelhandelsstandortes – weg. Zwar spielen Standortfragen für den Onlinehandel eine essenzielle Rolle (Stichwort „virtueller Standort"; hierzu siehe z. B. Krol 2010), jedoch nicht im Hinblick auf die Erreichbarkeit für die potenziellen Kunden. Scheinbar besteht also eine Unvereinbarkeit zwischen der Denkweise der „alten" Handelsforschung und dem „neuen" digitalen Vertriebsweg.

Ein genauerer Blick auf den Stand der Forschung offenbart allerdings, dass die Erklärungsmuster des Kaufverhaltens im stationären Handel durchaus mit Onlinekäufen kompatibel sind. Allerdings hat sich der Erklärungsgegenstand dahingehend verschoben, dass in den empirischen Studien überwiegend nicht die Einkaufsstättenwahl, sondern die *Kanalwahl* untersucht wird; üblicherweise wird hier die Online-Einkaufswahrscheinlichkeit in einer bestimmten Situation oder die Online-Kauffrequenz untersucht. Der empirische Zugang findet entweder über Echtdaten aus Konsumentenbefragungen oder Kundendaten einzelner Handelsunternehmen oder aber über Stated-Choice-Befragungsexperimente statt (siehe Kasten „Datenerhebung in der Erforschung des Konsumentenverhaltens"). Die statistisch-ökonometrische Analyse erfolgt hierbei in der Regel mit Kanalwahlmodellen, in seltenen Fällen auch mit Modellen der Einkaufsstättenwahl (siehe Kasten „Kanalwahlmodelle und Modelle der Einkaufsstättenwahl"). Als *Determinanten der Kanalwahl* werden hier einerseits räumliche Erklärungsgrößen (siehe Abschn. 3.1.2) und andererseits kundenspezifische Attribute untersucht (siehe Abschn. 3.2).

Datenerhebung in der Erforschung des Konsumentenverhaltens
Standardisierte Befragungen der Nachfrageseite erfolgen in der geographischen Handelsforschung meist in Form von *Point-of-Sale-Befragungen*

oder *Haushaltsbefragungen*. Der erstgenannte Fall bietet sich insbesondere dann an, wenn das Einzugsgebiet des untersuchten Standortes und/oder das Konsumentenverhalten vor Ort von Interesse ist. Haushaltsbefragungen finden meist in schriftlich-postalischer Form statt und eignen sich insbesondere für längere und komplexere Befragungen. Während im zweitgenannten Fall eine repräsentative Erhebung möglich ist, gilt dies nicht für Point-of-Sale-Befragungen, da hier die Grundgesamtheit unbekannt ist und die Besucherstruktur aufgrund unzähliger Faktoren variiert (Rauh 2020; Schenk 2020). Die Erfassung des räumlichen Einkaufsverhaltens – also Einkaufsstätten- und/oder Kanalwahl – erfolgt häufig über repräsentativ angelegte Haushaltsbefragungen (siehe z. B. Wiegandt et al. 2018; Wieland 2021a, b, 2023a, b, c).

Je nach Zielen und Fragestellungen kommen hierbei Verfahren zum Tragen, die entweder reale Kaufentscheidungen der jüngeren Vergangenheit abfragen (z. B. die letzten drei Einkäufe oder die am häufigsten frequentierte Einkaufsquelle) oder aber die befragten Personen dazu auffordern, eine Auswahl zwischen fiktiven Kaufalternativen zu treffen. Der erstgenannte Ansatz wird als *Revealed-Preference-Ansatz* bezeichnet, da hierbei von beobachteten (Kauf-)Entscheidungen auf die Präferenzen der Entscheidungspersonen geschlossen wird. Der zweite Ansatz ist der *Stated-Preference-Ansatz*, wobei die Entscheidung der Konsumenten direkt erfragt wird, wenn auch unter experimentellen Bedingungen (Train 2009). Die Befragungstechnik im zweiten Fall wird daher auch häufig als *Stated-Choice-Befragungsexperiment* bezeichnet und wird insbesondere dann angewendet, wenn (noch) nicht existierende Marktbedingungen berücksichtigt oder Eigenschaften der Kaufalternativen untersucht werden sollen, die ansonsten unbekannt sind.

In einigen Ländern stehen zudem *Sekundärdaten* in Form von kommerziell vertriebenen *Haushaltspanels* zur Verfügung, woraus sich reale Einkaufsentscheidungen extrahieren lassen (siehe z. B. Clarke et al. 2015). Einige Studien arbeiten aber auch mit *Kundendaten* einzelner Unternehmen, die ebenso den Sekundärdaten zuzurechnen sind, in denen die Einkäufe sämtlicher Kunden inklusive Informationen zur Transaktion (Produkte, Rechnungssumme, Kaufkanal etc.) verzeichnet sind (siehe z. B. Chintagunta et al. 2012; Marino et al. 2018). Hier kann beispielsweise bei Multi-Channel-Handelsunternehmen untersucht werden, unter welchen Bedingungen die Kunden den Onlinekanal des Unternehmens zum Kauf wählen oder in dessen Verkaufsstellen einkaufen.

Methodische Einschränkungen vieler empirischer Arbeiten bestehen unter anderem darin, dass nur Personen mit Internetzugang befragt werden oder die Befragungspersonen über E-Mails oder Anzeigen in sozialen Netzwerken akquiriert wurden. Erhebungen auf der Grundlage von Kundendaten einzelner Handelsunternehmen können diese Problematik kompensieren, leiden dafür aber möglicherweise an der Übertragbarkeit auf andere Kontexte oder das allgemeine Einkaufsverhalten.

Kanalwahlmodelle und Modelle der Einkaufsstättenwahl
Die statistische Datenanalyse von Einkaufsentscheidungen erfolgt selten in uni- oder bivariater Form, sondern meist mit multivariaten Analyseverfahren, insbesondere mit verschiedenen Formen von Regressionsmodellen. Im Fall der konsumentenseitigen Kanalwahl werden *Kanalwahlmodelle (Channel Choice Models)* benutzt. Der häufigste Modellansatz ist hier ein *binäres Logitmodell (Binary Logit Model)*, das die Wahrscheinlichkeit des Onlinekaufs eines Individuums anhand von realen Einkaufsentscheidungen (i. d. R. online vs. stationär) untersucht. Es kommen aber auch *Strukturgleichungsmodelle (Structural Equation Models)* und *Zähldatenmodelle (Count Data Models)* zum Einsatz, um z. B. die Häufigkeit von Onlinekäufen zu modellieren (Suel und Polak 2018). *Modelle der Einkaufsstättenwahl (Store Choice Models)* beziehen sich hingegen nicht auf den Kaufkanal, sondern auf den einzelnen Anbieter und beziehen dessen Eigenschaften als erklärende Variablen mit ein (z. B. „Attraktivitäts"-Indikatoren wie Verkaufsfläche oder Sortiment, Erreichbarkeit). Zur Analyse regionaler Marktanteile, d. h. auf einer aggregierten Ebene, werden hier u. a. das *Huff-Modell* (Huff 1963) und das *Multiplicative-Competitive-Interaction*-Modell eingesetzt, die zu den *räumlichen Interaktionsmodellen* zählen. Ähnlich wie bei den Kanalwahlmodellen werden aber auch mikroökonometrische Modelle, d. h. Modelle für individuelle Entscheidungen, genutzt; hierzu zählen etwa das *diskrete Entscheidungsmodell (Discrete Choice Model)* oder spezielle Formen von Zähldatenmodellen. Die verhaltenswissenschaftlichen Annahmen hinter allen genannten Modellen sind die Nutzenmaximierung der Konsumenten und eine darauf aufbauende probabilistische Entscheidung, wobei die Auswahlwahrscheinlichkeit proportional zum Nutzen steigt (Wieland 2015). Auf individueller Ebene operieren außerdem *Multiagentensysteme* zur Modellierung des Einkaufsverhaltens (z. B. Rauh et al. 2012).

3.1.2 Wohnort als Determinante der Kanalwahl: räumliche Disparitäten der Online-Affinität

Insbesondere in der Humangeographie ist die Frage der räumlichen Unterschiede in der Online-Neigung von Konsumenten von großem Interesse, beispielsweise zwischen städtischem und ländlichem Raum (siehe Abb. 3.1). Hier existieren seit Beginn der Forschung zum Multi-Channel-Einkaufsverhalten zwei konkurrierende Hypothesen, die auf Anderson et al. (2003) zurückgehen: Die *Innovations-Diffusions-Hypothese* begreift den Onlinehandel als (technische) Innovation, die einem hierarchischen räumlichen Diffusionsprozess unterliegt, sich also in Abhängigkeit der Siedlungshierarchie von „oben" nach „unten" ausbreitet. Diese Innovation werde demnach zuerst von Stadtbewohnern adaptiert, da diese technischen Neuerungen gegenüber aufgeschlossener seien. Dem gegenüber steht die

3.1 Online vs. Stationär? Oder doch lieber no-line …

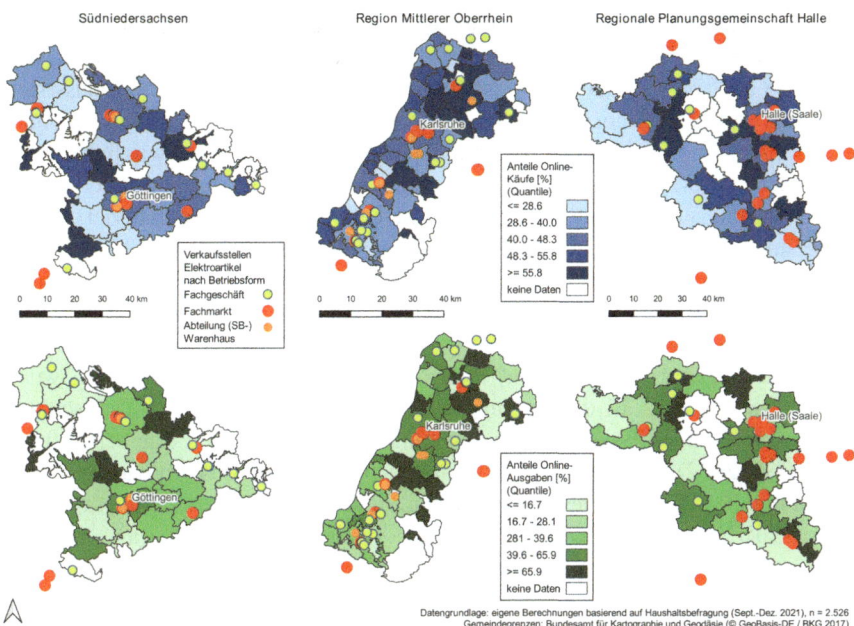

Abb. 3.1 Online-Marktanteile bei Elektronikkäufen in drei deutschen Untersuchungsgebieten. *SB* Selbstbedienung. (Quelle: eigene Darstellung nach Wieland 2023c)

Effizienzhypothese, die davon ausgeht, dass sich Kunden primär an der Verfügbarkeit bzw. Erreichbarkeit des stationären Einzelhandelsangebotes orientieren. Da im ländlichen Raum eine schlechtere Ausstattung angenommen wird, erwartet diese Hypothese dort eine größere Online-Affinität (Cao et al. 2013).

Die empirischen Ergebnisse zu diesen beiden Hypothesen sind keineswegs einheitlich. Insbesondere in Studien aus den 2000er Jahren – also in einer Zeit, in der sich der digitale Vertriebsweg erst zu etablieren begann – wurden regelmäßig signifikante Zusammenhänge zwischen dem Raumtyp des Konsumentenwohnortes und der Kanalwahl gefunden, und zwar in dem Sinne, dass in Großstädten eine erhöhte Wahrscheinlichkeit von Onlinekäufen nachgewiesen wurde. Allerdings wurde diese Hypothese nicht immer für alle untersuchten Sortimentsgruppen bestätigt (z. B. Cao et al. 2013; Farag et al. 2006, 2007). Spätere Studien zum Kaufverhalten in hochentwickelten Industrieländern kamen zu widersprüchlichen Ergebnissen: Einige konnten den genannten Zusammenhang bestätigen (z. B. Mensing und Neiberger 2016), andere nicht (z. B. Beckers et al. 2018; Clarke et al. 2015) und wieder andere nur für bestimmte Sortimentsgruppen (z. B. Wieland 2023b).

Die Innovations-Diffusions-Hypothese lässt sich somit weder eindeutig bestätigen noch widerlegen. Dass sich demnach keine allgemeingültigen Aussagen treffen lassen, hat mehrere Gründe: Erstens darf bei diesen Ergebnissen die Etablierung des Onlinehandels über die Zeit nicht vergessen werden. Es ist durchaus plausibel, dass der Onlinehandel in seiner Anfangszeit eine Innovation darstellte, die zunächst in (Groß-)Städten adaptiert wurde. Mittlerweile ist der digitale Vertriebsweg aber so weit etabliert (Statistisches Bundesamt 2021, 2022a), dass sich die Frage stellt, ob noch von einer „Innovation" gesprochen werden kann. Auch spielen räumliche Disparitäten der Internetausstattung bzw. -geschwindigkeit eine Rolle, denn, wie Farag et al. (2007) argumentieren, hatten Stadtbewohner in den 2000er Jahren auch tendenziell einen besseren und schnelleren Internetzugang. Diese infrastrukturellen Unterschiede dürften aber mittlerweile weitgehend aufgelöst sein, da – zumindest in westlichen Industrieländern – nahezu flächendeckend ein Internetzugang verfügbar ist, der zumindest Online-Shopping ermöglicht (Statistisches Bundesamt 2022b). Zweitens ist die Dichotomie von „urban" und „ländlich" bzw. „(Groß-)Stadt" und „Nicht-(Groß-)Stadt" nur sehr grob, wenn man bedenkt, dass z. B. die siedlungsstrukturellen Gebietstypen in Deutschland bereits verschiedene Typen von Agglomerations- und ländlichen Räumen definieren (BBSR 2022). Drittens ist es offensichtlich verkürzt, Konsumverhalten allein am Raumtyp des Wohnortes festzumachen, denn auch die soziodemographische Struktur der Bevölkerung variiert räumlich; somit stellt sich die Frage, ob geographische Erklärungsgrößen nicht in Wirklichkeit soziodemographische Erklärungsgrößen sind (siehe Abschn. 3.2).

Die Effizienzhypothese ist hingegen häufiger – aber keinesfalls einhellig – bestätigt worden. Eine Reihe von Studien aus unterschiedlichen Ländern belegt eine geringere Online-Kaufwahrscheinlichkeit bzw. geringere Online-Marktanteile je ausgeprägter die Erreichbarkeit von stationärem Einzelhandelsangebot ist (z. B. Clarke et al. 2015; Forman et al. 2009; Ren und Kwan 2009; Sinai und Waldfogel 2004; Zhai et al. 2017). Studien, die mehrere Branchen vergleichen, zeigen allerdings, dass auch die Effizienzhypothese nicht für jede Sortimentsgruppe bestätigt werden kann: Basierend auf einer frühen (2001) Befragung in den Niederlanden bestätigen Farag et al. (2006) den besagten Erreichbarkeitseffekt für verschiedene Produkte aus dem Bereich der Unterhaltungselektronik, für den Kauf von Tickets stellt sich jedoch eher die Innovations-Diffusions-Hypothese als richtig heraus. Auch Zhen et al. (2018) können die Effizienzhypothese mit Bezug auf China für den Bücherkauf, nicht jedoch für den Kauf von Bekleidung bestätigen. Außerdem zeigt sich in der Studie von Cao et al. (2013), die auf einer großen Befragung in den USA basiert, dass der erwartete Erreichbarkeitseffekt nur in Gebieten außerhalb von Städten besteht, während innerhalb von (Groß-)Städten sogar der gegenteilige Effekt nachgewiesen wird, was der Effizienzhypothese widerspricht. Eine Kanalwahlstudie von Wieland (2023b) konnte den Erreichbarkeitseffekt in deutschen Untersuchungsgebieten zwar für den Möbelkauf, nicht jedoch für Lebensmittel, Bekleidung und Elektroartikel bestätigen.

In mehreren Untersuchungen wurde die Effizienzhypothese sogar gänzlich zurückgewiesen: So finden Mensing und Neiberger (2016) keinen Einfluss der Verkaufsflächenausstattung der Wohnortgemeinde der Konsumenten mit der Online-Wahrscheinlichkeit, und das bezogen auf mehrere Sortimente. Ebenso können Wiegandt et al. (2018) keinen Zusammenhang zwischen der Erreichbarkeit des Stadtzentrums und der Online-Affinität der Konsumenten westdeutscher Großstädte ermitteln. Dem stehen allerdings diverse Studien gegenüber, die sich zwar nicht auf die wohnortbezogenen Hypothesen berufen, aber die Erreichbarkeit des stationären Handels aus der Transaktionskostenperspektive als erklärende Variablen des Konsumentenverhaltens integrieren (siehe Abschn. 3.2.1).

3.2 Kunden im Fokus: aktuelle Ansätze zur Erklärung des Konsumentenverhaltens im Multi-Channel-Kontext

Thomas Wieland

3.2.1 Die Transaktionskostenperspektive

Die Erklärung des Einkaufsverhaltens auf der Grundlage der *Transaktionskostentheorie* ist nicht erst im Kontext des Onlinehandels aufgekommen. *Transaktionskosten* entstehen, wenn ein Güteraustausch unter realistischen Bedingungen – d. h. zum Beispiel unvollständige Information, Unsicherheit – vollzogen wird, wobei zwischen Ex-ante- und Ex-post-Transaktionskosten unterschieden wird: Zu den erstgenannten zählen Anbahnungskosten (z. B. Informationskosten) und Vereinbarungskosten, zu den letztgenannten Kontroll- und Anpassungskosten (Beck 2004).

In Bezug auf die Kanalwahl formulieren Chintagunta et al. (2012) einen Katalog verschiedener Transaktionskostenformen, die von den Konsumenten beim Einkauf getragen werden müssen und von denen angenommen wird, dass die Kaufentscheidung im Sinne einer Reduktion eben dieser Aufwände getroffen wird. Hierzu gehören beispielsweise *Opportunitätskosten* durch den Weg zu einem Einzelhandelsbetrieb oder auch Fahrtkosten im eigentlichen Sinne (z. B. Treibstoff, Öffentlicher-Personennahverkehr-(ÖPNV-)Ticket), die nur bei der Wahl stationärer Anbieter aufkommen. In Bezug auf Einkäufe im Onlinehandel entfallen diese, dafür kommen aber z. B. Liefergebühren oder Wartekosten (bedingt durch die Lieferzeit) zum Tragen. In allen Kanälen treten weiterhin *Suchkosten* (z. B. für die Angebots- und Preisrecherche) und *Anpassungskosten* (v. a. bei Nichtverfügbarkeit der gewünschten Produkte) auf.

Transaktionskosten sind häufig schwer zu operationalisieren bzw. viele relevante Variablen – z. B. Liefergebühren, Lieferzeiten oder Erreichbarkeitswerte – sind aufwendig zu erheben. Daher wundert es nicht, dass viele Kanalwahlstudien mit dem Schwerpunkt auf Transaktionskosten auf Stated-Choice-Befragungsexperimente zurückgreifen (siehe Abschn. 3.1.1, Kasten „Datenerhebung in der Erforschung des Konsumentenverhaltens"). Anhand eines Befragungsexperimentes für einen fiktionalen Buchkauf zeigt Hsiao (2009), dass sowohl die beim Einkauf im stationären Handel anfallenden Transaktionskosten (Wegezeit, Wegekosten) als auch die Auslieferungszeit im Onlinehandel einen negativen Einfluss auf die Wahl des jeweiligen Vertriebskanals haben. Wird die Abwägung zwischen beiden Kaufkanälen monetär ausgedrückt, „bepreisen" Kunden mit Erfahrung im Onlinehandel die Auslieferungszeit implizit höher als Kunden ohne Online-Erfahrung. Darauf aufbauend nehmen Miyatake et al. (2016) eine Berechnung der kanalspezifischen Transaktionskosten (u. a. Fahrtzeit, Treibstoffkosten, Wartezeit) vor. Meist sind die Transaktionskosten im Onlinehandel niedriger, wobei diese von der Menge der gekauften Artikel abhängen und der stationäre Handel u. U. die „günstigere" Wahl sein kann. In ihren Befragungsexperimenten zur Kanalwahl bei Lebensmittelkäufen in China und Norwegen zeigen Gatta et al. (2021) und Marcucci et al. (2021), dass neben dem Produktpreis Servicekosten (bei Lieferung) und Fahrtzeit (zum Geschäft) entscheidend für die Wahl des Kaufkanals sind. Weitaus komplexere Modelle bilden Schmid und Axhausen (2019) für die Kanalwahl bei (fiktiven) Lebensmittel- und Elektronikkäufen. Hierbei zeigt sich, dass sämtliche transportbezogenen Transaktionskosten (Liefergebühren, Lieferzeit, Fahrtzeit) die Auswahlwahrscheinlichkeit des jeweiligen Kanals senken. Obgleich diese Ergebnisse plausibel sind, ist zu berücksichtigen, dass sich die genannten Studien auf fiktive Entscheidungssituationen aus Befragungsexperimenten beziehen, was notwendigerweise die Frage nach der Übertragbarkeit auf die reale Welt aufwirft.

Grundsätzlich wurden diese Annahmen aber auch in Bezug auf die Wahl zwischen dem Online- und dem Offlinekanal spezifischer Unternehmen – also anhand von Echtdaten – bestätigt: Chintagunta et al. (2012) nutzen Daten eines großen spanischen Multi-Channel-Lebensmittelhändlers, wobei ihnen die Online- und Offlinekäufe der Unternehmenskunden vorliegen. Sie zeigen, dass die Wahrscheinlichkeit eines Onlinekaufs mit steigenden Transportkosten (d. h. weiterer Entfernung zum Geschäft ausgehend vom Kundenwohnort) und steigender Einkaufszeit (bedingt durch die Anzahl zu kaufender Produkte) ebenso steigt. Je höher die Liefergebühren angesetzt sind, desto geringer ist die Wahrscheinlichkeit des Onlinekaufs. Unsicherheitskosten durch die Unmöglichkeit einer vorherigen Produktbegutachtung im Onlinehandel senken die Wahrscheinlichkeit eines Onlinekaufs. Eine ähnliche Untersuchung nehmen Marino et al. (2018) anhand eines italienischen Multi-Channel-Möbelhändlers vor. Hierbei offenbart sich, dass die angekündigte Lieferzeit einen sehr bedeutenden Einfluss auf die Kanalwahl hat, d. h. eine Erhöhung der Wartezeit um mehrere Tage senkt die Online-Wahrscheinlichkeit stark. Dieser Effekt ist stärker, wenn stationäre Filialen des untersuchten Unternehmens in der Nähe der Konsumenten lokalisiert sind.

Die Transaktionskostenperspektive zeigt, dass die Erklärungsansätze der Kanalwahl keinesfalls trennscharf sind: Es fällt einerseits auf, dass eine Parallele zur Effizienzhypothese besteht, die die Erreichbarkeit des stationären Handels in den Vordergrund stellt (siehe Abschn. 3.1.2), womit bereits mehrere Transaktionskostenformen beim stationären Einkauf erfasst werden (z. B. Opportunitätskosten der Einkaufsfahrt, physische Transportkosten). Andererseits ist der Transaktionskostenansatz mit den traditionellen Standorttheorien des Einzelhandels verwandt, da auch dort die Minimierung bestimmter Transaktionskosten angenommen wird (Mensing und Neiberger 2018; Wieland 2023a). In jedem Fall sind die Ergebnisse der Studien recht einhellig: Es wird übereinstimmend gezeigt, dass Aspekte wie Erreichbarkeit der stationären Anbieter und die Versandmodalitäten der Online-Alternative(n) einen entscheidenden Einfluss auf das Konsumentenverhalten haben und dass Entscheidungen tendenziell so getroffen werden, dass Transaktionskosten des Einkaufs gesenkt werden. Einschränkend ist allerdings darauf hinzuweisen, dass die Übertragbarkeit vieler einschlägiger Studien eingeschränkt ist (s. o.). Weiterhin sind Transaktionskosten oftmals empirisch schwer zu fassen, insbesondere wenn „nur" die Kanalwahl untersucht wird und die Heterogenität der unterschiedlichen Anbieter unberücksichtigt bleibt. In der Realität haben Onlineshops z. B. sehr unterschiedliche Lieferpolitiken und Konsumenten haben i. d. R. auch die Auswahl zwischen mehreren, unterschiedlich weit entfernten Anbietern. Diese Marktkonfiguration kann aber durch Kanalwahlmodelle kaum abgebildet werden, weshalb Modellen der Einkaufsstättenwahl eine wichtige Rolle zukommt (siehe Abschn. 3.2.4).

3.2.2 Soziodemographische und sozioökonomische Konsumentenattribute

Die meisten Studien zur Kanalwahl bzw. zum Einkaufsverhalten berücksichtigen soziodemographische bzw. sozioökonomische Eigenschaften der untersuchten Konsumenten; hierzu zählen u. a. das Alter, das Geschlecht, der Bildungsgrad, das Einkommen oder der Berufsstatus (Mensing und Neiberger 2016). Objektive Konsumentenattribute haben insofern eine doppelte Relevanz, da sie einerseits, für sich genommen, einen Erklärungsbeitrag zur Kanalwahl liefern und andererseits sich hierdurch z. T. auch räumliche Muster im Einkaufsverhalten erklären lassen, da es nicht zu vernachlässigende regionale Unterschiede in der Bevölkerungsstruktur gibt (siehe Abschn. 3.1.2).

Das mit Abstand am häufigsten als signifikante Erklärungsgröße der Kanalwahl gefundene Konsumentenattribut ist das *Alter* der Konsumenten, wobei jüngere Kunden eine höhere Online-Einkaufswahrscheinlichkeit haben bzw. tendenziell häufiger im Internet einkaufen; dieser Zusammenhang zeigt sich relativ unabhängig vom Untersuchungsland oder -zeitraum (z. B. Clarke et al. 2015; Farag et al. 2006; Wiegandt et al. 2018). Der hauptsächliche Grund hierfür ist sicher die altersabhängige Gewöhnung an digitale Informations- und Kommunikationstechnologien, wobei die sogenannten *Digital Natives* buchstäblich mit dem Internet als Kommunikationsmittel aufgewachsen sind. Allerdings ist der Zusammenhang zwischen Alter und Online-Affinität nicht notwendigerweise linear, wie etwa Farag et al. (2006) demonstrieren bzw. anhand ihres Kanalwahlmodells analytisch bestimmen. In ihrer Studie zeigt sich, dass die Wahrscheinlichkeit des Onlinekaufs bis zu einem Alter von 33 Jahren erst noch ansteigt, um nach diesem Wendepunkt wieder abzusinken. Im Kanalwahlmodell von Wieland (2023b) zeigt sich zwar, dass Kunden über 65 Jahren signifikant seltener online kaufen, jedoch nicht, dass solche unter 25 Jahren eine höhere Online-Kaufwahrscheinlichkeit hätten.

Abgesehen vom Alter zeigen sich bei keinem anderen soziodemographischen oder sozioökonomischen Konsumentenattribut solche eindeutigen Tendenzen. Hinzu kommt, dass die Ergebnisse der einschlägigen Studien auch nicht über die Zeit konstant sind, was sich beispielsweise am Einfluss des *Geschlechts* zeigt: Studien aus den 2000er Jahren fanden häufig eine signifikant erhöhte Online-Kaufwahrscheinlichkeit bei Männern, während jüngere Arbeiten diesen Zusammenhang häufig nicht mehr bestätigen können (Mensing und Neiberger 2016). Relativ oft wird auch der Einfluss von *Bildung* und *Einkommen* der Konsumenten in Befragungen untersucht. Hierbei zeigt sich tendenziell, dass eine höhere Bildung bzw. ein höheres Einkommen mit einer höheren Online-Kaufwahrscheinlichkeit bzw. häufigeren Onlinekäufen einhergehen (z. B. Beckers et al. 2018; Clarke et al. 2015; Farag et al. 2006; Zhen et al. 2018), was allerdings ebenso nicht immer bestätigt wird (z. B. Wiegandt et al. 2018).

Der Einfluss soziodemographischer und sozioökonomischer Konsumenteneigenschaften steht selten im Zentrum des Interesses bei Studien zum Einkaufsverhalten. Ihre Berücksichtigung ist allerdings dringend geboten, da sonst – insbesondere, wenn räumliche Unterschiede der Online-Affinität aufgedeckt werden sollen (siehe Abschn. 3.1.2) – möglicherweise Fehlinterpretationen auftreten. Die soziodemographische Zusammensetzung variiert räumlich, z. B. im Hinblick auf eine tendenziell jüngere, im Mittel besser ausgebildete Stadtbevölkerung. Mehrere Studien zur Kanalwahl beim Einkauf zeigen, dass räumliche Unterschiede im Einkaufsverhalten im Wesentlichen auf Unterschiede in der Bevölkerungsstruktur zurückzuführen sind (z. B. Beckers et al. 2018; Mensing und Neiberger 2016). Es muss aber stets berücksichtigt werden, dass der Einfluss dieser objektiven Nachfrageattribute nicht einfach zu bestimmen ist, da sie häufig untereinander korrelieren bzw. sogar ein kausaler Zusammenhang besteht (z. B. je höher der Bildungsgrad, desto höher das Einkommen; je älter, desto höher das Einkommen etc.). Gleichzeitig ist auch davon auszugehen, dass subjektive Konsumentenattribute wie Motive, Einstellungen und Lebensstile (siehe Abschn. 3.2.3) keinesfalls unabhängig von Aspekten wie Einkommen oder Alter sind. Weiterhin werden die genannten Charakteristika in den einschlägigen Studien nicht immer in gleicher Weise operationalisiert (z. B. unterschiedliche Klassenbildung bei Alter, Einkommen und Bildungsgrad), was eine eindeutige Aussage erschwert.

3.2.3 Motive, Einstellungen und Lebensstile

Insbesondere in der Marketingforschung, verstärkt aber auch in der geographischen Handelsforschung, werden subjektive Charakteristika der Konsumenten als Erklärungsgegenstände des Konsumentenverhaltens bzw. der Kanalwahl herangezogen (Popp 2020). Hierbei werden einerseits, nicht immer ganz trennscharf verwendet, *Motive* und *Einstellungen* und andererseits *Lebensstile* erfasst und der Kanalwahl gegenübergestellt (siehe Kasten „Definition Motive, Einstellungen und Lebensstile"). Ein festes Schema existiert hierbei nicht. Allerdings haben alle diese Ansätze gemeinsam, dass sie anhand einer Reihe von abgefragten Aussagen mithilfe mathematisch-statistischer Verfahren übergeordnete Konstrukte *(latente Variablen)* und/oder Konsumentengruppen bilden; häufig kommen hier Faktoren- und Clusteranalysen zum Einsatz (Backhaus et al. 2016).

Definition Motive, Einstellungen und Lebensstile
Motive und Einstellungen stellen in der Marketingforschung zentrale Erklärungsmomente des Kaufverhaltens dar. Die Begriffe können wie folgt definiert werden:

- „Motivation kann als ein hypothetisches Konstrukt verstanden werden, mit dem die Antriebe des Verhaltens und Handelns erklärt werden können. Eine Motivation versorgt den Nachfrager mit Energie und richtet das Verhalten auf ein Ziel aus […] Ein Motiv wird als ein wahrgenommener Mangelzustand definiert, der die Veranlassung impliziert, nach Möglichkeiten zu suchen, um diesen Mangelzustand zu beseitigen […] Motive, die für eine Persönlichkeitsdisposition stehen, sind demzufolge Grundlage für die Entstehung von Beweggründen. Des Weiteren können Motive als Ausdruck von Bedürfnissen verstanden werden" (Meffert et al. 2015:116). Motive sind also, allgemein gesprochen, als „Antriebe des [menschlichen] Verhaltens" anzusehen, wobei „die emotionalen Komponenten für die Auslösung einer Handlung, die kognitiven für die Richtung der Handlung verantwortlich [sind]" (Schröder und Witek 2010:78 f.).
- Einstellungen sind „innere Bereitschaften (Prädispositionen) eines Individuums, auf bestimmte Stimuli der Umwelt konsistent positiv oder negativ zu reagieren. Objekte der Einstellungen können Sachen, Personen oder Themen sein […]" (Meffert et al. 2015:118).

Im Kontext der Kanalwahl sind insbesondere Einkaufsmotive (Welche „Ziele" sollen beim Einkauf erreicht werden?) und Einstellungen den Kaufkanälen gegenüber von großer Bedeutung, wobei der subjektive Charakter zu betonen ist, d. h., eine Einstellung gegenüber einer Einkaufsalternative muss keinesfalls ihren objektiven Charakteristika (z. B. hinsichtlich Preisgestaltung) entsprechen.

- Lebensstile sind nicht vollständig von Motiven und insbesondere von Einstellungen zu trennen. „Bei Lebensstilen handelt es sich um Muster von verschiedenen Verhaltensweisen, die eine formale, häufig ästhetische Verwandtschaft aufweisen, daher zugrundeliegende Orientierungen zum Ausdruck bringen und von anderen Personen identifizierbar sind" (Rössel und Hoelscher 2012:305). Lebensstil- bzw. Konsumstiltypologien werden üblicherweise von Marktforschungsinstituten kreiert, wobei die Zuteilung von Individuen nicht notwendigerweise trennscharf ist. Zu den bekanntesten Typologien gehören etwa die Sinus-Milieus® (SINUS Markt- und Sozialforschung GmbH 2021) und die Roper Consumer Styles (GfK o. J.). Eine alternative Typologie stammt von Otte (2005).

Schröder und Witek (2010) beziehen sich auf die Rolle von *Einkaufsmotiven* im mehrstufigen *Kaufprozess*. Sie unterteilen ihre Einkaufsmotive in Preisorientierung, Convenienceorientierung, Erlebnisorientierung, Qualitätsorientierung und Beratungsorientierung sowie Risikoabneigung, wobei sich diese einerseits auf den Zahlungsvorgang und andererseits auf den Umgang mit persönlichen Daten bezieht (Zaharia 2006). Anhand von Transaktionsdaten eines Multi-Channel-Handelsunternehmens (stationär, online, Katalog) identifizieren sie Muster der Kanalwahl in Abhängigkeit der Motivlage. Hierbei zeigt sich unter anderem, dass stationäre Kunden weniger preisorientiert sind als Online- und Katalogkunden, dafür aber stärker qualitäts- und beratungsorientiert; zudem ist ihre Risikoabneigung höher. Es bestehen weiterhin auch Unterschiede im Verhalten während des Kaufprozesses, insbesondere bezüglich des Einholens von Vorinformationen (Schröder und Witek 2010). Der Segmentierung von Konsumentengruppen anhand ihrer Einkaufsmotive von Zaharia und Hackstetter (2017) liegt dasselbe theoretische Fundament zugrunde. Die Segmentierung erfolgt durch eine Clusteranalyse, wobei die Klassen auch im Hinblick auf die Häufigkeit ihrer Internetkäufe verglichen werden. Es werden vier Segmente identifiziert („Kritische Internet-Wenig-Käufer", „Beratungsorientierte, risikoscheue Hedonisten", „Preisorientierte, mobile Internet-Viel-Nutzer", „Convenience-orientierte Beratungsmuffel"), wobei sich insbesondere die beiden letztgenannten Gruppen durch eine deutlich höhere Online-Kaufbereitschaft auszeichnen.

Einstellungen (Attitudes) stellen zwar ein anderes Konstrukt dar, basieren jedoch in ihrer theoretischen Begründung und ihrer empirischen Erfassung auf ähnlichen Überlegungen wie die o. g. Einkaufsmotive. Von besonderer Bedeutung sind hier Einstellungen dem Onlinehandel bzw. dem Einkaufen im Geschäft gegenüber; diese werden aus einzelnen Äußerungen abgeleitet, die sich beispielsweise auf Spaß beim „Bummeln" bzw. beim „Surfen" im Internet, Risikoaversion oder dem Wunsch, Produkte vor dem Kauf inspizieren zu können, beziehen. Hier gibt es bisher keine standardisierten Verfahren, allerdings zeigen diverse Studien aus unterschiedlichen Ländern, dass die Einstellung einem Einkaufskanal gegenüber auch maßgeblich zur Erklärung der Kanalwahl beim Kauf beiträgt: Basierend auf einer Befragung in den Niederlanden konstruieren Farag et al. (2007) eine „Pro-E-Shopping"- und eine „Pro-Geschäft"-Einstellung, die ihrerseits die Wahrscheinlichkeit des jeweiligen Kaufkanals signifikant beeinflussen, wobei gleichzeitig u. a. raumbezogene und soziodemografische Erklärungsgrößen im Modell berücksichtigt werden. Vergleichbare Ergebnisse zeigt die Arbeit von Zhai et al. (2017) bezüglich Bekleidungskäufen in Nordkalifornien (USA). Schmid und Axhausen (2019) stellen ein komplexes Kanalwahlmodell auf der Basis eines Stated-Choice-Befragungsexperimentes in der Schweiz auf. Neben Transaktionskosten (siehe Abschn. 3.2.1) und soziodemographischen Variablen (siehe Abschn. 3.2.2) berücksichtigen sie eine „Pro-online"-Einstellung, die sich u. a. aus den wahrgenommenen Vorteilen (z. B. Preisvergleich) und Nachteilen des Online-Kaufens (z. B. Risikoabneigung wegen Datendiebstahl) zusammensetzt. Für (fiktive) Lebensmittel- und Elektronikkäufe steigert diese Online-Affinität die Online-Kaufwahrscheinlichkeit signifikant; gleichzeitig zeigt sich, dass onlineaffine Kunden weitaus preissensibler sind.

Einen anderen Ansatz verfolgen Wiegandt et al. (2018), die auf der Grundlage einer großen Befragung in sechs deutschen Städten Lebensstilgruppen nach der Typologie von Otte (2005) identifizieren und die Zusammenhänge mit der Online-Einkaufshäufigkeit untersuchen. Der Kern diese Typologie besteht in den Dimensionen „Ausstattungsniveau" und „Modernitätsniveau", wobei die erstgenannte Dimension eher materielle Güter und die zweitgenannte Dimension eher gesellschaftliche Einstellungen umfasst; im Ergebnis werden neun Lebensstilgruppen gebildet (siehe auch Popp 2020). Hierbei zeigt sich v. a., dass „Hedonisten" und „Unterhaltungssuchende" signifikant häufiger online einkaufen als andere Gruppen, was sich u. a. mit ausgeprägter Preissensibilität und Bequemlichkeitsorientierung erklären lässt. Die sogenannten Konservativ Gehobenen und die Liberal Gehobenen kaufen signifikant seltener online ein, während für die restlichen fünf Lebensstilgruppen kein Zusammenhang festgestellt werden kann (Wiegandt et al. 2018).

3.2.4 Von der Kanalwahl zum räumlichen Einkaufsverhalten im Multi-Channel-Kontext

Die bisher besprochenen Arbeiten beziehen sich ausschließlich auf die konsumentenseitige *Kanal*wahl, d. h. die Frage ob und/oder wie häufig online bzw. stationär eingekauft wird. Hierbei besteht das Problem, dass alle Anbieter, die zu einem Kanal gehören, aggregiert werden und somit die Heterogenität von Anbietern – z. B. hinsichtlich des Sortiments, der Erreichbarkeit oder der Liefergebühren etc. – unberücksichtigt bleibt (Suel und Polak 2018). Eine Betrachtung der reinen Kanalwahl ist somit aus handelsgeographischer Perspektive strenggenommen nicht ausreichend zum Verständnis des Konsumentenverhaltens, zumal unter räumlichen Einkaufsverhalten explizit auch die Wahl der Einkaufsstätte verstanden wird (siehe Abschn. 3.1.1).

Prinzipiell sind Modelle der Einkaufsstättenwahl auch auf Onlinehändler anwendbar, wie Melis et al. (2015) zeigen, wobei ihre Studie *ausschließlich* Online-Lebensmittelhändler fokussiert, d. h. stationäre Anbieter als Mitbewerber unberücksichtigt bleiben. Mithilfe eines diskreten Entscheidungsmodells untersuchen sie die Determinanten der Wahl von Onlineshops anhand von Anbietereigenschaften. Hierbei zeigt sich u. a., dass Online-Lebensmittelkäufe tendenziell bei den Onlineshops derjenigen Ketten getätigt werden, wo ansonsten stationäre Käufe vollzogen werden; außerdem spielen die Zusammensetzung des Sortiments und, bei onlineerfahrenen Kunden, auch die Sortimentsgröße eine wichtige Rolle bei der Einkaufsstättenwahl.

Beckers et al. (2022) übertragen das Prinzip aggregierter räumlicher Interaktionsmodelle auf Lebensmittel-Onlinehändler in Großbritannien. Basierend auf empirischen Erhebungen gehen sie davon aus, dass das regionale Online-Potenzial von der Bevölkerungsstruktur (hier: Alter und Einkommen) sowie, im Sinne der Effizienzhypothese (siehe Abschn. 3.1.2), von der Erreichbarkeit des stationären Angebots abhängt. Ihr Modell stellt räumliche Kaufkraftzuflüsse zu Onlinehändlern dar, deren „Attraktivität" mit ihrem landesweiten Marktanteil dargestellt wird. Die Kalibrierung des Modells anhand von Echtdaten zeigt eine gute Anpassung (Beckers et al. 2022, S. 279 ff.). Dieser Ansatz vereint also verschiedene geographische Konzepte zum Einkaufsverhalten (Effizienzhypothese, Interaktionsmodelle, objektive Kundenattribute). Allerdings stellen beide genannten Arbeiten den Wettbewerb zwischen Online- und stationären Anbietern nicht direkt dar, da die Modelle nur erstere mit einbeziehen.

Andere Modellansätze berücksichtigen sowohl Online- als auch Offline-Alternativen: Wieland (2021c) nutzt ein spezielles diskretes Entscheidungsmodell, nämlich ein Nested-Logit-Modell, in dem implizit eine hierarchische Entscheidung angenommen wird, wobei zuerst der Einkaufskanal (online, stationär) und dann innerhalb dieser „Nester" der jeweilige Anbieter gewählt wird (siehe Abb. 3.2). Auf der Grundlage empirisch ermittelter Einkäufe und mit Bezug auf drei Produkttypen (Lebensmittel, Elektroartikel, Möbel) zeigt sich, dass die Wahl der Einkaufsstätte – stationär und online – in hohem Maße durch Transaktionskosten (siehe Abschn. 3.2.1) wie Fahrtzeit oder Liefergebühren sowie die Sortimentsgröße der stationären bzw. Online-Anbieter erklärt wird. Eine weitere Entscheidungsstufe wird von Suel und Polak (2017) in ihrem Nested-Logit-Modell für Lebensmitteleinkäufe in Großbritannien berücksichtigt, nämlich – neben der Wahl des Kaufkanals und des Anbieters – auch die Wahl des Verkehrsmittels beim (stationären) Einkauf. Soziodemographische Erklärungsvariablen zeigen hierbei eher geringe Einflüsse auf die Kanalwahl, allerdings wird u. a. ein positiver Einfluss des sozialen Status auf die Wahrscheinlichkeit des Onlinekaufs gefunden. Bei jedem genutzten Verkehrsmittel – Auto, ÖPNV oder zu Fuß – senkt die Wegezeit die Einkaufswahrscheinlichkeit der stationären Anbieter, während sich, wie im Huff-Modell angenommen (siehe Abschn. 3.1.1, Kasten „Kanalwahlmodelle und Modelle der Einkaufsstättenwahl"), die Verkaufsflächengröße positiv auswirkt.

In mehreren Studien untersucht Wieland (2021a, b, 2023a, c) die Determinanten des Einkaufsverhaltens im Multi-Channel-Kontext mithilfe eines speziellen Zähldatenmodells *(hurdle model);* berücksichtigt werden Lebensmittel, Elektroartikel und Möbel, wobei die empirische Grundlage eine Konsumentenbefragung ist. Das Modell differenziert zwischen der Einkaufsstättenwahl und den zugehörigen Ausgaben, wobei gleichzeitig Determinanten der Kanalwahl auf ihre Wirkung hin überprüft werden. Als wichtigste Erklärungsgrößen der Kanalwahl zeigen sich in allen drei Fällen das Alter (Konsumenten über 65 Jahren kaufen seltener online) sowie die Einstellung zum Onlinehandel im Sinne einer „Online-

Abb. 3.2 Hierarchische Kanal- und Einkaufsstättenwahl in einem Nested-Logit-Modell. (Quelle: eigene Darstellung nach Wieland (2021c), S. 13)

Affinität", während der Wohnort in einer Großstadt (siehe Abschn. 3.1.2) nur teilweise einen Erklärungsbeitrag liefert. Die Online-Affinität ist hierbei eine Erweiterung des Konstruktes von Schmid und Axhausen (2019; siehe Abschn. 3.2.3) um mehrere ethische und datenschutzbezogene Aspekte des Onlinehandels. Als bedeutend erweisen sich zudem die auftretenden Transaktionskosten (Fahrtzeit, Liefergebühren etc.; siehe Abschn. 3.2.1), die die Auswahlwahrscheinlichkeit von stationären bzw. Online-Anbietern senken. Der Sortimentsumfang steigert den Konsumentennutzen. Ferner zeigt sich bei Gütern des langfristigen Bedarfs, dass die Cross-Channel-Integration der jeweiligen Kette die Einkaufswahrscheinlichkeit erhöht (Wieland 2021a, b, 2023a, c).

Steiger (2017) nutzt einen anderen Typ von Mikromodell, nämlich einen Multiagentensystem-Ansatz, um das Einkaufsverhalten im Elektrofachhandel zu untersuchen und anhand von verschiedenen Szenarien zu prognostizieren. Die Studie bezieht sich auf das konkrete Beispiel des Kaufs eines neuen Fernsehers, wobei auch dynamische Aspekte berücksichtigt werden (z. B. Bevölkerungsentwicklung). Basierend auf Echtdaten (Kundenbefragungen in der Region Ingolstadt) werden mehrere Partialmodelle geschätzt: Die Online-Kaufwahrscheinlichkeit hängt signifikant vom Alter ab. Der Bedarf nach einem neuen TV-Gerät wird über eine Bedarfsfunktion ermittelt, wobei die Bedarfswahrscheinlichkeit mit der Zeit seit dem Letztkauf steigt. Die stationäre Einkaufsstättenwahl wird ähnlich dem Huff-Modell (siehe Abschn. 3.1.1, Kasten „Kanalwahlmodelle und Modelle der Einkaufsstättenwahl") simuliert. Aufgrund der Kombination aus erhobenen Daten und Annahmen für verschiedene Szenarien fokussiert diese modellgestützte Arbeit weniger das empirische Einkaufsverhalten in seiner Breite, sondern ermöglicht – etwa für Zwecke der Raumordnung und Standortplanung – die Simulation zukünftiger Entwicklungen.

Modelle der Einkaufsstättenwahl sind seit Jahrzehnten sowohl als theoretische Konzepte als auch in der empirischen Anwendung zentrale Bausteine in der geographischen Handelsforschung (siehe Abschn. 3.1.1). Auch wenn die Integration des Onlinehandels in solche Modelle noch „in den Kinderschuhen steckt", zeigen die bisherigen Ansätze doch die Fruchtbarkeit dieses Vorhabens auf – der digitale Vertriebsweg kann durchaus „mitgedacht" werden, weil er den klassischen standorttheoretischen Überlegungen nicht in dem Maße widerspricht, wie es zunächst vermutet werden könnte. Beispielsweise folgen die meisten Ansätze (implizit) der Annahme, dass Konsumenten bei der Kanal- und Einkaufsstättenwahl ihre Transaktionskosten reduzieren möchten, wobei zugleich die räumliche Erreichbarkeit stationärer Angebote eine Rolle spielt. Die so gestaltete Untersuchung des räumlichen Einkaufsverhaltens lässt es zudem zu, anders als etwa Kanalwahlmodelle, dass auch Unterschiede im stationären und Online-Angebot (d. h. Heterogenität der Anbieter bzw. Entscheidungssituationen der Konsumenten) berücksichtigt werden. Ferner zeigt sich, dass wesentliche Kernaussagen der „alten" Modelle in empirischen Analysen unter Berücksichtigung des Onlinehandels bestätigt werden können.

Literatur

Anderson W P, Chatterjee L, Lakshmanan T R (2003) E-commerce, Transportation, and Economic Geography. *Growth and Change* 34(4): 415–432

Backhaus K, Erichson B, Plinke W, Weiber R (2016)[14] Multivariate Analysemethoden. Eine anwendungsorientierte Einführung. Springer Gabler, Berlin

BBSR (2022) Laufende Raumbeobachtung – Raumabgrenzungen: Siedlungsstrukturelle Gebietstypen. <https://www.bbsr.bund.de/BBSR/DE/forschung/raumbeobachtung/Raumabgrenzungen/deutschland/kreisgebietsreformen/SiedlungsstrukturelleGebietstypen_alt/gebietstypen.html> Zugegriffen: 17.11.2022

Beck A (2004) Die Einkaufsstättenwahl von Konsumenten unter transaktionskostentheoretischen Gesichtspunkten – Theoretische Grundlegung und empirische Überprüfung mittels der Adaptiven Conjoint-Analyse. Dissertation, Universität Passau

Beckers J, Birkin M, Clarke G, Hood N, Newing A, Urquhart R (2022) Incorporating E-commerce into Retail Location Models. Geographical Analysis 54(2): 274–293

Beckers J, Cárdenas I, Verhetsel A (2018) Identifying the geography of online shopping adoption in Belgium. Journal of Retailing and Consumer Services 45: 33–41

Cao X, Chen Q, Choo S (2013) Geographic Distribution of E-Shopping: Application of Structural Equation Models in the Twin Cities of Minnesota. Transportation Research Record 2383(1): 18–26

Chintagunta P K, Chu J, Cebollada J (2012) Quantifying Transaction Costs in Online/Off-line Grocery Channel Choice. Marketing Science 31(1): 96–114

Christaller W (1933) Die zentralen Orte in Süddeutschland. Eine ökonomisch-geographische Untersuchung über die Gesetzmäßigkeit der Verbreitung und Entwicklung der Siedlungen mit städtischen Funktionen. Fischer, Jena

Clarke G, Thompson C, Birkin M (2015) The emerging geography of e-commerce in British retailing. Regional Studies, Regional Science 2(1): 371–391

Farag S, Schwanen T, Dijst M, Faber J (2007) Shopping online and/or in-store? A structural equation model of the relationships between e-shopping and in-store shopping. Transportation Research Part A: Policy and Practice 41(2): 125–141

Farag S, Weltevreden J, van Rietbergen T, Dijst M, van Oort F (2006) E-shopping in the Netherlands: does geography matter? Environment and Planning B: Planning and Design 33(1): 59–74

Forman, C., Ghose, A. und Goldfarb, A. (2009): Competition Between Local and Electronic Markets: How the Benefit of Buying Online Depends on Where You Live. Management Science 55(1), S. 47–57

Gatta V, Marcucci E, Maltese I, Iannaccone G, Fan J (2021) E-Groceries: A Channel Choice Analysis in Shanghai. Sustainability 13(7): Art. 3625

GfK (o. J.) GfK Roper Consumer Styles: Zielgruppensegmentierung für Ihr strategisches Marketing. <https://insights.gfk.com/landing-page-gfk-roper-consumer-styles> Zugegriffen: 21.11.2022

Hsiao M-H (2009) Shopping mode choice: Physical store shopping versus e-shopping. Transportation Research Part E: Logistics and Transportation Review 45(1): 86–95

Huff D L (1963) A Probabilistic Analysis of Shopping Center Trade Areas. Land Economics 39(1): 81–90

Krol B (2010) Standortfaktoren und Standorterfolg im Electronic Retailing. Konzeptualisierung, Operationalisierung und Erfolgswirkungen von virtuellen Standorten elektronischer Einzelhandelsunternehmen. Gabler, Wiesbaden (zugl. Dissertation Universität Duisburg-Essen, 2009)

Kulke E (2005) Räumliche Konsumentenverhaltensweisen. In: Kulke E (Hrsg) Dem Konsumenten auf der Spur. Neue Angebotsstrategien und Nachfragemuster. Geographische Handelsforschung 11. L.I.S., Passau 9–26

Lange S (1973): Wachstumstheorie zentralörtlicher Systeme. Beiträge zum Siedlungs- und Wohnungswesen und zur Raumplanung 5. Münster: Institut für Siedlungs- und Wohnungswesen der Universität Münster

Marcucci E, Gatta V, Le Pira M, Chao T, Li S (2021) Bricks or clicks? Consumer channel choice and its transport and environmental implications for the grocery market in Norway. Cities 110: Art. 103046

Marino G, Zotteri G, Montagna F (2018) Consumer sensitivity to delivery lead time: a furniture retail case. International Journal of Physical Distribution & Logistics Management 48(6): 610–629

Meffert H, Burmann C, Kirchgeorg M (2015)[12] Marketing. Grundlagen marktorientierter Unternehmensführung. Konzepte – Instrumente – Praxisbeispiele. Springer Gabler, Wiesbaden

Melis K, Campo K, Breugelmans E, Lamey L (2015) The Impact of the Multi-channel Retail Mix on Online Store Choice: Does Online Experience Matter? Journal of Retailing 91(2): 272–288.

Mensing M, Neiberger C (2016) Mapping E-Commerce – regionale Unterschiede im Online-Einkaufsverhalten deutscher Verbraucher. In: Franz M, Gersch I (Hrsg) Online-Handel ist Wandel. Geographische Handelsforschung 24. MetaGIS, Mannheim 109–132

Mensing M, Neiberger C (2018) Onlinehandel mit Lebensmitteln – Eine Möglichkeit zur Lösung der Versorgungsprobleme im ländlichen Raum? Europa Regional 26: 2–19

Miyatake K, Nemoto T, Nakaharai S, Hayashi K (2016) Reduction in Consumers' Purchasing Cost by Online Shopping. Transportation Research Procedia 12: 656–666

Nelson R L (1958) The selection of retail locations. Dodge, New York

Otte, G. (2005): Entwicklung und Test einer integrativen Typologie der Lebensführung für die Bundesrepublik Deutschland. Zeitschrift für Soziologie 34(6): 442–467

Popp M (2020) Wer kauft wo? Die Einkaufsstättenwahl der Konsumenten. In: Neiberger C, Hahn B (Hrsg) Geographische Handelsforschung. Springer Spektrum, Berlin 75–88

Rauh J (2020) Methodologie und Methoden in der Geographischen Handelsforschung – Eine Einführung. In: Neiberger C, Hahn B (Hrsg) Geographische Handelsforschung. Springer Spektrum, Berlin 263–272

Rauh R, Schenk T A, Schrödl D (2012) The simulated consumer – an agent-based approach to shopping behaviour. Erdkunde 66(1): 13–25

Ren F, Kwan M-P (2009) The Impact of Geographic Context on E-Shopping Behavior. Environment and Planning B: Urban Analytics and City Science 36(2): 262–278

Rössel J, Hoelscher M (2012) Lebensstile und Wohnstandortwahl. Kölner Zeitschrift für Soziologie und Sozialpsychologie 64(2): 303–327

Schenk T (2020) Quantitative Methoden. In: Neiberger C, Hahn B (Hrsg) Geographische Handelsforschung. Berlin: Springer Spektrum, Berlin Heidelberg 283–296

Schmid B, Axhausen KW (2019) In-store vs. online shopping of search and experience goods: A Hybrid Choice approach. Journal of Choice Modelling 31: 156–180

Schröder H, Witek M (2010) Zur Bedeutung des Katalogkanals (Mailorder-Channel) für einen Multichannel-Retailer – Antworten geben die Kaufmotive. In: Ahlert D, Kenning P, Olbrich R, Schröder H (Hrsg) Multichannel-Management. Jahrbuch Vertriebs- und Handelsmanagement 2010/2011. Deutscher Fachverlag, Frankfurt 73–101

Sinai T, Waldfogel J (2004) Geography and the Internet: is the Internet a substitute or a complement for cities? Journal of Urban Economics 56(1): 1–24

SINUS Markt- und Sozialforschung GmbH (2021) Informationen zu den Sinus-Milieus® 2021. <https://www.sinus-institut.de/media/pages/sinus-milieus/6191c4121c-1623420390/informationen-zu-den-sinus-milieus.pdf> Zugegriffen: 21.11.2022

Statistisches Bundesamt (2021) 49 Millionen Menschen in Deutschland kaufen online. Pressemitteilung Nr. 578 vom 16. Dezember 2021. <https://www.destatis.de/DE/Presse/Pressemitteilungen/2021/12/PD21_578_63.html> Zugegriffen: 17.11.2022

Statistisches Bundesamt (2022a) Immer mehr Menschen kaufen online. <https://www.destatis.de/Europa/DE/Thema/Wissenschaft-Technologie-digitaleGesellschaft/Online_Shopping.html> Zugegriffen: 17.11.2022

Statistisches Bundesamt (2022b) Jeder 20. Mensch im Alter von 16 bis 74 Jahren in Deutschland ist offline. Zahl der Woche Nr. 14 vom 5. April 2022. <https://www.destatis.de/DE/Presse/Pressemitteilungen/Zahl-der-Woche/2022/PD22_14_p002.html;jsessionid=D9214A-3D29A478C8460DFBAB9A3D872B.live731> Zugegriffen: 17.11.2022

Steiger M (2017) Multiagentensysteme zur Simulation von Konsumentenverhalten – Untersuchung individuenbasierter Simulationsszenarien zur strategischen Standortplanung im Einzelhandel. Geographische Handelsforschung 26. MetaGIS, Mannheim

Suel E, Polak J W (2018) Incorporating online shopping into travel demand modelling: challenges, progress, and opportunities. Transport Reviews 38(5): 576–601

Suel E, Polak JW (2017) Development of joint models for channel, store, and travel mode choice: Grocery shopping in London. Transportation Research Part A: Policy and Practice 99: 147–162

Timmermans H (2004) Retail location and consumer spatial choice behavior. In: Bailly A, Gibson L J (Hrsg) Applied Geography: A World Perspective. Kluwer, Dordrecht 133–147

Train K E (2009) Discrete Choice Methods with Simulation. 2. Auflage. University Press, Cambridge

Wiegandt C-C, Baumgart S, Hangebruch N, Holtermann L, Krajewski C, Mensing M, Neiberger C, Osterhage F, Texier-Ast V, Zehner K, Zucknik B (2018) Determinanten des Online-Einkaufs – eine empirische Studie in sechs nordrhein-westfälischen Stadtregionen. Raumforschung und Raumordnung 76(3): 247–265

Wieland T (2015) Räumliches Einkaufsverhalten und Standortpolitik im Einzelhandel unter Berücksichtigung von Agglomerationseffekten. Theoretische Erklärungsansätze, modellanalytische Zugänge und eine empirisch-ökonometrische Marktgebietsanalyse anhand eines Fallbeispiels aus dem ländlichen Raum Ostwestfalens/Südniedersachsens. Geographische Handelsforschung 23. MetaGIS, Mannheim

Wieland T (2021a) Identifying the Determinants of Store Choice in a Multi-Channel Environment: A Hurdle Model Approach. Papers in Applied Geography 7(4): 343–371

Wieland T (2021b) Auf dem Weg zur digitalen Nahversorgung? Determinanten des Einkaufsverhaltens im Multi- und Cross-Channel-Kontext am Fallbeispiel des Lebensmitteleinzelhandels. Raumforschung und Raumordnung 79(2): 116–135

Wieland T (2021c) Spatial Shopping Behavior in a Multi-Channel Environment: A Discrete Choice Model Approach. REGION 8(2): 1–27

Wieland T (2023b) Pandemic Shopping Behavior: Did Voluntary Behavioral Changes during the COVID-19 Pandemic Increase the Competition between Online Retailers and Physical Retail Locations? Papers in Applied Geography 9(1): 70–88

Wieland T (2023a) A Micro-Econometric Store Choice Model Incorporating Multi- and Omni-Channel Shopping: The Case of Furniture Retailing in Germany. Geographical Analysis 55(1): 3–30

Wieland T (2023c) Spatial shopping behavior during the Corona pandemic: insights from a micro-econometric store choice model for consumer electronics and furniture retailing in Germany. Journal of Geographical Systems 25(2): 291–326

Zaharia S (2006) Multi-Channel-Retailing und Kundenverhalten. Wie sich Kunden informieren und wie sie einkaufen. Kundenorientierte Unternehmensführung 2. Eul, Lohmar

Zaharia S, Hackstetter T (2017) Segmentierung von Onlinekäufern auf Basis ihrer Einkaufsmotive. In: Deutscher Dialogmarketing Verband e.V. (Hrsg) Dialogmarketing Perspektiven 2016/2017. Tagungsband 11. wissenschaftlicher interdisziplinärer Kongress für Dialogmarketing. Springer Spektrum, Wiesbaden 45–72

Zhai Q, Cao X, Mokhtarian P L, Zhen F (2017) The interactions between e-shopping and store shopping in the shopping process for search goods and experience goods. Transportation 44: 885–904

Zhen F, Du X, Cao J, Mokhtarian P L (2018) The association between spatial attributes and e-shopping in the shopping process for search goods and experience goods: Evidence from Nanjing. Journal of Transport Geography 66: 291–299

Strukturelle Veränderungen und lokale Antworten im Einzelhandel: Immobilien, Logistik und kommunale Politik

4.1 Zwischen Ladenlokal und Lager – Konsequenzen für den Immobilienmarkt

Thomas Wieland

Die räumliche Entwicklung des Einzelhandels ist eng mit dem Immobilienmarkt verbunden, da ein funktionaler Zusammenhang zwischen stationärer Handelstätigkeit und der Geschäftsfläche besteht. Diese wird einerseits als Betriebsmittel benötigt und muss dementsprechend bestimmten Standortkriterien genügen, andererseits agieren institutionelle Investoren im Handelsimmobilienmarkt und prägen diesen (Dziomba 2020; Klein 2022). Diese Verknüpfung zeigt sich unter anderem in der immobilienwirtschaftlichen Klassifikation von A-, B- und C-Lagen in Innenstädten, die vorrangig anhand der Passantenfrequenzen und des Geschäftsflächenbesatzes vorgenommen wird (Dziomba 2020; ausführlich zur Lageklassifikation siehe Gesellschaft für Immobilienwirtschaftliche Forschung 2000).

4.1.1 Einfluss des Onlinehandels auf die Nachfrage nach Geschäftsflächen

Die Verschiebung von Umsatz in den Onlinehandel bedeutet tendenziell eine nachlassende Investitionstätigkeit von Unternehmen in den stationären Handel und somit auch eine Reduktion der Nachfrage nach Geschäftsflächen. Diese Reduktion kann auf mehreren Ursachen beruhen: Erstens werden – z. B. aufgrund kontinuierlich sin-

---

Ausschließlich aufgrund der besseren Lesbarkeit wird auf die gleichzeitige Verwendung männlicher, weiblicher und diverser Sprachformen verzichtet. Sämtliche Personenbezeichnungen gelten gleichermaßen für alle Geschlechter.

kender Passantenfrequenz – stationäre Einzelhandelsbetriebe geschlossen und nicht wieder durch eine neue Handelsnutzung ersetzt. Zweitens werden aufgrund mangelnder Nachfrage Verkaufsflächen bestehender Betriebe verkleinert. Drittens werden, wenn weniger Waren stationär abgesetzt werden, auch weniger Lagerflächen benötigt (Stepper 2016). Allerdings ist die steigende Relevanz des Onlinehandels nicht proportional an der Verkaufsflächenentwicklung abzulesen: Die Verkaufsfläche des deutschen Einzelhandels hat sich von ca. 63 Mio. m^2 im Jahr 1980 auf ca. 122 Mio. m^2 im Jahr 2010 fast verdoppelt, in den 2010er Jahren setzte ein deutlich verlangsamtes Wachstum bzw. eine Stagnation ein. Mit einer Ausnahme (2012: *Schlecker*-Insolvenz) war die Verkaufsfläche des deutschen Einzelhandels gegenüber dem jeweiligen Vorjahr gestiegen oder zumindest stagnierte sie; im Jahr 2021 wurde erstmals ein Rückgang von 125,0 Mio. auf 124,8 Mio. m^2 verzeichnet, der sich 2022 auf 124,5 Mio. m^2 fortsetzte (HDE 2023c; siehe auch Abb. 4.1). Diese Entwicklung ist sicherlich (auch) der enorm gestiegenen Relevanz des Onlinehandels während der Corona-Pandemie geschuldet (siehe Abschn. 4.4). Insgesamt zeigt sich jedenfalls, dass die Flächenentwicklung der Marktanteilsverschiebung nachläuft.

Weiterhin zeigen Studien zu verschiedenen Ländern, dass der Einfluss des Onlinehandels als Wettbewerbstreiber die Einzelhandelsstandorte nicht paritätisch trifft, sondern sich Typen von Angebotsstandorten mit sehr unterschiedlichen Graden an *Vulnerabilität* bzw. *Resilienz* gegenüber der Online-Konkurrenz herauskristallisieren. Es ist darauf hinzuweisen, dass hierbei keinesfalls eine Stadt-Land-Dichotomie herausgearbeitet wird, sondern sich die Standorte im Hinblick auf bestimmte Marktgegebenheiten in einer Weise unterscheiden, die sie besser oder

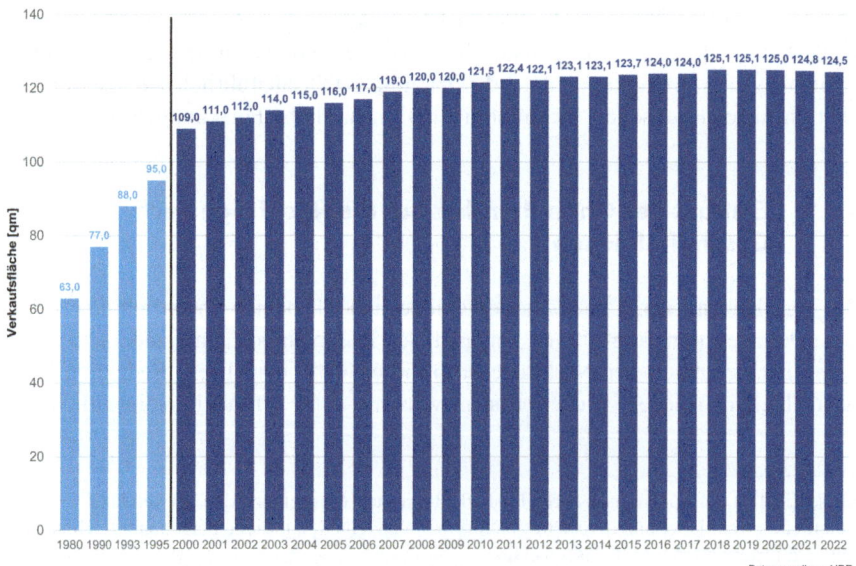

Abb. 4.1 Verkaufsfläche des deutschen Einzelhandels 1980–2022. *HDE* Handelsverband Deutschland. (Quelle: eigene Darstellung nach HDE 2023)

schlechter auf den Wettbewerbsdruck durch den Onlinehandel reagieren lassen (zu den Einflüssen auf den städtischen Raum siehe Abschn. 5.1, zum ländlichen Raum siehe Abschn. 5.2). Singleton et al. (2016) entwerfen für englische Angebotsstandorte einen Indikator für die Widerstandsfähigkeit von Zentren gegenüber dem Onlinehandel („e-resilience"); sie berücksichtigen hierbei sowohl klassische angebots- und nachfrageseitige Standortfaktoren (z. B. Angebotsmix, soziodemographische Eigenschaften im Marktgebiet) als auch die Online-Affinität der lokalen Bevölkerung, klassifizieren die von ihnen untersuchten Standorte mithilfe von Clusteranalysen in elf Standorttypen und bilden schlussendlich einen Indexwert in Relation zum nationalen Durchschnitt. Sie arbeiten dabei heraus, dass insbesondere große, attraktive Zentren sowie Nahversorgungsstandorte die größte „e-Resilienz" aufweisen, während mittelgroße Zentren ohne ausgeprägte Spezialisierung am stärksten gefährdet sind. Einen anderen Ansatz wählt Stepper (2016), die vorzugsweise in Innenstädten vertriebenen Produktgruppen des Einzelhandels nach deren Internetaffinität klassifiziert; sie bezieht sich hierbei auf das Konsumentenverhalten, insbesondere den Informationsbedarf beim Kauf (einfach vs. komplex) und die Beziehung der Kunden zum Produkt (rational vs. emotional). Als besonders onlineaffin klassifiziert sie vor diesem Hintergrund u. a. Elektronikartikel, Haushaltswaren, Bürobedarf und Drogerieprodukte. Je nach Angebotsmix skizziert sie Gewinner- und Verlierer-Standorttypen: In Großstädten, insbesondere solchen mit touristischer Relevanz, erwartet sie weiterhin eine hohe Nachfrage nach Geschäftsflächen und eine weitere Erhöhung der Geschäftsflächenmieten, allem voran in den hochfrequentierten A-Lagen. Zu den Verlierern im Wettbewerb mit dem Onlinehandel zählt sie vor allem die Innenstadtbereiche von Städten mit schlechten Ausgangsbedingungen, in denen zunehmende Leerstände erwartet werden.

Jones und Livingstone (2015) skizzieren die Strategie von drei großen britischen Handelsunternehmen *(Tesco, Debenhams, Next)* in Bezug auf deren Nachfrage nach Gewerbeimmobilien bzw. den Umgang mit ihren Bestandsstandorten vor dem Hintergrund wachsender Onlineanteile. Sie zeigen dabei auf, dass diese Unternehmen vorrangig Multi- bzw. Cross-Channel-Strategien (v. a. *Click and Collect*) etablieren, ihr Verkaufsstellennetz dabei nicht zurückbauen, sondern sogar weiter ausbauen wollen; es werden jedoch, wie am Beispiel von *Debenhams* aufgezeigt wird, deutlich kleinere Flächen gesucht. Ein pauschaler Rückgang der Nachfrage nach Verkaufsflächen kann für diesen Zeitpunkt bei den untersuchten Top-20-Handelsunternehmen also nicht festgestellt werden, wobei sich diese Erkenntnis keinesfalls auf inhabergeführten mittelständischen Einzelhandel übertragen lässt. Außerdem ist die diesbezügliche Entwicklung sehr kurzfristig und die besagte Untersuchung aus der Mitte der 2010er Jahre; ob aktuellere Studien mit diesem Fokus ein ähnliches Ergebnis zeigen würden (wenn es sie geben würde), ist zumindest fraglich.

Ein konkretes Anwendungsbeispiel zur Operationalisierung abnehmender Nachfrage nach Flächen im Kontext des Onlinehandels liefert das *E-Impact*-Tool der Beratungsunternehmen *BBE* und *Elaboratum*. Hierbei wird für einen spezifischen Standort (z. B. Innenstadtzentrum einer Mittelstadt) der zukünftige Flächenbedarf branchenspezifisch abgeschätzt. Zunächst erfolgt eine Erfassung des Angebots, dann wird für jede Branche der Umsatzrückgang des stationären

Handels anhand der Marktanteilsentwicklung des Onlinehandels abgeschätzt. In die Beurteilung werden typische Standortfaktoren hinsichtlich des Makro-, Mikro- und Objektstandortes einbezogen, z. B. die zu erwartende Bevölkerungsentwicklung im Marktgebiet, die touristische Nachfrage oder die Passantenfrequenzen. Die Pilotstudie zur Anwendung dieses Rechenmodells ermittelte für die Regensburger Innenstadt, ausgehend von ca. 72.000 m^2, eine Minderung des Bedarfs an Handelsflächen von 2520 m^2 bis 2025 (Wotruba 2016a, b).

Darüber hinaus stellt sich die Frage, welche Immobiliennutzungen den Einzelhandel perspektivisch ersetzen und wie sich institutionelle Immobilieninvestoren im Hinblick auf ihre Anlagestrategien positionieren, wenn Handelsimmobilien nur noch verminderte Relevanz besitzen. Mensing (2019) sieht durch den Onlinehandel einen tiefgreifenden Transformationsprozess gewachsener Zentren, wobei – wie in nahezu allen anderen Studien – erwartet wird, dass für viele vorher mit Einzelhandel besetzten Immobilien keine solche Nachfolgenutzung gefunden werden kann. Abgesehen von Trading-down-Prozessen, die seit Jahrzehnten durch den Strukturwandel im Einzelhandel auftreten und in hohen Leerstandsquoten resultieren können, sieht er aber auch Perspektiven für mögliche Nachnutzungen von Einzelhandelsimmobilien, z. B. Einrichtungen der sozialen Infrastruktur, Coworking Spaces oder kulturelle Einrichtungen.

4.1.2 Entwicklungen der Investitionstätigkeit von Immobilienunternehmen

Die o. g. Arbeiten schließen indirekt auf die immobilienwirtschaftlichen Auswirkungen des Onlinehandels, da sie sich mit der Veränderung des Nutzungsmixes von Einzelhandelsstandorten oder den Strategien von Handelsunternehmen befassen. Die Auswirkungen des Onlinehandels auf den Immobilienmarkt lassen sich jedoch auch aus der Perspektive *institutioneller Immobilieninvestoren* betrachten. Diese sind, in Abgrenzung zu Privatpersonen, Organisationen, die von Dritten überlassenes Kapital verwalten und anlegen, wobei sie entweder ausschließlich oder zumindest überwiegend Immobilien fokussieren; hierzu gehören u. a. Immobilienfonds und Immobilien-Aktiengesellschaften, aber auch Versicherungsunternehmen, Pensionskassen und berufsständische Versorgungswerke. Sie prägen den Immobilienmarkt dadurch, dass sie in den Bau von neuen oder den Kauf von bestehenden Immobilien investieren und diese dann an verschiedene Nachfragegruppen (z. B. Handelsunternehmen) vermieten (Blüml 2014; Dziomba 2020). Üblicherweise werden Immobilien grob in Wohn- und Gewerbeimmobilien unterteilt, wobei letztere i. d. R. noch in Büro-, Einzelhandels-, Unternehmens-, Industrie- und Sonderimmobilien aufgespalten werden. Industrieimmobilien umfassen hierbei vorrangig Produktionshallen, während Unternehmensimmobilien z. B. Gewerbeparks und Logistikimmobilien umfassen (Blüml 2014).

Bei der Betrachtung des Transaktionsvolumens des deutschen Immobilienmarktes – also die Summe der Investitionen durch Neubau, Verkäufe etc. – und dessen Zusammensetzung zeigen sich seit Beginn der Etablierung des Onlinehandels

Veränderungen in der Investitionstätigkeit im Immobiliensektor, die auf eine damit verbundene, veränderte Marktsituation hinweisen. Unter den gewerblichen Immobilien hatten Einzelhandelsflächen (z. B. Fachmärkte, Einkaufszentren) für Investoren traditionell einen vergleichbaren Stellenwert wie Büroimmobilien. Industrieimmobilien galten hingegen für lange Zeit als „Nischenmarkt", aber zumindest ein Subtyp hiervon – nämlich Logistikimmobilien – ist seit den 2010er Jahren zu einem begehrten Anlageobjekt institutioneller Immobilieninvestoren geworden. Diese Entwicklung lässt sich – neben einer allgemeinen Tendenz zu verstärkten Immobilieninvestitionen aufgrund der Null-Zins-Politik der Zentralbanken im Zuge der Finanzkrise ab 2008 – vor allem mit der steigenden Relevanz des Onlinehandels erklären, der Logistikflächen (z. B. Distributionszentren) benötigt (Mofid und Pink 2023). Bei der Betrachtung des Transaktionsvolumens gewerblicher Immobilien in Deutschland von 2006 bis 2022 zeigt sich, dass der auf Einzelhandelsimmobilien entfallende Anteil über die Zeit deutlich gesunken ist (von 39,9 auf 17,3 %), während sich der Anteil von Logistikimmobilien im selben Zeitraum von 5,8 auf 18,7 % mehr als verdreifacht hat (BNP Paribas Real Estate 2023; siehe Abb. 4.2). Das Transaktionsvolumen von Einzelhandelsimmobilien in Deutschland sinkt, ungeachtet saisonaler Trends, auch absolut (siehe Abb. 4.3).

Mehrere Studien versuchen, den Einfluss des Onlinehandels auf die Investitionstätigkeit in Handelsimmobilien direkt nachzuweisen: Zhang et al. (2016)

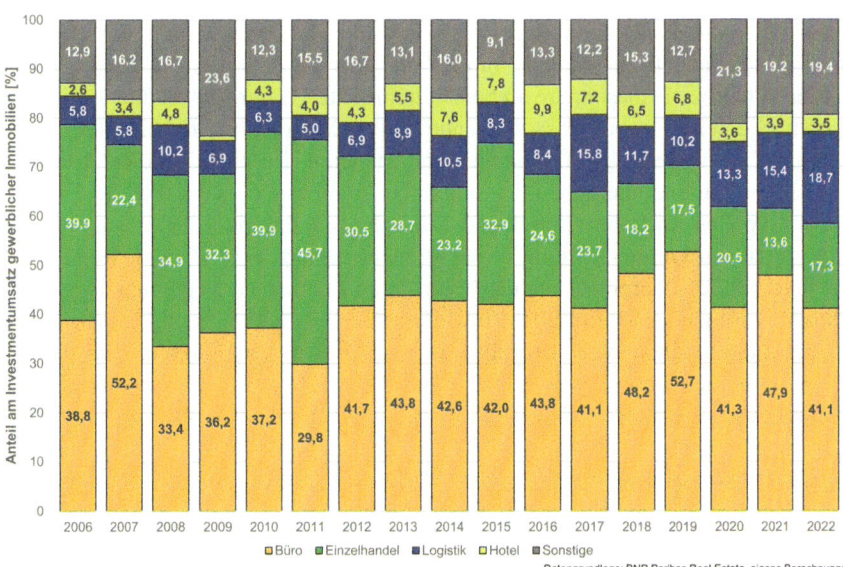

Abb. 4.2 Transaktionsvolumen gewerblicher Immobilien in Deutschland nach Objekttyp in %, 2006–2022. (Quelle: eigene Darstellung nach BNP Paribas Real Estate 2023, eigene Berechnungen)

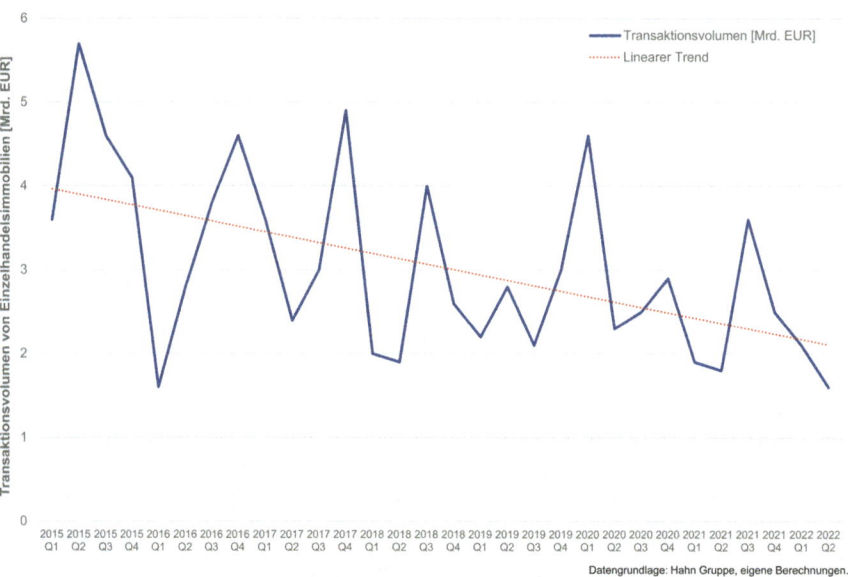

Abb. 4.3 Transaktionsvolumen von Einzelhandelsimmobilien in Deutschland nach Quartalen 2015–2022. (Quelle: eigene Darstellung nach Hahn Gruppe 2022, eigene Berechnungen)

untersuchen die Zusammenhänge zwischen der Marktentwicklung im chinesischen Onlinehandel und der im Immobilienmarkt im Zeitraum bis 2013; sie fokussieren hierbei insbesondere Lebensmittelmärkte, Warenhäuser und Einkaufszentren. Sie zeigen dabei, dass steigende Online-Marktanteile mit nachlassenden Verkäufen von Gewerbeimmobilien (und höheren Leerstandsquoten bei Bestandsimmobilien) einhergehen. Diese Effekte sind besonders deutlich bei Warenhäusern, spielen im Lebensmittelhandel allerdings kaum eine Rolle, was mit der relativ geringen Online-Affinität dieser Branche erklärt werden kann. Kaiser und Freybote (2022) überprüfen anhand von Quartalsdaten zu geplanten Einkaufszentren zwischen 2000 und 2018, inwiefern die Entwicklung der Online-Marktanteile die Renditen von Einzelhandelsimmobilien beeinflussen. Sie finden einen Zusammenhang zwischen steigenden Onlineanteilen und darauffolgenden Gesamttrenditen im nächsten Quartal, wobei sich dieser Effekt zwischen den verschiedenen Typen von Einkaufszentren unterscheidet, und zwar in Abhängigkeit von der Mieterstruktur der Zentren und von der Online-Affinität der dort angebotenen Sortimente. Sie interpretieren ihre Analyseergebnisse dahingehend, dass Immobilieninvestoren die Online-Konkurrenz als Investitionsrisiko beurteilen bzw. in ihre Anlagestrategien einpreisen. Dies zeigt sich auch daran, dass bereits in den frühen 2010er Jahren im privatwirtschaftlichen Kontext Prognosemodelle für die Beeinträchtigung von Anlageobjekten (hier: Shopping-Center) durch den Onlinehandel entwickelt wurden; hierzu zählt u. a. das *e-RISC*-Tool (e-commerce Rental Impact Simulator and Calculator) von CBRE Global Investors (Braam-

Mesken und van Ossel 2014), mit dem anhand von Standorteigenschaften und branchenspezifischen Online-Marktanteilsprognosen Auswirkungen auf die bestehenden Zentren abgeschätzt werden sollten.

4.2 Zwischen Flächenfraß und Nachhaltigkeit – Logistik und Verkehr

Cordula Neiberger und Thomas Wieland

Der Onlinehandel wird in erster Linie durch seine Onlineshops repräsentiert und wahrgenommen; gleichzeitig stellen die Kunden jedoch hohe Anforderungen an die Auslieferung ihrer bestellten Ware. So wird eine günstige, schnelle, fehlerfreie, pünktliche und transparente Lieferung erwartet, die letztlich auch über die (Wieder-)Wahl des Onlineshops mitentscheidet. Damit stellt die Logistik neben der Qualität und Funktionsfähigkeit des Onlineshops einen wichtigen Wettbewerbsfaktor für Onlinehandelsunternehmen dar.

4.2.1 Prinzip der Onlinehandels-Logistik

Die Veränderungen in Warenpräsentation und -absatz durch den Onlinehandel verlangen auch eine neu strukturierte Logistik. Durch die notwendige Auslieferung an die Adresse der Kunden muss eine Distributionslogistik erfolgen, die für den stationären Handel keine Rolle spielte und Auswirkungen auf die vorgelagerten Logistikstufen hat. So bestand der Endpunkt der (stationären) Handelslogistik im Ladengeschäft, das in aller Regel regelmäßig aus einem Warenlager der Handelsunternehmen (evtl. über Umschlagpunkte) beliefert wurde. Dieses wiederum wurde durch die Herstellerunternehmen direkt bestückt (Tripp 2021).

Durch den Onlinehandel hat sich erstens die Anzahl der Lieferpunkte (jetzt Haushalte) erhöht, zweitens deren räumliche Verteilung flexibilisiert. Dadurch sind Zahl und Standorte der Lieferpunkte drittens nicht vorhersagbar und ändern sich zudem täglich. Logistische Leistungen sind unter diesen Bedingungen durchaus komplex und in der Regel nicht durch die Unternehmen des Onlinehandels selbst vollständig zu leisten.

Abb. 4.4 stellt den Ablauf einer logistischen Sendung des Onlinehandels dar. Letztlich setzt sich dieser aus Lager- bzw. Umschlagstandorten und den zwischengeschalteten Transporten zusammen. Typische Warenlager des E-Commerce sind Fulfillmentcenter (Distributionscenter), sehr große Warenlager, in denen neben der Lagerhaltung die Bestellabwicklung sowie die Kommissionierung und Verpackung der Waren ausgeführt werden. Moderne Fulfillmentcenter nutzen fortschrittliche Technologien für Lagerverwaltungssysteme (Warehouse Management Systems, WMS), automatisierte Kommissionierungsprozesse und Datenanalyse, um Effizienz und Genauigkeit bei der Auftragsabwicklung zu maximieren.

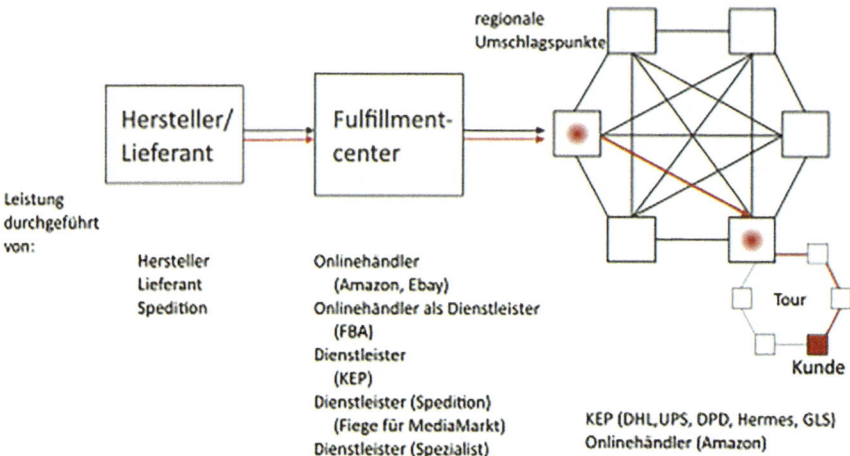

Abb. 4.4 Grundmuster Onlinesendung. *FBA* Fulfillment by Amazon, *KEP* Kurier-Express-Paket. (Eigene Darstellung)

In der Regel werden die Waren zur Auslieferung an Kurier-Express-Paket-Dienste (KEP-Dienste) übergeben. Auch diese erfuhren durch den Anstieg des Paketvolumens und den Erwartungen der Kunden an eine zuverlässige und planbare Auslieferung steigende Anforderungen an ihre Leistungsfähigkeit, was zum vermehrten Einsatz von technologischen Innovationen wie Automatisierung, Einsatz von Robotern, der Optimierung von Routen und Liefernetzwerken und der Verwendung künstlicher Intelligenz führte. Immer zeitsensiblere Auslieferungsanforderungen wie Next-Day- und Same-Day-Lieferungen erfordern ein hohes Maß an Innovations- und Finanzkraft.

Die Dienstleistungsunternehmen stehen gleichzeitig unter hohem Wettbewerbsdruck und müssen versuchen, möglichst wirtschaftlich effizient zu arbeiten. Ihre Distributionsstruktur ist in der Regel dezentral organisiert, sie besteht aus regionalen Umschlagpunkten, in denen die regional aufkommenden Sendungen sortiert und gebündelt an die miteinander durch Hauptläufe verbundenen Umschlagpunkte geliefert, kommissioniert und an die Endkunden verteilt werden. Die Anzahl der Umschlagpunkte kann stark variieren (Tripp 2021).

Größter Kostentreiber in der Logistik der KEP-Dienste ist die sog. Letzte Meile. Während der Vorlauf (Transport zwischen Fulfillmentcenter und (nächst gelegenem) regionalem Umschlagpunkt) etwa 10–15 % der Kosten verursacht und der Hauptlauf (Transport zwischen regionalen Umschlagpunkten) etwa 25–35 %, entfallen auf den Nachlauf, also die direkte Anlieferung bei den Kunden 50–65 % (Heinemann 2022). Dies ist auf die geringe Größe der Lieferfahrzeuge und die hohe Zahl an Anlieferungsstellen zurückzuführen. Aber auch die hohe Anzahl erfolgloser Zustellversuche wegen Abwesenheit der Adressaten, die geringe Anzahl der Sendungen, die pro Stopp abgegeben werden können (Drop-Faktor), der Stopp-Faktor (Menge der Stopps auf einer Lieferroute), das Ausmaß der

Auslastung eines Transporters, die Stoppzeit (umfasst das Aufsuchen der Hausnummer, Klingeln, Treppensteigen, Warten, Kommunikation mit dem (Ersatz-) Sendungsempfänger, Paketübergabe, Quittierung, Rückkehr zum Fahrzeug), die Verpackungsart und der Personalbedarf spielen eine Rolle (Arnold et al. 2008).

Unternehmen der KEP-Branche versuchen entsprechend, hier Optimierungspotenziale zu heben. Das größte ist sicherlich die Umstellung vom Bringsystem (der Lieferung zur Haustür) hin zu anderen Zustellarten (Treffprinzip, Holprinzip). Das Treffprinzip meint dabei die Auslieferung an einen Ort, an dem die Sendungsempfänger ihre Pakete zu einem späteren Zeitpunkt abholen können; Zusteller und Sendungsempfänger „treffen" sich quasi auf halbem Weg. Insbesondere Packstationen haben sich in den letzten Jahren etabliert, sodass sie mittlerweile im Stadtbild allgegenwärtig erscheinen (z. B. DHL, Amazon). Hiermit werden gleich mehrere Kostenfaktoren reduziert: Abwesenheit, Dropp-Faktor, Stopp-Faktor, Auslastung der Transporter und die Stoppzeit, weshalb diese Zustellart von immer mehr Dienstleistern präferiert wird und auch aus Nachhaltigkeitsgesichtspunkten positiv eingeschätzt werden kann (Heinemann 2022).

Zum Treffprinzip gehören ebenso Paketshops und Postämter, in denen die Pakete hinterlegt werden. Mittlerweile befinden sie sich häufig in Tankstellen, Kiosken oder anderen Geschäften mit zeitlicher Zugänglichkeit (DHL, Hermes). Aber auch alternative Abstellorte auf dem Grundstück der Empfänger sind möglich und verbreitet. Noch in der Versuchsphase befindet sich die Zustellvariante der Kofferraumzustellung („In-Car-Delivery"), für die das Kundeninteresse bisher allerdings (noch) nicht sehr hoch ist (Zurel 2020; Verbraucherzentrale Bundesverband 2019). Immer wieder wird auch die Idee des „White-Label-Paketshops" oder „White-Label-Packstationen" diskutiert, also Paketstationen und Shops, die von allen Paketdiensten bestückt werden. Dies wird allerdings aus Wettbewerbsgründen von denjenigen abgelehnt, die schon hohe Investitionen in eigene Systeme getätigt haben; auch wird der Verlust der Identität und des Markenkerns seitens der KEP-Dienste befürchtet (Tripp 2021).

Wenig Einfluss haben die Unternehmen der KEP-Branche auf die Einführung des Holprinzips. Hierbei handelt es sich um die Abholung der online bestellten Waren in einer Filiale (aus deren Bestand, Click and Collect) oder die Abholung in einer Wunschfiliale nach Lieferung der Waren aus dem Warenlager des Handelsunternehmens in diese („Ship-to-Store") durch die Kunden selbst. Möglich ist auch die Abholung direkt in einem Lagerhaus („Drive-to-Warehouse") oder an „Drive-in-Points", wie sie im Lebensmittelhandel zu finden sind (Heinemann 2022). Insbesondere „Click and Collect" und „Ship-to-Store" werden von stationären Handelsunternehmen, die auch online verkaufen, als Mittel angesehen, Kunden trotz ihres Onlinekaufs auch in die stationären Läden zu bringen und entsprechende Mitnahmeeffekte zu generieren.

Ältere Studien zeigten, dass diese Möglichkeit von den Kunden jedoch eher nicht angenommen wurde (kaufDA 2017; Neiberger und Battermann 2018). Studien nach Corona dagegen verweisen auf eine zunehmende Beliebtheit zumindest im Lebensmittelhandel. Auch wird erwartet, dass durch den zunehmenden

M-Commerce (Einkauf über Smartphone) und eine mögliche Abnahme kostenloser Zustellung die Möglichkeit der Selbstabholung auch im Non-Food-Bereich stärker genutzt werden wird (Heinemann 2022; Rose et al. 2024; Vyt et al. 2022).

Wesentlich komplexer stellt sich die Warenlieferung für Multi-Channel-Anbieter dar, also Unternehmen, die sowohl im stationären als auch im Onlinehandel tätig sind. Hier gilt es zu entscheiden, inwieweit die Online- und Offlinedistribution integriert wird oder ob diese separat geführt werden, was weitreichende Entscheidungen zu Lagerstruktur und Belieferungsformen mit sich bringt (vgl. Tripp 2021).

4.2.2 Akteure im Markt

Die Logistik ist ein kritischer Faktor für den Erfolg von Unternehmen des Onlinehandels da sie direkt Kundzufriedenheit, Kostenstruktur, Wettbewerbsfähigkeit und die Fähigkeit zur Skalierung der Geschäftstätigkeit wie auch die Expansion ins Ausland beeinflusst. Eine Investition in effiziente und flexible Logistiklösungen kann daher langfristig erhebliche Vorteile bringen. Für Onlinehandelsunternehmen stellt sich dabei auch immer die Frage, welche Teile der Logistik sie selbst verantworten und welche sie lieber an Dienstleistungsunternehmen auslagern.

So werden Fulfillmentcenter von den großen Unternehmen des Onlinehandels in der Regel selbst unterhalten (Amazon, Zalando, Alternate), einige auch von Herstellerunternehmen, wenn sie direkt an Endkunden ausliefern. Viele Unternehmen haben diese Dienstleistung aber auch an entsprechende Logistikunternehmen (Third-Party Logistics, 3PL) ausgelagert. Daneben operieren Fulfillment-Dienstleister, die auf bestimmte Branchen (z. B. Elektronik, Bekleidung, Lebensmittel) oder Lösungen (internationaler Versand, klimaneutraler Versand, Abwicklung von Retouren etc.) spezialisiert sind (z. B. Salesupply). Insgesamt handelt es sich um eine hochtechnologische Branche, die auf innovative Technologien wie Roboter, Künstliche Intelligenz und maschinelles Lernen setzt, um den ständig steigenden Anforderungen der Kunden an Effizienz und Genauigkeit der Auftragsabwicklung zu genügen.

Für kleinere und mittelgroße Onlinehandelsunternehmen ist die Logistik eine große Herausforderung, da diese zu einem großen Teil zur Kunden(un)zufriedenheit beiträgt. Lagerverwaltung, Lieferung und Retourenmanagement effizient zu gestalten und skalierbar zu halten, stellen Leistungen dar, die häufig nicht im Unternehmen gewährleistet werden können. Deshalb greifen diese Unternehmen direkt auf Dienstleister oder auf die Fulfillment-Möglichkeiten der großen Plattformen (wie Amazon, eBay) zurück.

Letztere bieten denjenigen Versandhandelsunternehmen Fulfillment-Dienstleistungen an, die auch über ihre Plattform verkaufen. Ein bekanntes Beispiel ist „Fulfillment by Amazon" (FBA), bei dem Amazon die Lagerhaltung im eigenen Logistikzentrum, den gesamten Versandprozess (einschließlich Versand ins Ausland und Auswahl der KEP-Spedition) und den Kundenservice (Bearbeitung von Kundenanfragen, Rücksendungen und Erstattungen) durchführt. Dieser Service kann auch für Produkte in Anspruch genommen werden, die auf anderen Plattformen verkauft werden (Amazon 2024).

Während es eine Vielzahl von Unternehmen gibt, die Fulfillment-Dienstleistungen für Onlinehandelsunternehmen anbieten, die von großen, international tätigen Unternehmen bis hin zu kleineren, spezialisierten Anbietern reichen, ist der Markt der Paketdienste für Business-to-Consumer-(B2C-)Transporte in Deutschland oligopolistisch strukturiert. Tab. 4.1 listet die 10 größten KEP-Speditionen nach Umsatz und Leistungsangebot auf. Deutlich wird, dass lediglich fünf der Unternehmen im B2C-Geschäft tätig sind, während alle anderen nur im Business-to-Business-(B2B-)Segment arbeiten. Und selbst die Unternehmen DPD, UPS und GLS waren ursprünglich ausschließlich im B2B-Geschäft tätig und generieren auch heute noch den größeren Teil ihres Umsatzes in diesem (Tripp 2021).

Die „Platzhirsche" im B2C-Geschäft sind somit die Deutsche Post DHL und das Unternehmen Hermes Europe GmbH mit dem Eigentümer Otto GmbH & Co. KG (75 %), einer der stärksten Onlinehändler in Deutschland. Die Zurückhaltung

Tab. 4.1 Die umsatzstärksten KEP-Dienstleister. *B2B* Business-to-Business, *B2C* Business-to-Consumer

Rang	Unternehmen	Umsatz 2022	Subsegment	Hauptkundensegment
1	Deutsche Post DHL (Group)	7600	Paket, Express	B2B, B2C, C2C
2	United Parcel Service Deutschland Inc.&Co.OHG (UPS)	2070	Paket, Express	B2B, B2C
3	DPD Deutschland GmbH	1940	Paket, Express	B2B, B2C
4	Hermes Europe GmbH	1700	Paket, Zwei-Mann-Logistik	B2C
5	General Logistics Germany GmbH&Co. OHG (GLS)	1010	Paket	B2B, B2C
6	FedEX Express International B.V. (NL) (FedEX)	750	Express	B2B
7	Trans-o-flex Express GmbH	495	Express, Spezial (Pharma)	B2B
8	GO!	257	Express	B2B
9	Innight Express Germany GmbH NOx NachtExpress	193	Nacht-Express	B2B
10	Profex Couriersystem GmbH (Kooperation)	140	Kurier, LTL spec	B2B

Quelle: eigene Darstellung, Daten: Fraunhofer IIS und eigene Recherche der B2B-Spezialisten, in den B2C-Markt einzusteigen, liegt an der Komplexität der Dienstleistung. B2C-Lieferungen sind kostenintensiver und schwerer planbar, während B2B-Sendungen in der Regel an feste Geschäftsadressen und in größeren Mengen erfolgen, wodurch sie besser zu bündeln, die Routen besser optimierbar und damit die Kosten pro Einheit niedriger sind. Häufig erfolgen sie auch nach einem regelmäßigen Zeitplan, die Abwesenheitsrate ist sehr gering und auch die Anforderungen an die Liefergeschwindigkeit sind niedriger. Auch gibt es weniger Retouren.

Durch die starke Zunahme des Onlinehandels erlangte die B2C-Paketabwicklung in den letzten Jahren jedoch eine immer größere Bedeutung, die Wachstumspotenziale liegen eindeutig in diesem Bereich. Ein Einstieg in dieses Geschäft erfordert jedoch hohe Investitionen, weil sich die Komplexität erhöht und hohe Investitionen in Sortier- und Fördertechnik in den Umschlagzentren sowie in Auftragsverfolgungssysteme (Track-and-Trace-Systeme) erforderlich werden. Zudem herrscht auf diesem Markt ein starker Preiskampf, dem nur standhalten kann, wer in der Lage ist, den technischen Anforderungen gerecht zu werden. Entsprechend wird auch der Hermes-Anteilsverkauf der Otto Group (25 % an Hermes Germany, 75 % an Hermes UK) an den Finanzinvestor Advent als Beschaffung von Geld für notwendige Investitionen gelesen (Gulc 2020; Tripp 2021).

Ein relativ neuer Player auf dem Markt der Paketdienstleistungen ist Amazon Logistics. Amazon hat in den letzten Jahren massiv in den europäischen Markt investiert, um den wachsenden Onlineumsatz zu bewältigen und sich dabei unabhängig von den KEP-Diensten zu machen. Das Unternehmen verfügt in Europa über mehr als 40 bestandsführende Logistikzentren (Fulfillmentcenter), aber auch über eine Vielzahl von Sortier- und Verteilzentren, von denen die Auslieferungen direkt an die Kunden gehen. Die Auslieferung erfolgt durch Transportunternehmen, die auch für andere Auftraggeberarbeiten, und sog. Delivery Service Partners, selbstständige Unternehmen mit etwa 20–40 Zustellfahrzeugen, deren Selbstständigkeit von Amazon über ein entsprechendes Programm und vergünstigte Einkaufspreise für Fahrzeuge u. Ä. unterstützt wurde (Amazon Logistics). Amazon wickelt jedoch nicht das gesamte Frachtaufkommen über das eigene System ab, sondern arbeitet nach wie vor mit anderen KEP-Dienstleistern zusammen. Der Umsatz des Unternehmens ist nicht bekannt, es wird aber geschätzt, dass sich dieser sehr weit vorne in der Umsatztabelle einordnen wird oder gar DHL überholen kann (Heinemann 2021).

4.2.3 Lagerstandorte des Onlinehandels und deren Effekte

Logistikimmobilien unterliegen seit einigen Jahren in Europa einer wachsenden Nachfrage (Deeken 2023). Hierfür ist auch der Onlinehandel verantwortlich, da immer mehr Fulfillmentflächen und Flächen für Verteilzentren benötigt werden. Zuletzt wurde diese Entwicklung noch einmal durch die COVID-19-Pandemie intensiviert. Gleichzeitig muss verstärkt auf energieeffiziente Logistikimmobilien geachtet werden, die mit neuester Technologie ausgestattet sind, um eine effizientere

Automatisierung bei gleichzeitig höherer Nachhaltigkeit zu gewährleisten. Dies treibt die Nachfrage nach Neubauten an. Entsprechend stieg das Fertigstellungsvolumen der Neubaulogistikfläche in Deutschland von 4,6 Mio m^2 im Jahr 2017 auf 6,6 Mio. m^2 im Jahr 2023 (Bulwiengesa 2022).

Im Fokus der Nachfrage standen vor allem Metropolregionen und deren Umland, zurückzuführen auf die Nähe zum Absatzmarkt, gute Infrastrukturanbindung und Arbeitskräfteverfügbarkeit. Wichtige Logistikstandorte für den Onlinehandel sind aber auch Standorte mit Gateway-Funktion, wie die großen See- und Flughäfen, wo die Ware aus dem interkontinentalen Ausland ankommt (Hamburg, Bremen, Frankfurt a. M., Leipzig/Halle als Standort von DHL und Amazon Logistics). Hinzu kommen zentrale Hubs in der Mitte Deutschlands als Standorte für Fulfillmentcenter, insbesondere im Bereich Hessen und Thüringen mit Anbindung an die Autobahn, von wo aus ganz Deutschland schnell zu erreichen ist (Abb. 4.5 – Karte).

Zunehmend werden aber auch Flächen in europäischen Nachbarländern genutzt. Insbesondere Polen, Tschechien und Norditalien werden wegen der Standortfaktoren Infrastruktur, Lohnkostenniveau. Energiekosten, Flächenverfügbarkeit und Fahrzeitisochronen ausgewählt. So hat beispielsweise die Hermes-Fulfillment-Gruppe ein Fulfillmentcenter für die Abwicklung des Onlinehandels der Otto-Group in Polen errichtet, das die Kunden in Deutschland sowie in Teilen Osteuropas innerhalb eines Tages beliefern (Knüpffer 2022).

Durch die starke Konzentration auf einzelne Logistikregionen entstehen in diesen durchaus große externe Effekte positiver wie negativer Art. Positiv sind sicherlich die wirtschaftlichen Effekte zu bewerten, wie Steuereinnahmen und Beschäftigungseffekte. Die für die Kommunen bedeutsamen Steuereinnahmen beruhen auf Grund- und Gewerbesteuer sowie die Gemeindeanteile an Umsatz- und Einkommensteuer. Allerdings sind die Höhen dieser Einnahmen von der Größe der jeweiligen Ansiedlung, ihrer Einbindung in die Unternehmensstruktur, ihrer Rentabilität und ihrem Mitarbeiterbesatz abhängig, sodass hier keine pauschalen Aussagen getroffen werden können (Veres-Homme und Weber 2019).

Die Beschäftigungseffekte von Logistikstandorten hängen stark von der Funktion der Lager ab. So sind sie in Umschlagpunkten der KEP-Dienste mit 53 Beschäftigten pro Hektar Grundstücksfläche besonders hoch; auch die Fulfillmentcenter des Onlinehandels gelten als besonders beschäftigungsintensiv; beispielsweise sind im Zalando Logistikzentrum Erfurt 1000 Menschen beschäftigt (Veres-Homm und Weber 2019). Hinzu kommen die induzierten Effekte wie Arbeitskräfte der Dienstleistungsunternehmen für die Immobilien (Reinigungskräfte, IT-Dienstleistungen, Wach- und Sicherheitspersonal, Gebäudemanagement, Gastronomie etc.).

Allerdings treten bei Logistikansiedlungen auch negative Effekte insbesondere im Umweltbereich auf wie die hohe Flächenversiegelung, Energieverbrauch und das hohe Verkehrsaufkommen. Auch diese unterscheiden sich allerdings zwischen den logistischen Funktionen. So sind die Umschlagpunkte der KEP-Dienste mit durchschnittlich 1,9 ha benötigter Fläche eher klein; auch die benötigten Hallen haben lediglich eine Größe zwischen 5000–10.000 m^2 und nehmen damit nur etwa

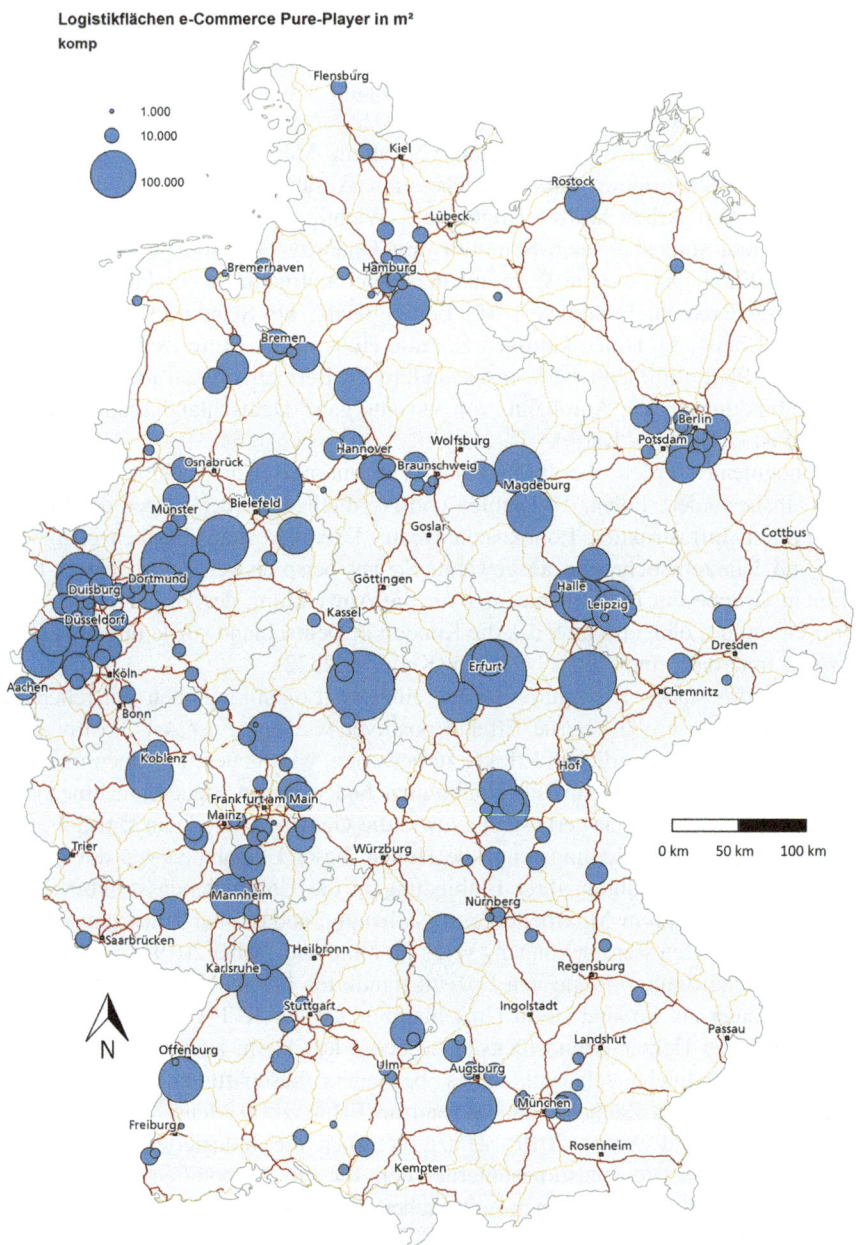

Abb. 4.5 Logistikstandorte des Onlinehandels in Deutschland. (Eigene Darstellung, Quelle: Fraunhofer 2022)

35 % der benötigten Grundstücksfläche ein, da hier wiederum Platz für die Andienung benötigt wird. Die Verkehrserzeugung ist jedoch durch die Umschlagfunktion sehr hoch und liegt bei etwa 70–80 Fahrzeugen pro ha Grundstücksfläche pro Tag. Die Fulfillmentcenter dagegen sind ungleich größer, sie erreichen häufig eine Fläche von mehr als 100.000 m^2 (Amazon Pforzheim, Koblenz, Oelde etc.; Zalando Erfurt, Lahr, Mönchengladbach, H&M). Entsprechend hoch können auch die verkehrlichen Wirkungen, insbesondere Lärm und Abgasemissionen für die Anwohner an diesen Standorten sein.

Verkehrliche Wirkungen des Onlinehandels werden aber auch in Bezug auf die Gesamtverkehrsleistung diskutiert. So ist auf der einen Seite ein Paketaufkommen zu verzeichnen, dass sich von 2009 bis heute in etwa verdoppelt hat und dessen Wachstum insbesondere vom Onlinehandel getragen wird. Abb. 4.6 zeigt die zunehmende Bedeutung des B2C-Paketaufkommens. Auf der anderen Seite ist der Personeneinkaufsverkehr und dessen mögliche Reduzierung aufgrund des Onlineeinkaufs zu betrachten. Diese mögliche Reduzierung wird durchaus kontrovers diskutiert. Die Positionen lassen sich in drei Hypothesen zusammenfassen: 1. Die Substitutionshypothese, die davon ausgeht, dass der Onlinehandel die Anzahl und Entfernung der Einkaufsfahrten verringern wird, weil diese durch den Onlinekauf ersetzt werden und vergebliche Fahrten auf der Suche nach einem Produkt unterbleiben. 2. Die Neutralitätshypothese geht davon aus, dass es keine verkehrlichen Wirkungen geben wird, weil viele Einkaufsfahrten mit anderen Aktivitäten verbunden werden (z. B. Inanspruchnahme von Dienstleistungen) oder auf dem Weg

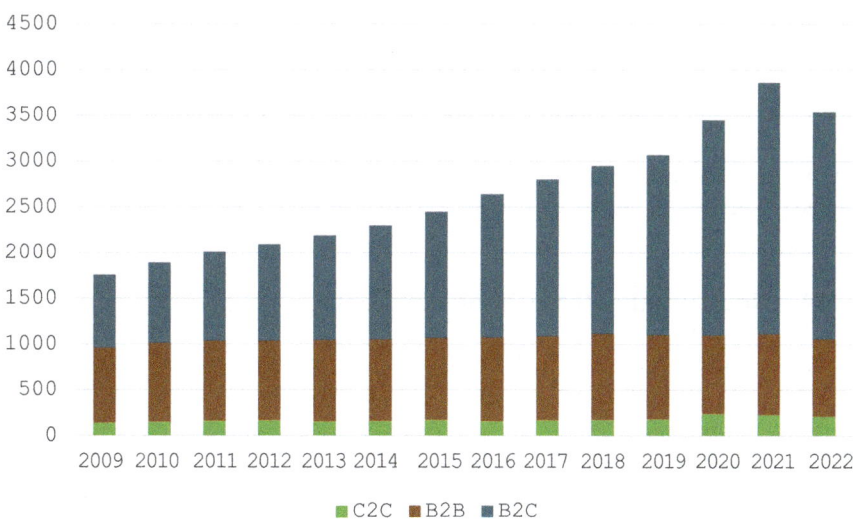

Abb. 4.6 Sendungsvolumen im deutschen KEP-Markt 2012–2022. *C2C* Consumer-to-Consumer, *B2B* Business-to-Business, *B2C* Business-to-Consumer. (Eigene Darstellung, Quelle: BIEK verschiedene Jahrgänge)

zu anderen Aktivitäten durchgeführt werden (z. B. auf dem Weg von der Arbeit). Auch kaufen Verbraucher häufig verschieden Produkte gleichzeitig ein, sodass der Onlinekauf einzelner Produkte keine Auswirkungen hat. Zudem wird dem Einkaufen im stationären Handel auch eine soziale Komponente zugeschrieben, die dazu führt, dass dieses nicht vollständig ersetzt wird. 3. Die Komplementaritätshypothese argumentiert, dass sogar mehr Einkaufsfahrten entstehen, weil nun Ladengeschäfte in größeren Entfernungen entdeckt und angefahren werden, zusätzlich Sendungen an Sammelpunkten oder gar im Lager der KEP-Dienste abgeholt werden müssen und eine hohe Zahl an Retouren entsteht (Lenz 2003; Weltevreden und Rotem-Mindale 2009; Rotem-Mindali und Weltevreden 2013).

Für all diese Hypothesen finden sich in der Literatur empirische Belege (Rotem-Mindali und Weltevreden 2013). Nach den Ergebnissen der Mobilität in Deutschland (MID) 2018 gehen Personen, die häufig Produkte im Internet erwerben, genauso oft stationär einkaufen wie Personen, die dies selten tun. Auch das Bundesinstitut für Bau-, Stadt- und Raumforschung (BBSR) konstatiert, dass kaum nachweisbare Einsparungen im Personenverkehr zu finden sind. Somit dürfte die Gesamtverkehrsleistung durch den wachsenden Onlinehandel eher ansteigen (BBSR 2018; Deutscher Bundestag 2021).

In der Gesamtrechnung schlägt die hohe Retourenquote im Onlinehandel besonders zu Buche. Sowohl die Alpha- (Rücksendewahrscheinlichkeit eines Pakets) als auch die Beta-Retourenquote (Rücksendewahrscheinlichkeit eines Artikels) sind in Deutschland besonders hoch. Erstere liegt im Fashion-Bereich bei über 55 %, letztere bei 46 %. Zurückzuführen ist dies auf die in Deutschland sehr beliebte Zahlart Rechnung, die eine späte Zahlung nur bei zu Hause ausgewählten Produkten zulässt, auf den langen Zeitraum, in dem Retouren möglich sind, und die Möglichkeit des Retournierens ohne Versandkosten. Hier entstehen erhebliche logistische Aufwände, insbesondere auch, weil die Retouren in eigenen Logistikzentren bearbeitet (ausgepackt, sortiert, aufgearbeitet etc.) werden müssen, die aufgrund der hohen Personalkosten häufig im europäischen Ausland angesiedelt sind (Polen, Tschechien) und damit auch einen erheblichen Verkehrsaufwand bedeuten (Asdecker und Karl 2022; bevh 2023).

4.2.4 Neue urbane Versorgungskonzepte

Im Zuge der Diskussion um eine Einsparung der Verkehrsemissionen in verdichteten Räumen und insbesondere Innenstädten steht immer auch die Zunahme des Lieferverkehrs im Mittelpunkt des Interesses. Neben Schadstoffemissionen erzeugt dieser Lärm und nimmt bei der Auslieferung häufig Flächen in Anspruch, die hierfür nicht vorgesehen sind, und behindert damit neben dem MIV (motorisierten Individualverkehr) häufig auch Fahrrad- und Fußverkehr. Zwar sind nur etwa 1–2 % aller Fahrzeuge für die Paketabwicklung unterwegs, trotzdem wird diesen angesichts des steigenden Onlinehandels große Bedeutung beigemessen (BIEK 2024; Tripp 2021).

Damit erleben die in den 1990er Jahren wenig erfolgreichen City-Logistik-Konzepte eine Neuauflage (Klaus 2005; Vahrenkamp 2013). Ziel ist die

Regulierung des Lieferverkehrs, in der Regel durch die Einrichtung von Waren-Umschlageinrichtungen zur gebündelten Belieferung der Innenstädte. Allerdings ist das aufgrund der erhöhten Kosten durch den zusätzlichen Umschlag schwierig wirtschaftlich zu betreiben. Auch stoßen die oft durch Kommunen angestrebten Kooperationen zwischen den KEP-Dienstleistern in den Konsolidierungszentren (heute oft auch White-Label-Hubs bezeichnet) nicht auf großes Interesse der KEP-Dienste selbst, da sie auch ohne Kooperation hohe Auslastungen pro Fahrt erzielen können, mit unterschiedlichen technischen Systemen arbeiten und bei den Kunden unter eigenem Label auftreten möchten (Allen et al. 2007; BIEK 2017).

Neu ist der Fokus auf umweltfreundliche Verkehrsmittel wie Lastenräder. Diese können aufgrund ihrer geringen Transportkapazität und Reichweite nur eingesetzt werden, wenn vorher die Ware näher an die Kunden transportiert wurde. Es erfolgt also ein weiterer Umschlag in sog. Mikro-Depots. Dabei handelt es sich nicht um Logistikgebäude, sondern temporäre Flächen im öffentlichen Raum (genehmigungspflichtige Sondernutzung). Beliefert werden diese Standorte von einem Verteilzentrum mittels Lkw, der einen Standardcontainer absetzt. Aus diesem erfolgt dann die Verteilung im kleinen Umkreis. Besonders geeignet ist dieses Konzept für innerstädtische Lagen, da hier ein hohes Sendungsaufkommens an Privatkunden und Unternehmen besteht (BIEK 2017; Thaller et al. 2017). Problematisch ist der häufig temporäre Status der genutzten Flächen, weshalb von den Dienstleistungsunternehmen feste, permanente Standorte gesucht werden. Im Fokus stehen dabei Bestandsobjekte, in denen kleinere Räumlichkeiten angemietet werden sollen. Die Standortanforderungen beziehen sich insbesondere auf die Anlieferungsmöglichkeit per Lkw, weshalb beispielsweise auch Anlieferzonen von aufgegebenen Warenhäusern oder Parkhäuser in Betracht kommen. Das Konzept wird heute von einzelnen KEP-Dienstleistern getestet (DHL, UPS; Gluch 2019; Steinke 2017).

Zur Vermeidung und Verminderung von schädlichen Umwelteinflüssen steht auch die „vorletzte Meile", also die Anlieferung von innerstädtischen Depots, im Fokus des Interesses. Einerseits ist hier der Einsatz von E-Fahrzeugen schon fortgeschritten (DHL, Amazon), andererseits werden Möglichkeiten diskutiert und getestet, die Ware über unterirdische Röhrensysteme in die Innenstädte zu transportieren. Hamburg testet eine solche Auslieferung seit 2020 (Smart City Loop 2024).

4.2.5 Distributionsstrategien im Lebensmittel-Onlinehandel

Einen zukünftig wahrscheinlich noch steigenden Anteil am Verkehrsaufkommen insbesondere in den Städten wird der wachsende Online-Lebensmittelhandel (OLH) haben. In Deutschland wurde ein Marktanteil des Onlinehandels am gesamten Lebensmitteleinzelhandel im Jahr 2022 von 2,9 % ermittelt (HDE und IFH Köln 2023). Diese werden von sehr unterschiedlichen Anbietern generiert. So sind neben *Vollsortimentern* (z. B. *Amazon Fresh, Rewe*) auch *Spezialversendern* zu finden, die auf einen oder wenige Produkttypen spezialisiert sind; hierzu zählen etwa Tiefkühlwaren *(Bofrost)* oder Wein (z. B. *Hawesko, Vinos*). Hinzu kommen unzählige kleine Onlineshops, die hochspezialisiert sind und nur bestimmte Kundengruppen ansprechen (z. B. Onlineshops von Getreidemühlen, die ausschließlich verschiedene Mehlsorten verkaufen). Diese Spezialanbieter machen einen nicht zu unterschätzenden Anteil an den Einkäufen bzw. am Onlineumsatz im Lebensmittelsektor aus (Wieland 2021); sie sind jedoch von den „Generalisten" bzw. Vollsortimentern abzugrenzen und stellen kein digitales Äquivalent zu Supermärkten bzw. Lebensmittel-Discountern dar.

In Anlehnung an die Typisierung im stationären Handel identifizieren Dannenberg und Dederichs (2019) drei *Betriebsformen* im deutschen OLH: Der *reine OLH-e-Commerce* operiert ohne stationäre Verkaufsstellen; hierzu gehört z. B. der seit 2017 auf dem deutschen Markt präsente Lebensmittellieferdienst von *Amazon (Amazon fresh)*. Anbieter des *ergänzenden OLH-e-Commerce* sind Multi-Channel-Einzelhändlerunternehmen, d. h. sie betreiben stationäre Verkaufsstellen und einen Onlineshop (z. B. *Rewe*). Als dritter Typ wird der *kombinierte OLH-e-Commerce* definiert, der *lokale Online-Marktplätze* (siehe Abschn. 2.2) umfasst, auf der unterschiedliche Lebensmittelhändler ihre Produkte gemeinsam vermarkten. Für diese Betriebsformen kommen unterschiedliche Distributionsstrategien infrage, die auch miteinander kombiniert werden können (siehe Abb. 4.7). Prinzipiell kann die Übergabe der Waren an die Kunden über *Lieferung* (mit eigener Logistikflotte), *Versand* (über Paketdienstleister) oder *Click and Collect*

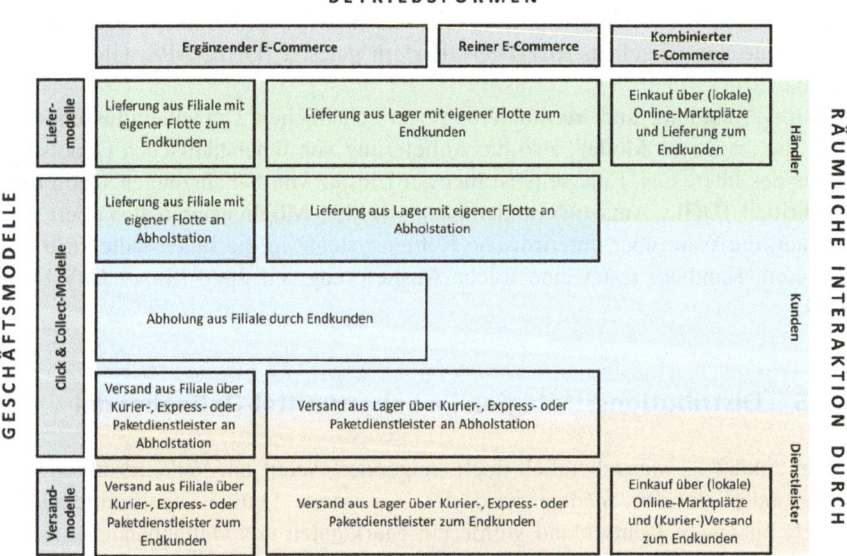

Abb. 4.7 Betriebsformen und Distributionsstrategien des Online-Lebensmittelhandels (OLH) in Deutschland. (Quelle: Dannenberg & Dederichs 2019: 18)

(Online-Bestellung und Abholung in der Verkaufsstelle) erfolgen; letztgenannter Fall betrifft naturgemäß nur Cross-Channel-Lebensmittelhandelsuntrnehmen wie *Rewe*. Allerdings ist der Weg in den Multi- bzw. Cross-Channel-Vertrieb nicht nur (inter-)national ausgerichteten Handelsunternehmen vorbehalten: Auch manche Dorfläden haben einen Liefer- und/oder Abholservice eingerichtet, wenn auch in nur in wenigen Fällen onlinebasiert (Eberhardt et al. 2022).

Die Logistik von OLH-Anbietern ist nicht trivial, da – im Gegensatz zu anderen Branchen (Elektronik, Möbel, Bekleidung etc.) – auch leichtverderbliche Lebensmittel (z. B. Obst und Gemüse, gekühlte Produkte) gelagert und ausgeliefert werden müssen; hier ist es erforderlich, dass im Lagerungs- und Auslieferungsprozess die Kühlkette nicht unterbrochen wird, was nicht zuletzt auch gesetzlich festgelegt ist, in Deutschland z. B. in der Lebensmittelhygiene-Verordnung (LMHV). Neben den o. g. Betriebsformen grenzen Linder und Rennhak (2012) drei *Logistikkonzepte* im OLH voneinander ab, nämlich eine *dezentrale* und eine *zentrale Distributionsstruktur* sowie den *Direktvertrieb*. Die dezentrale Struktur bietet den Vorteil, dass Multi-Channel-Handelsunternehmen nur geringe Investitionskosten haben, da sie ihre Zentral- und Regionallager sowie Filialen einfach zusätzlich für den Onlinevertrieb nutzen können. Ein wesentlicher Baustein der Strategie von Multi- bzw. Cross-Channel-Handelsunternehmen im Lebensmittelsektor ist, dass sie häufig die bestehende Infrastruktur an Verkaufsstellen auch für die Online-Distribution nutzen. Hierbei fungieren, alternativ oder ergänzend zu Logistiklagern, z. B. größere Filialen als Warenlager, von denen aus die Kunden beliefert werden (Dannenberg und Dederichs 2019; Newing et al. 2022). Reine Onlinehandelsunternehmen mit einer dezentralen Distributionsstruktur sparen demgegenüber Kosten, da der Logistikprozess weniger Schritte umfasst, weil es keine kleinen Lagerstätten in oder im Umfeld von Filialen gibt. Beim Direktvertrieb liefert das Herstellerunternehmen seine Produkte mehr oder weniger direkt an Kunden, wobei die Zwischenstufe des (Einzel-)Handels wegfällt (Linder und Rennhak 2012). Betreiber mit dem letztgenannten Konzept sind dann allerdings im Sinne der Wirtschaftszweigsystematik auch nicht mehr dem (Einzel-)Handel zuzurechnen.

4.3 Handlungslogiken der Kommunen und Verbände – lokale Online-Marktplätze und Digitalisierungsinitiativen

Sina Hardaker

Nach wie vor spielt der standortgebundene Einzelhandel eine prägende Rolle bei der Versorgungs- und Zentrenfunktion der (Innen-)Städte. Insbesondere der inhabergeführte Einzelhandel (mit ca. 410.000 kleinen und mittelständischen Unternehmen sowie rund drei Millionen Beschäftigten) leistet dabei neben einem wirtschaftlichen auch einen gesellschaftlichen Beitrag (Handelsdaten 2020; HDE

2023b). Durch den (steigenden) Onlinehandel ist die Standortbedeutung eines Geschäfts jedoch vielerorts relativiert, da Handel und Raum voneinander entkoppelt sind, was u. a. zu rückläufigen Besucherfrequenzen in Innenstädten führt. Seit den 1980er Jahren führt der viel diskutierte Strukturwandel (u. a. neue Betriebsformen, Konzentration und Flächenwachstum an nicht integrierten Standorten; siehe Abschn. 1.1) zu einem Rückgang der innerstädtischen Einzelhandelsgeschäfte in Deutschland, aber auch in anderen Ländern (v. a. des globalen Nordens; Collis et al. 2000; Delage et al., 2020; Franz und Gersch 2016; Leykam 2015; Whysall 2011). Die COVID-19-Pandemie hat die vielen Herausforderungen für den stationären Handel verstärkt (Appel und Hardaker 2021, 2022; HDE 2023a). Zudem unterliegt die Einzelhandelsbranche seit jeher sich ändernden Verbrauchergewohnheiten und -präferenzen. So kaufen viele Verbraucher aufgrund eines globalen digitalen Warenangebots, das mit wenigen Klicks schnell nach Hause gebracht werden kann, online ein. Das in den letzten Jahrzehnten kontinuierlich zu beobachtende Wachstum des Onlinehandels wird dabei maßgeblich von großen Onlineplattformen angetrieben. In Deutschland entfielen dabei im Jahr 2022 65 % des Umsatzes im Onlinehandel allein auf Amazon (HDE 2023b). Neben der zunehmenden Plattformisierung des Einzelhandels (siehe Abschn. 2.2) kommt es darüber hinaus zu Konsolidierungsprozessen und Marktkonzentration (vor allem im Textilhandel; Wotruba 2020).

Stationäre Einzelhandelsunternehmen sind digital höchst unterschiedlich aufgestellt. Es zeigt sich, dass die Digitalisierung vieler stationärer Unternehmen oft noch in den Kinderschuhen steckt und seitens unterschiedlicher Akteursgruppen wie Handelsverbänden und Kommunen die Aufforderung erfolgt, der stationäre Handel müsse sich digitalisieren sowie online auffindbar sein, um längerfristig erfolgreich sein zu können. Neiberger (2020: 40) merkt an, dass „vorhandenes Know-how zur Standortsuche, (…) Sortimentskonzepte, Marketing, Preisgestaltung und Qualifikation der Mitarbeiter" nur schwierig bzw. nicht auf digitale Kanäle und Prozesse übertragbar sind. Das Narrativ, der stationäre Einzelhandel müsse unterstützt werden, da er zur Attraktivität der Innenstädte beiträgt und darüber hinaus auch wichtige Steuereinnahmen für Kommunen darstellt, hat in der Zwischenzeit viele Städte und Gemeinden, öffentliche Einrichtungen und private Akteure veranlasst, eine Vielzahl von Instrumenten (wie City-Apps und City-Gutschein-Systeme) einzuführen, um den stationären Einzelhandel zu stärken.

Das vorliegende Kapitel fokussiert unterschiedliche Handlungslogiken städtischer Kommunen, die den Einzelhandel als wichtigen Faktor für die wirtschaftliche, soziale und kulturelle Vitalität der Städte ansehen. Dieses Narrativ wird durch die vielen Initiativen bestärkt, die auf diese Herausforderungen reagieren und die darauf abzielen, Innenstädte zu beleben und traditionelle Einzelhandelsunternehmen zu unterstützen (Hardaker 2022a, b; Hardaker et al. 2023). Im Rahmen dessen widmet sich das vorliegende Kapitel Digitalisierungsinitiativen wie Quickstart Online (mit Amazon) und der Google Zukunftswerkstatt sowie lokalen Online-Marktplätzen und Initiativen, z. B. eBay Deine Stadt.

4.3.1 Digitalisierungsinitiativen für den stationären Einzelhandel

Mehrere städtische Akteure wie Kommunen und Verbände fordern eine zunehmende Digitalisierung des stationären Einzelhandels, um den lokalen Handel zu stärken (HDE 2022). In diesem Zuge, befeuert durch die COVID-19-Pandemie, wurden etliche Digitalisierungsinitiativen ins Leben gerufen (siehe Tab. 4.2). Das Hauptziel dieser Initiativen besteht in der Regel darin, Unternehmen dabei zu unterstützen, den Übergang von einem traditionellen stationären Geschäftsmodell zu einem hybriden Unternehmen (das sowohl offline als auch online aktiv ist) zu vollziehen. Es ist bemerkenswert, dass neben Handelsverbänden und staatlichen Institutionen auch private Unternehmen wie Amazon, eBay, Google, Facebook und LinkedIn an diesen Initiativen zur Digitalisierung teilnehmen. In seinem Jahresbericht für 2020 gab Amazon bekannt, dass es „Beschleunigungsprogramme für kleine Unternehmen in ganz Europa eingeführt hat, um ihnen bei der erfolgreichen Navigation in der digitalen Welt zu helfen" (Amazon 2021: 3, eigene Übersetzung).

Tab. 4.2 Ausgewählte Digitalisierungsinitiativen. *HDE* Handelsverband Deutschland, *IFH* Institut für Handelsforschung, *IHK* Industrie- und Handelskammer. (Eigene Darstellung nach Hardaker 2022a)

Start	Name der Initiative	Initiatoren/Teilnehmende Akteure	Website
2020	Händler helfen Händlern	Führende mittelständische Handelsunternehmen	www.haendler-helfen-haendlern.com
2020	Quickstart Online	HDE, **Amazon**, Händler helfen Händlern, Handelsblatt	https://quickstart-online.de/
2020	Zukunft Handel	**Google**, HDE	https://award.handelsblatt.com/initiativezukunfthandel/
2019	Kompetenzzentrum Handel	HDE, ibi research, IFH Köln und EHI Retail Institute	https://kompetenzzentrumhandel.de/
2019	Zukunftsoffensive: Basisbox	IHK München und Oberbayern; IHK Düsseldorf, Gewerkschaft Verdi; Fraunhofer IAO; **Google**	https://learndigital.withgoogle.com/zukunftswerkstatt/courses/initiative/basisbox
2017	„Pack ma's digital"	IHK München und Oberbayern; Bayerisches Wirtschaftsministerium, Telekom Deutschland, **Facebook, LinkedIn**, MediaMarktSaturn; Giesecke & Devrient	https://www.ihk-muenchen.de/de/pack-mas-digital/

Digitale Plattformen bieten im Rahmen der Digitalisierungsinitiativen Unterstützung für Einzelhandelsgeschäfte z. B. in Form von Webinaren und persönlichen Beratungsgesprächen an. Dadurch nehmen sie eine wichtige beratende Position ein und setzen Standards, die von staatlichen Institutionen allein nicht erfüllt bzw. erbracht werden können, und fungieren damit als Best-Practice-Fallstudien sowie Partnern.

Stationäre Einzelhandelsunternehmen werden dabei z. B. vom Handelsverband Deutschland (HDE), von Städten und Kommunen sowie von sog. Digital-Coaches einiger Bundesländer aktiv aufgefordert, mit digitalen Plattformen zu arbeiten bzw. diese zu nutzen (siehe Abb. 4.8 und 4.9). Hardaker (2022a) argumentiert, dass die beteiligten Plattformen über die bloße Bereitstellung von Verkaufstools als Vermittler hinausgehen und somit aktiv die Einzelhandelslandschaft mitgestalten.

Repenning und Hardaker (2024) sprechen in diesem Zuge von einem Plattform-Fix – analog zu einem technologischen Fix. Unter dem Begriff des Plattform-Fix zeigen sie, wie digitale Plattformen in der Lage sind, verschiedene Krisen zu nutzen, darunter die plötzlich auftretende COVID-19-Pandemie sowie der seit Jahrzehnten in Erscheinung tretende Strukturwandel im Einzelhandel, indem sie sich als Partner darstellen und etablieren. In solchen Situationen entwickeln sie sich allmählich zu gängigen Infrastrukturen des Alltags – so sind z. B. Textilhändler i. d. R. auf Instagram vertreten. Ihre Versuche, Probleme wie Verkaufsbeschränkungen während der Corona-Pandemie durch den Verkauf über Instagram zu lösen, können dabei sehr hilfreich sein. Gleichzeitig sind sie jedoch nicht selten widersprüchlich, da sie teils Abhängigkeiten sowie neue Herausforderungen schaffen. Kommunen und Verbände helfen durch positive Narrative und die Zusammenarbeit mit digitalen Plattformen wie Amazon und Google, die Legitimität dieser zu erhöhen und sie als Infrastrukturen im Einzelhandel wahrzunehmen, wie auch das Beispiel eBay Deine Stadt zeigt, das im folgenden Abschnitt diskutiert wird.

Abb. 4.8 Website der Initiative Quickstart Online, die Onlinekurse für Händler bereitstellt und Themen wie Vertriebskanäle, Zahlungsmöglichkeiten und Auslandexpansion adressieren (Screenshots vom 07.06.2024: https://quickstart-online.de/)

4.3 Handlungslogiken der Kommunen und Verbände … 115

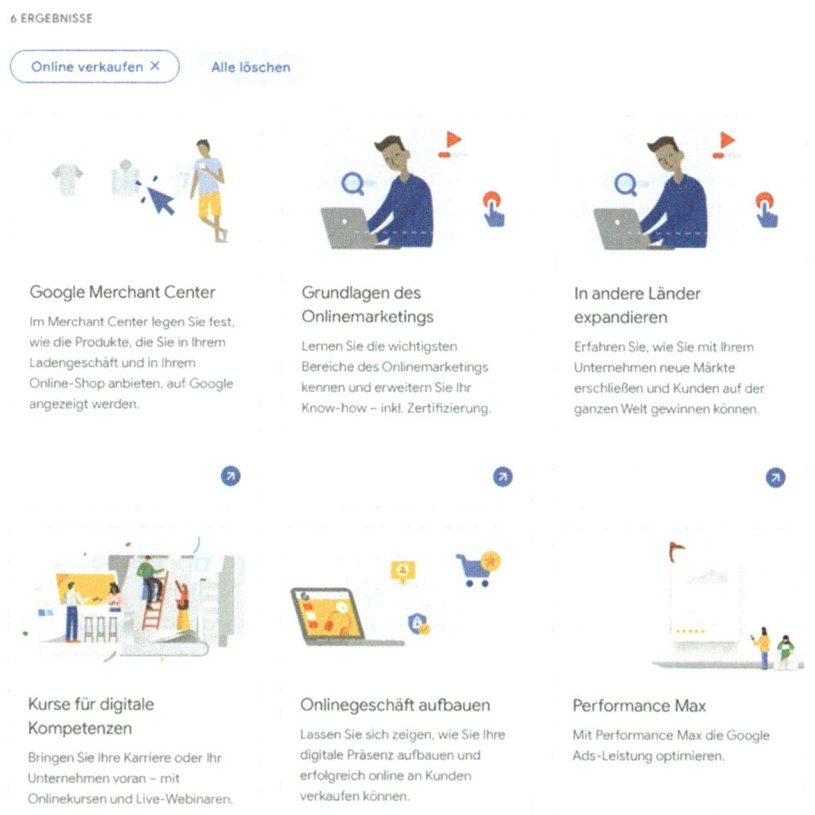

Abb. 4.9 Website der Google Zukunftswerkstatt, die u. a. Trainings zu Google Ads und Mobile Marketing anbietet (Screenshots vom 04.06.2023: https://grow.google/intl/at-de/programmes)

4.3.2 Lokale Online-Marktplätze

Eine weitere Initiative zur Stärkung des stationären Einzelhandels basiert auf der Einrichtung von lokalen Online-Marktplätzen. Hardaker (2022b) definiert lokale Online-Marktplätze als eine Plattform, deren Angebot einem begrenzten geographischen Raum (z. B. einer Stadt oder Region) zugeordnet werden kann und deren Fokus auf der lokalen Wertschöpfung sowie der Sichtbarkeit der einzelnen Akteure, insbesondere der stationären Einzelhandelsunternehmen, liegt. Die meisten lokalen Marktplätze haben gemeinsam, dass sie durch Bottom-up-Initiativen des digitalen Einzelhandels, z. B. von Bürgern, lokalen Händlern, lokalen IT-Unternehmen oder Städten/Gemeinden, angeregt bzw. umgesetzt werden (Schade et al. 2018). Bärsch et al. (2021) sowie Hardaker (2022b) stellen fest, dass die Idee und die Umsetzung lokaler Online-Marktplätze als Reaktion auf die COVID-19-bedingten Schließungen spontan von verschiedenen Akteursgruppen, meist Stadtmarketing- oder Wirtschaftsförderungsagenturen, vorangetrieben wurde – auch wenn Ideen und mancherorts Umsetzungen bereits vor der Pandemie vorhanden waren bzw. umgesetzt wurden. Die meisten dieser lokalen Online-Marktplätze basier(t)en entweder auf einer selbst programmierten Infrastruktur oder auf Lösungen von kommerziellen Anbietern, die sich auf den Vertrieb von lokalen Marktplätzen spezialisiert haben und ihre Online-Marktplatztechnologie als Software as a Service zur Verfügung stellen (wie z. B. Atalanda). Dies ermöglicht es Städten oder Verbandsgruppen, einen Online-Marktplatz unter ihrem eigenen Label zu betreiben. Tab. 4.3 gibt einen zusammenfassenden Überblick über die verschiedenen Ausprägungen von lokalen Online-Marktplätzen anhand ausgewählter Kriterien. Die Tabelle erhebt keinen Anspruch auf Vollständigkeit und soll beispielhaft die verschiedenen Modelle von Plattformen darstellen.

Die Plattformen haben ein besseres Matchmaking – also die Verknüpfung unterschiedlicher Akteure wie Konsumenten und Händler – zum Ziel (zu Begrifflichkeiten und einer Einordnung von digitalen Plattformen siehe Abschn. 2.1). Grundsätzlich ist auf dem deutschen Einzelhandelsmarkt eine starke Zunahme lokaler Online-Marktplätze zu beobachten, was ein recht dynamisches und aktuelles Phänomen darstellt (Berendes et al. 2020; Hesse 2019; Neiberger 2020, Schade et al. 2018). Der Erfolg lokaler Onlineplattformen wird jedoch stark bezweifelt und in den meisten Städten als gescheitert bewertet. Dies hat mehrere Gründe: Im Unterschied zu multinationalen oder nicht lokalen Plattformen liegt lokalen Online-Marktplätzen ein klarer geographischer Fokus zugrunde – z. B. in Bezug auf eine Stadt oder Region (Berendes et al. 2020). Diese geographische Begrenzung führt im Allgemeinen dazu, dass die Anzahl der Einzelhandelsunternehmen, das Angebot und die Kundenreichweite begrenzt sind, insbesondere wenn keine deutschlandweite Lieferung möglich ist. Es ist zwar kritisch anzumerken, dass kein Angebot, auch nicht bei Amazon, unbegrenzt ist; fest steht jedoch, dass diese geographische Begrenzung oft als Hauptgrund für das Scheitern eines lokalen Marktplatzes angeführt wird (Hardaker 2022b; Heinemann 2021). Heinemann argumentiert, dass „ein echter regionaler Marktplatz, rein stadtbezogen, dem Grundgedanken eines Marktplatzes widerspricht und deshalb nicht funktionieren kann, weil es nur um Reichweite geht" (Estrategy-consulting o. J.).

Darüber hinaus ist es oftmals schwierig, genügend lokale Einzelhandelsunternehmen für die Teilnahme an der Plattform zu gewinnen, da die Initiativen häufig auf eine mangelnde Bereitschaft bzw. fehlendes Interesse und/oder begrenzte Möglichkeiten (personelle Ressourcen, Know-how, Kosten) seitens der stationären Einzelhandelsunternehmen stoßen (Hardaker 2022b).

Ein relativ neuer Ansatz ist die „Kooperation" mit einem großen bzw. internationalen Plattformbetreiber. So existiert seit 2020 eBay Deine Stadt, eine Initiative des US-amerikanischen Unternehmens eBay für lokale Online-Marktplätze in Deutschland (in Kooperation mit dem HDE). Es greift die Idee von Mönchengladbach by ebay auf, einem Pilotprojekt aus den Jahren 2015–2016, und wird im folgenden Abschnitt näher vorgestellt.

Tab. 4.3 Übersicht zu Formen lokaler Online-Marktplätze. (Ergänzt nach Hardaker 2022b: 166, diverse Websiten)

	Beispiel	Geographischer Fokus	Technik (des Infrastrukturgebers)	Reichweite	Sichtbarkeit der Einzelhandelsunternehmen	ROPO*-Effekt
LOM mit einem von der Stadt beauftragtem stadt- und verwaltungsunabhängigem Infrastrukturgeber (z. B. Atalanda, sog. *white label* Lösung)	Online City Wuppertal (https://atalanda.com/wuppertal)	i. d. R. Stadt	Stark aufgestellt	Mittel	Sehr hoch	Eher hoch
LOM mit stadt- und verwaltungsseitig betriebener Infrastruktur	Marktplatz Aar-Einrich (https://www.aar-einrich.de/)	i. d. R. mehrere Städte bzw. eine Region	Eher schwach aufgestellt	Mittel	Sehr hoch	Eher hoch
LOM von privatem, stadt- und verwaltungsunabhängigem Infrastrukturgeber	Boxbote (Augsburg) (https://www.boxbote.de/)	Stadt oder Region	Sehr unterschiedlich ausgeprägt	Mittel	Sehr hoch bis hoch	Gering
LOM, als Zusammenschluss einer Stadt und einer etablierten (nicht lokalen) Plattform (z. B. eBay Deine Stadt)	eBay Deine Stadt Erzgebirge, Lübeck etc. (https://www.ebay-deine-stadt.de)	Stadt oder Region	Eher stark aufgestellt	Hoch	Sehr hoch	Gering

* Der ROPO-Effekt (Research Online, Purchase Offline) beschreibt ein Konsumentenverhalten im Einzelhandel, bei dem Kunden zunächst online Informationen über Produkte recherchieren, bevor sie diese dann physisch in einem Geschäft kaufen

4.3.3 Das Beispiel „eBay Deine Stadt"

Laut eBay Deutschland handelt es sich bei eBay Deine Stadt um eine deutschlandweite Initiative, die es Städten und Kommunen ermöglicht, lokale Online-Marktplätze einzurichten. Die Initiative wurde 2020 in Kooperation mit HDE ins Leben gerufen und mittlerweile in über 45 Städten und Regionen etabliert (Stand: Februar 2024, siehe Abb. 4.10). Ein besonderes Merkmal dieser Initiative besteht darin, dass die Händler ihre Produkte nicht nur auf den lokalen Plattformen, sondern gleichzeitig auch auf dem nationalen eBay-Marktplatz präsentieren können. eBay Deutschland argumentiert, dass durch die Einbindung in die nationale eBay-Plattform von Anfang an eine ausreichende Anzahl an Einzelhandelsunternehmen und Angeboten aus der jeweiligen Region vorhanden ist, da alle bestehenden eBay-Händler automatisch in das lokale Profil integriert werden (eBay 2022). Die jeweiligen Homepages der lokalen Plattformen betonen die lokalen Besonderheiten, beispielsweise in Würzburg mit dem Slogan „Einfach fränggisch. Online shoppen in der Domstadt". Darüber hinaus werden auf den Seiten Bilder aus der Innenstadt sowie ausgewählte Einzelhandelsgeschäfte präsentiert (siehe Abb. 4.11).

Während des Etablierungsprozesses sind sowohl städtische als auch private Akteure aus den Bereichen Regionalmarketing und Wirtschaftsförderung beteiligt. Im Rahmen einer Untersuchung berichten Hardaker et al. (2023), dass der Wunsch der teilnehmenden Städte/Regionen, an eBay Deine Stadt teilzunehmen, in vielen Fällen auf die COVID-19-Pandemie, fehlenden Alternativen sowie negativen Erfahrungen mit gescheiterten lokalen Online-Marktplätzen zurückzuführen ist. Es wurde festgestellt, dass eBay Deine Stadt von kommunaler Seite oft als Kooperationspartner zur Stärkung und Digitalisierung des stationären Einzelhandels betrachtet wird. eBay schlüpft damit in die Rolle des Unterstützers und wird von einigen Teilnehmenden aktuell als einzige realistische Chance für die Etablierung eines lokalen Online-Marktplatzes gesehen (Repenning und Hardaker 2024). Die bereits vorhandenen eBay-Händler, der HDE sowie ein persönlicher Ansprechpartner (seitens eines externen Beratungsunternehmens, das von eBay zur Durchführung der Initiative beauftragt wurde) führen dazu, dass eBay von einem Netzwerk von Befürwortern auf lokaler Ebene profitiert. Interessanterweise spielt die Lokalität bei eBay jedoch nur in bestimmten Phasen eine Rolle, beispielsweise bei der Etablierung und Überzeugung der lokalen Akteure (Hardaker 2024). Letztendlich verschwimmen bei eBay Deine Stadt die Grenzen zwischen lokalem Angebot und translokaler digitaler Sichtbarkeit. Die Bewertung von eBay Deine Stadt auf lokaler Ebene hängt stark von den unterschiedlichen Erwartungen und Bewertungskriterien der kommunalen Akteure sowie der Online-Affinität der stationären Einzelhandelsunternehmen ab – klare Zielvorgaben wurden nicht festgelegt. Das zentrale Problem ist nach wie vor die Herausforderung, die stationären Einzelhandelsgeschäfte zur Teilnahme zu motivieren und einzubeziehen. Die Gründe sind vielfältig und umfassen unter anderem fehlendes Know-how, personelle und finanzielle Ressourcen sowie mangelnde Akzeptanz der Plattformen

4.3 Handlungslogiken der Kommunen und Verbände … 119

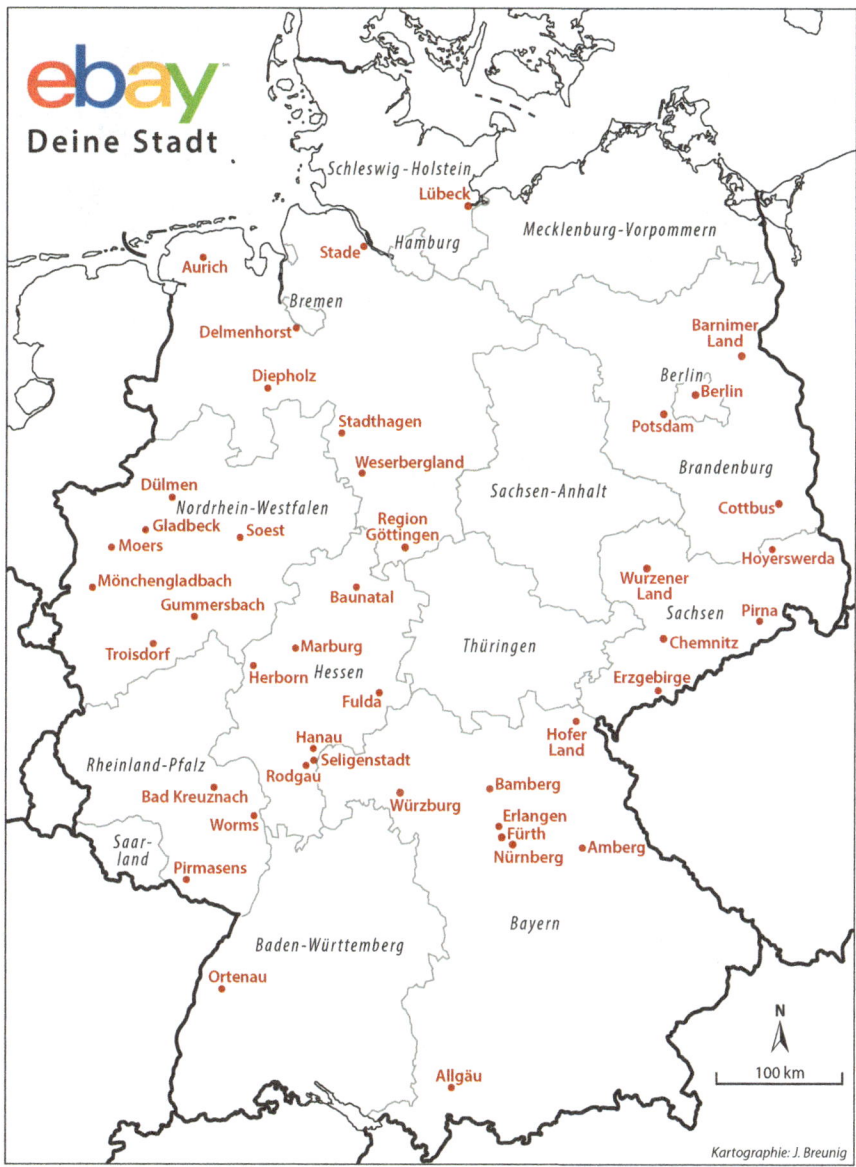

Abb. 4.10 Deutschlandkarte mit allen aktuell kooperierenden Städten und Regionen in Deutschland. (Eigene Darstellung nach Angaben von https://www.ebay-deine-stadt.de/)

und/oder die Überzeugung, kein Onlinehändler sein zu wollen. In diesem Zusammenhang übernehmen die städtischen Akteure (v. a. Wirtschaftsförderungen und Stadtmarketing) eine aktive Rolle als Vermittler und Akquisiteure für eBay. In

Abb. 4.11 Beispiel: Das Profil der eBay-Stadt Würzburg (Screenshot vom 07.06.2024)

einigen Fällen setzen sie sich persönlich dafür ein, die stationären Handelsunternehmen von den Vorteilen des Onlinehandels (auf eBay) zu überzeugen. Durch diese Bemühungen fördern die städtischen Akteure eine positive Wahrnehmung auf lokaler Ebene und tragen potenziell zur gesellschaftlichen Akzeptanz digitaler Plattformen bei (Hardaker und Appel 2025).

4.3.4 Fazit und Ausblick

Die ausgewählten Beispiele zu Handlungslogiken im städtischen Einzelhandel zeigen, dass einige Akteure Plattformen als eine Lösung für den seit einigen Jahrzehnten zu beobachtenden Strukturwandel verstehen. Waren es noch vor wenigen Jahren Websites und eigene Webshops, rücken heute zunehmend digitale Plattformen wie Instagram, Google und Amazon in den Fokus. Mit dem Ziel, die Innenstädte zu beleben und den traditionellen Einzelhandel zu unterstützen (Hardaker 2022a, b; Hardaker et al. 2022), arbeiten etliche Städte und Regionen sowie der HDE mit Plattformen wie eBay und Amazon zusammen, die als scheinbar einfache, weitreichende Plug-in-Lösungen für den stationären Einzelhandel wahrgenommen werden und sich als Kooperationspartner präsentieren (Repenning und Hardaker 2024). Dies scheint in Anbetracht der Tatsache, dass Onlinehandel auch zu sinkenden Besucherfrequenzen in Innenstädten führt, kontrovers:

„Das sind alles Versuche, dieses Dilemma irgendwie aufzulösen. (…) Realistischerweise sagen wir aber auch, dass wir jetzt dafür sorgen müssen, dass die kleinen und mittleren Einzelhändler überleben. Wenn wir die Situation realistisch betrachten, müssen die Einzelhändler bei Google sein, um etwas zu verkaufen. Es nützt nichts, den kleinen und mittleren stationären Handel zu opfern, nur damit wir deutlich gemacht haben, dass wir keine Datenmonopolisten haben wollen. (…) Im Moment müssen sie diese Tools nutzen, um zu überleben, und wir versuchen, es ihnen so leicht wie möglich zu machen" (Interview 2021).

Es bleibt damit offen, ob und wie es möglich ist, eine „Alternative zu den großen Anbietern im Online-Handel [zu] schaffen" (Lobeck und Wiegandt 2018: 327).

4.4 Zwischen Lockdown und Boom – Dynamiken in Zeiten der Corona-Pandemie

Thomas Wieland

4.4.1 Der deutsche Onlinehandel in der Corona-Pandemie

Es ist offensichtlich, dass die Corona-Pandemie bzw. die im Zuge dessen eingeführten Eindämmungsmaßnahmen auch das Einkaufsverhalten beeinflusst haben. Die offensichtlichste Begleiterscheinung der Pandemiesituation für die Handelslandschaft ist eine deutliche Erhöhung des Online-Marktanteils. Der augenfälligste Einfluss auf diese Veränderungen resultiert zunächst daraus, dass in vielen Ländern im Zuge der „Lockdowns" bzw. „Shutdowns" auch ein Großteil der stationären Einzelhandelsbetriebe geschlossen und zwischenzeitlich der Erwerb von Non-Food-Artikeln im stationären Handel erschwert wurden (siehe Kasten „Corona-Pandemie und Eindämmungsmaßnahmen mit Bezug zum Einzelhandel"). Zeitweise ist demnach einzig der Onlinekanal als Einkaufsquelle für z. B. Bekleidung, Schuhe und Elektronikartikel verfügbar gewesen.

Am Beispiel von Deutschland zeigt sich, dass die Corona-Pandemie und die Lockdowns wie ein Katalysator auf den Onlinehandel gewirkt haben: Bis 2019 war der Online-Marktanteil durchschnittlich um 0,66 Prozentpunkte pro Jahr gewachsen. Von 2019 auf 2020 stieg dieser Anteil dann von 10,8 auf 12,6 % und im Jahr 2021 nochmals auf 14,7 %. Im Jahr 2022 erfolgte – erstmalig – ein Absinken des Online-Marktanteils auf 13,4 %, was leicht über dem zu erwartenden Wert auf der Grundlage des vorpandemischen Trends liegt (HDE 2023c; siehe auch Abb. 4.12). Eine vergleichbare Entwicklung ist in vielen europäischen Ländern festzustellen, z. B. in der Schweiz (Handelsverband.swiss et al. 2023).

Corona-Pandemie und Eindämmungsmaßnahmen mit Bezug zum Einzelhandel
Nachdem im Dezember 2019 in China erste Fälle einer Atemwegserkrankung (COVID-19) aufgetreten waren, die auf ein bisher unbekanntes Virus (SARS-CoV-2) zurückgingen, breitete sich das Virus ab Februar 2020

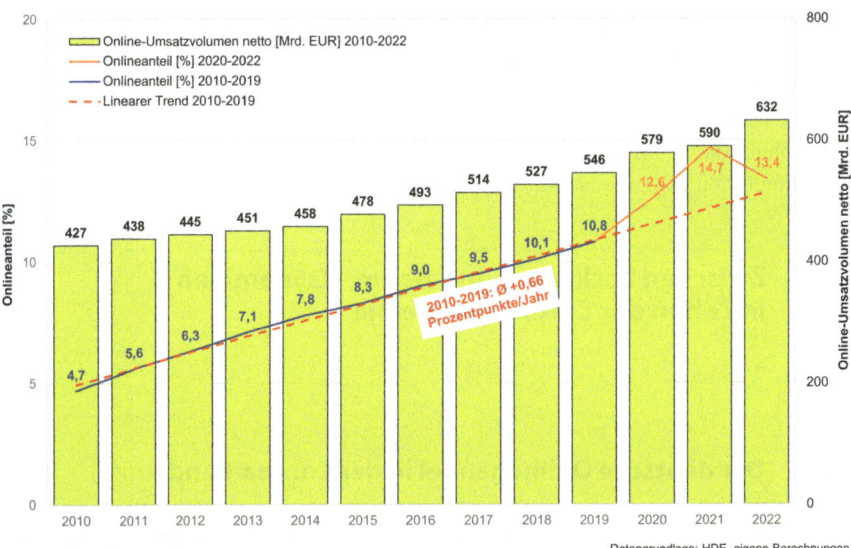

Abb. 4.12 Online-Umsatzvolumen und Online-Marktanteil in Deutschland 2010–2022. (Quelle: eigene Darstellung nach HDE 2023a, eigene Berechnungen)

weltweit aus. Anfang März 2020 erklärte die Weltgesundheitsorganisation eine globale Pandemie. Die meisten Länder führten vor diesem Hintergrund ab März 2020 schrittweise Eindämmungsmaßnahmen ein, die darauf abzielten, Kontakte zwischen Personen zu reduzieren. Die Intensität und Dauer dieser Maßnahmen unterschieden sich zwischen und teilweise auch innerhalb von Ländern (z. B. USA). In den meisten europäischen Ländern wurden zeitweise Schulen und Kindertageseinrichtungen geschlossen, Kontaktbeschränkungen oder Versammlungsverbote verhängt, in einigen Fällen z. B. auch Ausgangssperren. Zu den Maßnahmen, die sehr konkret den Einzelhandel betroffen haben, gehörte vorrangig die zeitweise Schließung „nicht systemrelevanter" Betriebe, wozu auch der Einzelhandel mit Gütern des mittel- und langfristigen Bedarfs gehörte, während Anbieter des täglichen Bedarfs (z. B. Lebensmittel- und Drogeriemärkte, Apotheken) von den Schließungen ausgenommen waren. In Deutschland waren die genannten Schließungen von Mitte März bis Mitte Mai 2020 und von Mitte Dezember 2020 bis März 2021 (mit bundeslandspezifischen Unterschieden) in Kraft. Non-Food-Bereiche in großen Verbrauchermärkten wurden zeitweise abgesperrt. Weiterhin galt in vielen europäischen Ländern – auch in Deutschland – eine Maskenpflicht im Handel, ebenso in anderen Settings (z. B. öffentlicher Personennahverkehr, ÖPNV). Im Winter 2021/2022 galten insbesondere in Deutschland Einschränkungen für Personen, die nicht bzw. unvollständig

> gegen das Coronavirus geimpft waren: Zeitweise war für den Besuch von Einzelhandelsbetrieben mit dem Schwerpunkt auf mittel- und langfristigen Gütern ein Zertifikat („3G": geimpft, genesen oder getestet) vorgesehen, wobei diese Regelung zwischenzeitlich auf „2G" verschärft wurde (d. h. Zutritt z. B. von Warenhäusern oder Fachmärkten nur für geimpfte oder genesene Personen).

Die größten nominalen Zuwächse in den Online-Transaktionen bzw. dem Marktanteil im Zuge der Corona-Pandemie zeigen sich in den Einzelhandelsbranchen, die in Deutschland bereits vorher sehr „onlineaffin" gewesen sind: Der Onlineanteil im Bereich des Bekleidungshandels stieg von 30,1 % im Jahr 2019 auf 39,8 % im Jahr 2020, was einer Zunahme von 2,2 Mrd. EUR (netto) entspricht. Ähnlich entwickelte sich im selben Zeitraum der Onlineanteil im Elektrohandel (2019: 33,7 %, 2020: 38,9 %, + 3,5 Mrd. EUR) sowie in weiteren Branchen, die im ersten Pandemiejahr von verordneten Betriebsschließungen betroffen waren (HDE 2021). In Deutschland wurde vor diesem Hintergrund während des zweiten Lockdowns sogar kurzzeitig eine zusätzliche Besteuerung von Onlinehändlern diskutiert, um damit die Umsatzverluste der stationären Einzelhandelsbetriebe zu kompensieren (Zeit Online 2020). Ein unerwartet starkes Wachstum wurde allerdings auch in Branchen verzeichnet, die nicht von Corona-Beschränkungen betroffen oder zumindest nicht geschlossen wurden: Im 2. Quartal 2020 wurde beim deutschen Lebensmittel-Onlinehandel (OLH) ein Umsatzrekord von 772 Mio. EUR (brutto) verzeichnet, was einer Steigerung von 89,7 % gegenüber dem Vorjahreszeitraum (2. Quartal 2019) entsprach. Der OLH war somit, zumindest kurzfristig, ein großer „Profiteur" der Corona-Pandemie (hierzu siehe auch Dannenberg et al. 2020). Auch andere Güter des täglichen Bedarfs (Drogerieprodukte, Tierbedarf) verzeichneten starke Zuwächse (bevh 2020). Im zweiten Pandemiejahr 2021 wuchsen die Online-Marktanteile fast aller Branchen nochmals deutlich, auch hier wieder mit einem überproportionalen Wachstum im Food-Bereich (HDE 2022). Auswertungen von Kartenzahlungsumsätzen aus Deutschland zeigen, dass der Anteil der Online-Umsätze an den deutschen privaten Konsumausgaben in den Lockdown-Phasen besonders hoch war (Alipour et al. 2022).

4.4.2 Zwischen Lockdown und Angst: Einkaufsverhalten in der Corona-Pandemie

Es lässt sich also zunächst festhalten, dass der Online-Vertriebskanal stark von der Pandemiesituation und insbesondere den verordneten Schließungen stationärer Betriebe im Zuge der Lockdowns profitiert hat. Allerdings ist diese Verschiebung nicht allein dadurch erklärbar, da sie einerseits auch Branchen betrifft, die keinen

Schließungen unterworfen waren, und andererseits, weil sie sich nicht allein auf die Lockdown-Phasen beschränkt.

Mehrere Studien belegen Einflüsse der Pandemiesituation auf das (räumliche) Einkaufsverhalten zumindest in der frühen Phase der Pandemie (Frühling 2020), die nicht (allein) mit Lockdowns erklärbar sind: Jacobsen und Jacobsen (2020) untersuchen Veränderungen im Mobilitätsverhalten in den USA auf der Grundlage von *Google-* und *Apple*-Mobilitätsdaten. Zwischen Mitte Februar und Ende März 2020 zeigt sich hierbei eine signifikante Reduktion der Besuche von Einzelhandelsgeschäften, ÖPNV-Haltestellen und Arbeitsstätten. Interessant ist hierbei einerseits, dass diese Veränderungen sowohl in US-Bundesstaaten mit als auch in solchen ohne formalen Lockdown festgestellt werden: Die Besuche von Einkaufs- und Freizeitdestinationen reduzierten sich im ersten Fall 51,3 %, im zweiten Fall um 41,2 % im genannten Zeitraum. Andererseits betrifft die Verringerung von Besuchen auch Einzelhandelsbetriebe mit Gütern des täglichen Bedarfs, die nicht geschlossen wurden (Lebensmittelmärkte und Apotheken: −26,9 bzw. −15,5 %). Zu ähnlichen Ergebnissen kommen Goolsbee und Syverson (2021), die auf der Ebene von US-Pendlerzonen Mobilfunkdaten von Anfang März bis Mitte Mai 2020 im Hinblick auf das räumliche Konsumentenverhalten auswerten: Sie finden hierbei einen starken Einbruch räumlicher Interaktionen, der jedoch – auf der Grundlage einer ökonometrischen Schätzung – nur zu ca. 7 % auf die formalen Lockdowns zurückzuführen ist, die in vielen US-Bundesstaaten und -Counties etabliert wurden; einen wesentlich höheren Einfluss im Modell hatten stattdessen regionale Corona-Todesfälle. In Bezug auf die zweite Corona-Pandemiewelle belegen Jiao und Azimian (2021) auf der Basis einer Befragung selbst bekundete Reduktionen von Einkäufen und ÖPNV-Fahrten, und zwar unabhängig von Lockdowns; der Effekt ist in höheren Altersgruppen größer als bei Jüngeren. In den genannten Fällen interpretieren die Autoren diese Ergebnisse mit freiwilligen Verhaltensänderungen im Einkaufs- und Freizeitverhalten, die im Wesentlichen auf Angst vor einer eigenen Infektion mit dem Coronavirus beruhen.

Allerdings belegen diese Arbeiten zum Mobilitätsverhalten noch keine steigende Online-Neigung in der Pandemie, sondern nur eine Tendenz zur Reduzierung der Einkaufsmobilität. Im Gegensatz dazu untersuchen mehrere Befragungsstudien direkt die steigende Online-Affinität in der Pandemiesituation: Shamshiripour et al. (2020) untersuchen mittels einer Online-Befragung von US-Haushalten Veränderungen im Mobilitätsverhalten, wobei sie die Kanalwahl bei Lebensmitteleinkäufen berücksichtigen. Hierbei zeigt sich eine deutlich höhere Online-Häufigkeit in der ersten Welle der Corona-Pandemie. In ihrer Befragung in zwei US-Großstädten finden Chenarides et al. (2021) dasselbe Ergebnis, erfragen jedoch auch die Gründe hierfür: Die häufigsten Motive, Lebensmittel verstärkt online oder über „click and collect" einzukaufen, sind hierbei die Angst vor einer COVID-19-Erkrankung (74,9 % der Befragten) und ein Unsicherheitsgefühl (66,3 %). Allerdings beziehen sich beide Studien auf die Anfangszeit der Corona-Pandemie und erfassen keine konkreten Kaufentscheidungen, sondern bekundete allgemeine Präferenzen.

Demgegenüber untersuchen Wang et al. (2023) die Kanalwahl beim Lebensmitteleinkauf in Kanada basierend auf einer Befragung aus dem Jahr 2021. Sie berücksichtigen dabei auch die wahrgenommene Bedrohung durch die Pandemiesituation, die psychometrisch (als latente Variable) gemessen wird; ihr Kanalwahlmodell wird durch Ergebnisse eines Stated-Choice-Befragungsexperimentes ermittelt (d. h. fiktive Konsumentenentscheidungen; zu dieser Methodik siehe Abschn. 3.1). Sie finden hierbei, dass ein stärkeres Angstgefühl die Wahrscheinlichkeit erhöht, dass Kunden bei Lebensmitteleinkäufen „click and collect" nutzen, und erklären dies mit der Möglichkeit, auf diese Weise physische Kontakte mit anderen Menschen zu reduzieren und somit die Ansteckungswahrscheinlichkeit zu senken; es zeigt sich jedoch keine erhöhte Wahrscheinlichkeit, einen Online-Lieferdienst zu nutzen. Zu ähnlichen Ergebnissen kommt Wieland (2023a) in seinem Kanalwahlmodell, das auf realen Einkaufsentscheidungen aus einer Befragung aus dem Jahr 2021 basiert: Hierbei wird „Infektionsangst" in Form eines psychometrischen Indikators *(Perceived Vulnerability to Disease (PVD) scale)* gemessen und, neben bereits bekannten erklärenden Variablen, als Erklärungsgröße der Kanalwahl bei Lebensmittel-, Bekleidungs-, Elektronik- und Möbelkäufen untersucht. Hierbei zeigt sich, dass Infektionsangst nur bei Bekleidungskäufen eine (untergeordnete) Rolle im Hinblick auf eine höhere Online-Einkaufswahrscheinlichkeit spielt; in den drei anderen untersuchten Branchen findet sich kein diesbezüglicher Effekt auf die Kanalwahl. Weiterhin wird geprüft, ob die Ablehnung der Maskenpflicht im stationären Handel einen Einfluss auf die Kanalwahl hat, was sich ebenso nicht bestätigt. In ihrer Studie zur Kanalwahl in Deutschland und Polen während der Pandemie arbeiten Zielke et al. (2023) stattdessen mit qualitativen Konsumenteninterviews, um die Beweggründe der gestiegenen Online-Affinität der Kunden herauszufinden. Hierbei finden sie, dass diese in beiden Ländern zu Beginn der Pandemie zwar ähnlich war, jedoch aus anderen Gründen: Deutsche Konsumenten zeigten sich dabei als weniger onlineaffin und begründeten ihre Kanalwahl vorzugsweise mit der Tatsache, dass die stationären Handelsbetriebe geschlossen wurden. Polnische Konsumenten hingegen betonten oft die Vorteile des Onlinehandels, sodass die dortigen Onlinekäufe nicht nur mit Betriebsschließungen erklärt werden können.

Im Hinblick auf das räumliche Einkaufsverhalten – also die Wahl der Einkaufsstätte, nicht des Kanals – in der Corona-Pandemie untersucht Wieland (2023b) anhand von Gütern des mittel- und langfristigen Bedarfs (Elektroartikel und Möbel) die Determinanten der Einkaufsstättenwahl in der Pandemiesituation. Hierbei zeigt sich, dass sich die Einflussgrößen des Kaufverhaltens gegenüber der vorpandemischen Situation im Wesentlichen nicht geändert haben; auffällig ist allerdings, dass die Cross-Channel-Integration von Anbietern deren Auswahlwahrscheinlichkeit nicht mehr erhöht, was sich mit dem steigenden Digitalisierungsgrad von Händlern – insbesondere während der Lockdowns – erklären lässt. Auch in diesem Modellansatz zeigen sich keine Einflüsse von Infektionsangst und der Aversion gegenüber Masken (s. o.). Allerdings zeigt sich, dass die durchschnittlichen Wegezeiten zu stationären Betrieben deutlich abgenommen haben.

Einen anderen, aber sehr wesentlichen Aspekt des räumlichen Einkaufsverhaltens beleuchten Alipour et al. (2022), nämlich die Auswirkungen der stark gestiegenen Home-Office-Quote in der Pandemiezeit auf die räumliche Verteilung der Einzelhandelsumsätze. Auf der Grundlage von Kartenzahlungsumsätzen weisen sie in der Pandemiezeit – abseits der formellen Lockdowns – einen „Donut-Effekt" in Bezug auf Gebiete mit hoher Konsumintensität und deren Umland nach, d. h. eine Verschiebung von Handelsumsätzen von Innenstädten in Wohngebiete. Sie belegen einen Zusammenhang mit dem regionalen Home-Office-Potenzial und schließen daraus, dass die drastische Verstärkung des Home-Office-Arbeitsvolumens Treiber dieser Konsumverschiebungen ist; demnach sei die Kopplung zwischen dem Aufsuchen des Arbeitsplatzes und dem Einkauf für viele Arbeitnehmer in dieser Zeit weggefallen, während Einkäufe am Wohnort zugenommen haben.

4.4.3 Pandemiesituation als Digitalisierungsschub für die Händler?

Die Effekte durch Lockdowns (inklusive Betriebsschließungen des stationären Handels) und die allgemeine Pandemiesituation auf die Kanäle des Einzelhandels sind offensichtlich in dem Sinne, dass der Onlinehandel in der Corona-Pandemie profitiert hat (siehe Abschn. 4.4.1). Eine grundlegend andere Frage ist allerdings, ob diese teilweise durch Restriktionsmaßnahmen direkt induzierte Verschiebung von Einzelhandelsumsätzen in den Onlinekanal auch Anbieter des inhabergeführten stationären Einzelhandels (ISEH) dazu animiert hat, in den Onlinehandel einzusteigen. Die Pandemiesituation und die verordneten Geschäftsschließungen hätten einen „Digitalisierungsschub" im Handel auslösen können, zumal auch Kommunen die Digitalisierung von lokalen Einzelhandelsbetrieben immer stärker fördern (siehe Kap. 2). Bisherige Studien zeigen allerdings, dass davon nicht, oder zumindest nicht pauschal, die Rede sein kann.

Eine der ersten Studien hierzu, nämlich die von Beckers et al. (2021), untersucht anhand von Betriebsbefragungen in Belgien die Veränderungen in der Online-Aktivität von (überwiegend) kleinen, inhabergeführten Einzelhandelsbetrieben während des ersten Corona-Lockdowns. Von diesen waren vor Beginn der Pandemie (März 2020) ca. 40 % in irgendeiner Form online aktiv (z. B. eigene Website, Social-Media-Auftritt). Dieser Anteil deckt sich mit Befragungen aus Deutschland aus der Zeit unmittelbar vor Beginn der Corona-Pandemie (z. B. knapp 37 % der nicht filialisierten Betriebe an drei Karlsruher Standorten im Jahr 2019; siehe Wieland et al. 2020). Allerdings eröffneten im belgischen Sample etwa 50 % dieser Händler während des ersten Corona-Lockdowns einen zusätzlichen Onlineshop, was sich eindeutig als Reaktion auf die Pandemie und die Betriebsschließungen interpretieren lässt. Allgemein zeigt sich aber, dass ein Defizit in der technischen und organisatorischen Professionalisierung den Einstieg in den digitalen Vertrieb erschwert (Beckers et al. 2021).

Eine ähnliche Fragestellung untersuchen Herb et al. (2023), die die Online-Strategien von Einzelhändlern in nordrhein-westfälischen Städten untersuchen und hierfür Betriebsbefragungen aus der vorpandemischen Zeit (2017/2018) und der Pandemiezeit (2021) vergleichen. Auch hier zeigt sich, dass der Digitalisierungsgrad zugenommen hat, wobei deutliche Unterschiede zwischen den Organisationsformen der Betriebe bestehen: Filialunternehmen waren bereits fast vollständig online aktiv, während es bei ISEH-Betrieben noch einen großen Anteil (je nach Stadt 45–54 %) gab, der keinerlei Online-Auftritt hatte; dieser Anteil ist in der Pandemiezeit gesunken (31–41 %). Es wird allerdings festgestellt, dass der Einstieg in den digitalen Vertrieb – also die Eröffnung eines (zusätzlichen) Onlineshops – praktisch nur diejenigen Einzelhändler betraf, die bereits vorher in irgendeiner Form online aktiv waren (z. B. Homepage) und/oder mit dem Gedanken gespielt haben, einen Onlineshop zu implementieren. Zu grundsätzlich ähnlichen Ergebnissen gelangt Cloppenburg (2021) in ihrer Untersuchung zu ISEH-Betrieben in sechs Klein- und Mittelstädten Schleswig-Holsteins. Hierbei stellt sie fest, dass die pandemiebedingten Beschränkungen kaum einen Einfluss auf die Entscheidung von Händlern, in den digitalen Vertrieb einzusteigen, hatte, da die vorherigen Adoptionsbarrieren – z. B. generelle Offenheit gegenüber technischen Neuerungen, (wahrgenommenes) Kosten-Nutzen-Verhältnis – weiterhin bestehen.

Mehrere handelsgeographische Studien untersuchen zudem die Situation von Einzelhändlern in der Pandemiezeit unter dem Aspekt der *Resilienz:* Anhand von qualitativen Experteninterviews mit Textil-Einzelhändlern in Würzburg arbeiten Appel und Hardaker (2021) heraus, dass Einzelhändler, die sich bereits vor Pandemiebeginn auf den strukturellen Wandel im Einzelhandel eingestellt haben, auch erfolgreicher auf die Pandemie und die damit verbundenen Beschränkungen reagiert haben. Sie arbeiten drei Unternehmertypen heraus, von denen zwei als resilient und einer als nicht resilient bezeichnet werden kann: Der erste Typ vollzieht eine Art „Widerstands"-Strategie und „hält" die Belastungen durch die Pandemiesituation, auch aufgrund einer guten finanziellen Situation, einfach „aus", während der zweite Typ schnell auf Veränderungen reagiert und das eigene Geschäft reorganisiert, insbesondere mit einem (erfolgreichen) Einstieg in den Onlinehandel als zusätzlichen Vertriebsweg. Der dritte Typ schließt hingegen sein Geschäft, u. U. auch in Verbindung mit einem erfolglosen Einstieg in den digitalen Vertriebsweg. Hardaker et al. (2022) sehen die Etablierung des Multi-Channel-Vertriebs als Reaktion auf die Pandemiesituation als einen Indikator für Resilienz. In einer Befragung von Würzburger Einzelhandelsbetrieben zeigt sich, dass vor Pandemiebeginn etwa die Hälfte (51,5 %) der Befragten keinen Online-Aktivitäten nachging und nur knapp ein Drittel (32,3 %) einen eigenen Onlineshop besaß. Allerdings hat die Pandemiesituation die Motivation zum Aufsetzen eines eigenen Onlineshops und die Inanspruchnahme von lokalen Online-Marktplätzen erhöht. Die Untersuchung zeigt u. a. auch, dass es einem Teil der Händler gelungen ist, durch den Einstieg in den Onlinehandel Umsatzeinbußen in der Coronazeit zu kompensieren.

4.4.4 Fazit: Was kam und was bleibt durch Corona?

Die Pandemiesituation hat die Einzelhandelslandschaft unbestreitbar stark beeinflusst. Die offensichtlichste Konsequenz ist hierbei zunächst, dass der Onlinehandel von den verordneten Betriebsschließungen im stationären Einzelhandel im Rahmen der Lockdowns enorm profitiert hat. Wenn Läden per Verordnung schließen müssen, bleibt nur der Onlineshop als Einkaufsalternative übrig. Darüber hinaus haben auch andere situations bedingte Faktoren das Einkaufsverhalten zusätzlich beeinflusst, die nicht unmittelbar die Folgen staatlicher Eindämmungsmaßnahmen sind; hierzu zählen beispielsweise freiwillige Verhaltensänderungen aufgrund der Angst vor einer Corona-Infektion, aber auch Effekte aus anderen Lebensbereichen wie etwa eine erhöhte Home-Office-Quote.

Auf der Händlerseite hat sich gezeigt, dass zwar stationäre Betriebe in den Onlinevertrieb eingestiegen sind, dies aber nur eine Minderheit ist und vorrangig jene betrifft, die bereits vorher onlineaffin waren. Ein durch die Pandemiesituation induzierter „Digitalisierungsschub" im ISEH kann also nicht festgestellt werden. Dies ist darauf zurückzuführen, dass der wirtschaftliche Druck durch die verordneten Schließungen nicht allein ausschlaggebend ist, um eine Erweiterung der eigenen Distribution herbeizuführen; abgesehen von diesem externen Schock bestehen nämlich sämtliche Hürden, die Geschäftstreibende vor der Pandemie vom Einstieg in den Onlinehandel abgehalten haben, nach wie vor. Dies betrifft einerseits technische Voraussetzungen und Know-how, aber auch einstellungsbezogene Attribute der Unternehmerpersönlichkeit.

Die jüngsten Marktentwicklungen deuten darauf hin, dass die enorme Steigerung der Relevanz des Onlinehandels in der Pandemie eher ein temporärer Effekt einer spezifischen Pandemiesituation war – insbesondere aufgrund der objektiven Nichtverfügbarkeit von stationärem Angebot. Sinnbildlich hierfür steht die Entwicklung des Online-Marktanteils, der im Jahr 2022 erstmalig gegenüber dem Vorjahr gesunken ist und sich etwa auf dem Niveau eingependelt hat, das für dieses Jahr zu erwarten gewesen wäre, ausgehend von seiner Entwicklung bis 2019, also ohne Pandemieeinfluss. Es steht außer Frage, dass digitale Verkaufs- und Kommunikationswege für den stationären Handel immer wichtiger werden (siehe z. B. Gliesner und Schiller 2023). Diese Feststellung ist jedoch nicht durch die Corona-Pandemie begründet, sondern wurde durch sie nur kurzzeitig stärker sichtbar gemacht.

Hinzu kommt, dass ab 2022 weitere weltumspannende Krisen und, damit verbunden, Herausforderungen für den Einzelhandel hinzukamen, wobei es kaum möglich ist, deren Effekte von möglichen Nachwirkungen der Corona-Pandemie zu trennen. Hierzu gehört insbesondere der Ukrainekrieg ab Februar 2022 und die damit verbundene starke Inflationsentwicklung in Europa und den USA (Berlemann et al. 2023). Ein wesentlicher Aspekt dieser Krise ist zudem einerseits die Frage der Energiesicherheit und andererseits die Tatsache steigender Energiepreise. Die erhöhte Zahl an Unternehmensinsolvenzen im Einzelhandel wird maßgeblich auf diese Effekte zurückgeführt (Süddeutsche Zeitung 2023). Inwiefern die vorherigen Pandemiebelastungen hier bereits Einfluss hatten, lässt sich nicht genau bestimmen.

Literatur

Alipour J-V, Falck O, Krause S, Krolage C, Wichert S (2022) Die Innenstadt als Konsumzentrum: Ein Opfer von Corona und Homeoffice? ifo Schnelldienst 75: 53–57

Allen J, Thorne G, Browne M (2007) Good Practice Guide on Urban Freight Transport. BESTUFS. Rijswijk

Amazon (2024) So bauen Sie Ihr Geschäft mit Versand durch Amazon aus. <https://sell.amazon.de/online-verkaufen?ref_=sdde_soa_sellov_n. Zugegriffen: 12.02.2024

Appel A, Hardaker S (2021) Strategies in Times of Pandemic Crisis – Retailers and Regional Resilience in Würzburg, Germany. Sustainability 13: Art. 2643 https://doi.org/10.3390/su13052643

Appel, A. und Hardaker, S. (2022) Innenstädte, Einzelhandel und Corona – Krise oder Chance? Geographische Handelsforschung. In: Appel, A. und Hardaker, S. (Hrsg.): Innenstädte, Einzelhandel und Corona in Deutschland. Band 31: 1–12.

Arnold D, Isermann H, Kuhn A, Furmans K, Tempermeier H (2008) Handbuch Logistik. Springer, Heidelberg

Asdecker B, Karl D (2022) Shedding Some Light on the Reverse Part of E-commerce: a Systematic Look Into the Black Box of Consumer Returns in Germany. European Journal of Management 22(1):59–81

Bärsch, S., Bollweg, L., Weber, P., Wittermund, T., Wulfhorst, V. (2021) Local Retail Under Fire: Local Shopping Platforms Revisited Pre and During the Corona Crisis. In: Wirtschaftsinformatik 2021 Proceedings 3.

BBSR (2018) Verkehrlich-Städtebauliche Auswirkungen des Online-Handels. Berlin

Beckers J, Weekx S, Beutels P, Verhetsel A (2021) COVID-19 and retail: The catalyst for e-commerce in Belgium? Journal of Retailing and Consumer Services 62: Art. 102645

Berendes, C. I., Zur Heiden, P., Niemann, M., Hoffmeister, B., Becker, J. (2020) Usage of Local Online Plattforms in Retail: Insights from Retailers' Expectations. Twenty-Eighth European Conference on Information Systems (ECIS2020) – A Virtual AIS Conference.

Berlemann M, Eurich M, Grinna Normann M (2023) Konjunkturschlaglicht: Die Hoffnung liegt auf dem privaten Konsum. Wirtschaftsdienst 103(10): 719–720

Bevh (2023) bevh-Retourenkompendium, Berlin

bevh (Bundesverband E-Commerce und Versandhandel Deutschland e. V.) (2020) E-Commerce-Plus von 9,2 Prozent im 1. Halbjahr 2020 – dauerhaft mehr E-Commerce beim „Täglichen Bedarf". Pressemitteilung vom 05.07.2020. <https://www.bevh.org/fileadmin/content/05_presse/Pressemitteilungen_2020/200705_-_PM_Zahlen_2._Quartal_2020_im_Online-Handel.pdf> Zugegriffen: 06.01.2020

BIEK (2017) Nachhaltigkeitsstudie. Bundesverband Paket & Expresslogistik e. V., Berlin

BIEK (2024) Innenstadtlogistik der Kurier-, Express- und Paketdienste (KEP). Bundesverband Paket & Expresslogistik e. V., Berlin

BIEK (verschiedene Jahrgänge) KEP-Studie – Analyse des Marktes in Deutschland. Berlin

Blüml A (2014) Immobilienwirtschaftliche Investmentstile – Eine theoretische und empirische Untersuchung am Beispiel der Präferenzstrukturen institutioneller Immobilieninvestoren. Schriften zu Immobilienökonomie und Immobilienrecht 73. Zugl.: Dissertation an der Universität Würzburg. Universitätsbibliothek Regensburg, Regensburg

BNP Paribas Real Estate (2023) Investment Dashboard. <https://www.realestate.bnpparibas.de/dashboards/investment-dashboard> Zugegriffen: 03.05.2023

Braam-Mesken M, van Ossel G (2014) CBRE Global Investors portfolio E-RISC tool: Omnichannel retail. CBRE Global Investors White Paper, February 2014. <http://www.cbreglobalinvestors.com/research/publications/Documents/Special%20Reports/2000.311CBRE_Whitepaper_Omni_channel_retail_2014.pdf> Zugegriffen: 23.12.2015

Bulwiengesa AG (2022) Schwerpunkt Logistik in Deutschland und Europa – akute Herausforderungen und Chancen. Bulwiengesa AG, Hamburg

Chenarides L, Grebitus C, Lusk JL, Printezis I (2021) Food consumption behavior during the COVID-19 pandemic. Agribusiness 37: 44–81

Cloppenburg S (2021) Corona als Weckruf für den inhabergeführten stationären Einzelhandel? Eine Untersuchung zur Adoption des Onlinehandels. In: Appel A, Hardaker S (Hrsg) Innenstädte, Einzelhandel und Corona in Deutschland. Geographische Handelsforschung 31. Würzburg University Press, Würzburg 87–125

Collis, C., Berkeley, N., Fletcher, D. R. (2000) Retail Decline and Policy Responses in District Shopping Centres. *The Town Planning Review*, 71(2): 149–168. http://www.jstor.org/stable/40112408

Dannenberg P, Dederichs S (2019) Online-Lebensmittelhandel in ländlichen Räumen. Hemmnisse einer Expansion des Onlinehandels mit Lebensmitteln aus der Perspektive unterschiedlicher Akteure in Deutschland. *RaumPlanung* 202(3–4): 16–21

Dannenberg P, Fuchs M, Riedler T, Wiedemann C (2020) Digital Transition by COVID-19 Pandemic? The German Food Online Retail. Tijdschrift voor Economische en Sociale Geografie 111(3): 201–583

Deeken J (2023) Onlinehandel ohne Raum? Eine Untersuchung des europäischen Logistikimmobilienmarktes. Masterarbeit an der RWTH University Aachen, unveröffentlicht

Delage, M., Baudet-Michel, S., Fol, S., Buhnik, S., Commenges, H., Vallée, J. (2020) Retail decline in France's small and medium-sized cities over four decades. Evidences from a multilevel analysis. *Cities*, 104. https://doi.org/10.1016/j.cities.2020.102790

Deutscher Bundestag (2021) Stationärer Handel und Onlinehandel: Auswirkungen auf den Verkehr. Wissenschaftliche Dienste. Dokumentation WD5 – 3000 – 015/21

Dziomba M (2020) Immobilienmarkt und Handel. In: Neiberger C, Hahn B (Hrsg) Geographische Handelsforschung. Springer Spektrum, Berlin 133–145

eBay (2022) eBay Deine Stadt. https://www.ebay-deine-stadt.de/. Zugegriffen: 28.05.2023

Eberhardt W, Küpper P, Seel M (2022) Chancen und Risiken der Digitalisierung für Dorfläden: Corona-Pandemie als Katalysator? *Raumforschung und Raumordnung* 80(3): 344–359

Estrategy-consulting (o.J.) Study: Opportunities for brick-and-mortar retailers in the local online marketplaces in Germany. <https://www.estrategy-consulting.de/en/research/local-online-marketplaces/> Zugegriffen: 04.09.2024

Franz, M. und Gersch, I. (2016) Online-Handel ist Wandel. Geographische Handelsforschung 24: 7–22.

Fraunhofer ISS (2022) Top 100 der Logistik: Marktgrößen, Marktsegmente und Marktführer; eine Studie der Fraunhofer-Arbeitsgruppe für Supply-Chain-Services. DVV Media Group, Hamburg

Gesellschaft für Immobilienwirtschaftliche Forschung e. V. (2000) Ausgesuchte Begriffs- und Lagedefinitionen der Einzelhandels-Analytik. Grundlagen für die Beurteilung von Einzelhandelsprojekten. GIF e. V., Wiesbaden

Gliesner E, Schiller D (2023) Digitale Maßnahmen der Kundenkommunikation im inhabergeführten Einzelhandel zwischen kurzfristiger Reaktion auf die Coronapandemie und zukunftsfähiger Strategie. Standort 47(3): 247–253

Gluch M (2019) Micro-Hubs – Antwort auf die Herausforderungen der Letzen-Meile-Logistik? RaumPlanung. Fachzeitschrift für räumliche Planung und Forschung 202: 36–41

Goolsbee A, Syverson C (2021) Fear, lockdown, and diversion: Comparing drivers of pandemic economic decline 2020. Journal of Public Economics 193: Art. 104311

Gulc A (2020) Determinants of Courier Service Quality in e-Commerce from Customers' Perspective. Quality Innovation Prosperity 24(2): 137–151

Hahn Gruppe (2022) Retail Real Estate Report 2022/2023. Hahn Gruppe, Bergisch Gladbach

Handelsdaten (2020) EHI Handelsdaten aktuell. https://www.ehi.org/produkt/ehi-handelsdaten-aktuell-2020/ Zugegriffen: 14.10.2023

Handelsverband.swiss, GfK und Die Post (2023) Schweizer Online-Konsum sinkt 2022 leicht. Pressemitteilung vom 8. März 2023. <https://handelsverband.swiss/wp-content/up-

loads/2023/03/DE-2023.03.08-Medienmitteilung_HANDELSVERBAND-GfK_Onlinehandel-2022_final.pdf> Zugegriffen: 06.06.2023

Hardaker S, Appel A, Rauch S (2022) Reconsidering retailers' resilience and the city: A mixed method case study. Cities 128: Art. 103796

Hardaker, S (2024) A critical perspective on the increasing power of digital platforms through the lens of conjunctural geographies. In Vale, M, Ferreira, D, Rodrigues, N (eds.) Geographies of the platform economy. Critical perspectives. Springer Economic Geography Series.

Hardaker, S, Appel, A, Doll, P, Ströbel, K (2023) Digitale Einzelhandelsplattformen und städtische Akteur*innen – Kooperation als zukunftsfähiges Modell? Standort 47: 262-268.

Hardaker S, Appel A (2025) Municipal actors as canvassers for digital platforms? Framing and legitimation under the pretext of locality.

Hardaker, S. (2022a) More than infrastructure providers – digital platforms' role and power in retail digitalization initiatives in Germany. Tijdschrift voor economische en sociale geografie 113(3): 310–328.

Hardaker, S. (2022b) Lokale Online-Marktplätze: Intermediäre im online-lokalen Raum. In: Appel, A. and Hardaker, S. (eds.): Innenstadt, (Einzel-)Handel und Covid-19. Geographische Handelsforschung 31: 153–176.

HDE (2023a) Einzelhandel in Deutschland verliert 2023 voraussichtlich 9.000 Geschäfte – Handelsverband fordert Gründungsoffensive. April 24. https://einzelhandel.de/index.php?option=com_content&view=article&id=14133 Zugegriffen: 11.10.2023

HDE (2023b) HDE Online-Monitor 2023. May 23. https://einzelhandel.de/online-monitor Zugegriffen: 11.10.2023

HDE (2023c) Zahlenspiegel 2023. Handelsverband Deutschland e. V., Berlin

HDE (Handelsverband Deutschland e. V.) (2021) Online Monitor 2021. Handelsverband Deutschland e. V., Berlin

HDE (Handelsverband Deutschland e. V.) (2022) Online Monitor 2022. Handelsverband Deutschland e. V., Berlin

HDE (Handelsverband Deutschland e. V.) (2023) Online Monitor 2023. Handelsverband Deutschland e. V., Berlin

HDE, IFH (2023) Online-Monitor 2023. Berlin, Köln

Heinemann G (2021) Intelligent Retail. Die Zukunft des stationären Einzelhandels. Springer Gabler, Wiesbaden

Heinemann G (2022) Der neue Online-Handel. Geschäftsmodell, Geschäftssysteme und Benchmarks im E-Commerce. Springer Gabler, Wiesbaden

Herb C, Friedrich C, Neiberger C (2023) COVID-19 – Treiber für die Digitalisierung des Einzelhandels? Eine Untersuchung in vier Mittelstädten. Standort 47(3): 254–261

Hesse, A. (2019) Digital-lokaler Einzelhandel. Wissenschaftliche Schriften des Fachbereichs Wirtschaftswissenschaften, Hochschule Koblenz (29).

Jacobsen GD, Jacobsen KH (2020) Statewide COVID-19 stay-at-home orders and population mobility in the United States. World Medical & Health Policy 12(4): 347–356

Jiao J, Azimian A (2021) Exploring the factors affecting travel behaviors during the second phase of the COVID-19 pandemic in the United States. Transportation Letters 13: 331–343

Jones C, Livingstone N (2015) Emerging implications of online retailing for real estate: Twenty-first century clicks and bricks. Journal of Corporate Real Estate 17(3): 226–239

Kaiser C, Freybote J (2022) Is e-commerce an investment risk priced by retail real estate investors? An investigation. Journal of Property Research 39(3): 197–214

kaufDa (2017) Zukunft und Potentiale von Location-based Services für den stationären Handel. Fünfte Zeitreihenanalyse im Vergleich zu 2013–2016. Mönchengladbach

Klaus P (2005) A Future Role for Urban Centres? German Experiences and Prospects. Fraunhofer Arbeitsgruppe Technologien der Logistik-Dienstleistungswirtschaft, Erlangen-Nürnberg

Klein K (2022) Zum Stand der geographischen Handelsforschung: Handelsimmobilien und Handelstätigkeit – Ökonomisch-funktionaler Zusammenhang im Kontext der geographischen

Handelsforschung. Eine Bestandsaufnahme. Zeitschrift für Wirtschaftsgeographie 66(4): 211–227

Knüpffer G (2022) Neubau: Otto wird neues Logistikzentrum für Otto und MyToys in Polen in Betrieb nehmen. In: Logistik Heute vom 27.04.2022

Lenz B (2003) Verändert E-Commerce den [Einkaufs]verkehr. In: Ducar D, Rauh J (Hrsg) E-Commerce, Perspektiven für Forschung und Praxis. Passau. Geographische Handelsforschung 8: 87–100

Leykam, M (2015) Ladensterben geht weiter. Immobilien Zeitung 33: 9.

Linder M, Rennhak C (2012) *Lebensmittel-Onlinehandel in Deutschland*. Reutlinger Diskussionsbeiträge zu Marketing & Management 2012-04. Hochschule Reutlingen/ESB Business School, Reutlingen

Lobeck, M. und Wiegandt, C.-C. (2018) Online-Handel, Stadtentwicklung und Datenschutz. Stationen eines Einkaufs. In: Bauriedl, S. und Strüver, A. (Hrsg.): Smart City. Kritische Perspektiven auf die Digitalisierung in Städten

Mensing K (2019) Was kommt, wenn der Handel geht? Neue Nutzungen für Zentren mit Zukunft. Standort 43: 192–197

Mofid K, Pink M (2023) Aufstieg von Logistikimmobilien zur institutionellen Asset-Klasse und ihre Zukunft. In: Everling O, Salostowitz P (Hrsg) Rating von Industrieimmobilien. Springer Gabler, Wiesbaden 27–41

Neiberger C, Battermann J (2018) Kommunale Strategien zur Unterstützung des stationären Einzelhandels. Am Beispiel von eBay als lokaler Marktplatz. Standort 43: 164–170

Neiberger C, Mensing M, Kubon J (2020) Geographische Handelsforschung im Zeitalter der Digitalisierung: Eine Bestandsaufnahme. Zeitschrift für Wirtschaftsgeographie 64(4): 197–210

Neiberger, C (2020) Onlinehandel und Stadt. In: Neiberger, C/ Hahn, B (Hrsg.) Geographische Handelsforschung. SpringerSpektrum: 207–214.

Newing A, Hood N, Videira F, Lewis J (2022) 'Sorry we do not deliver to your area': geographical inequalities in online groceries provision. *The International Review of Retail, Distribution and Consumer Research* 32 (1): 80–99

Repenning, A. und Hardaker, S. (2024) The Platform Fix: A critical lens on how digital platforms address pending urban-economic challenges. Journal of Economic Geography.

Rose N, Dolega L, Rowe F (2024) Using loyalty card data to understand the impact of weather on click & collect behaviours in UK retailing. The Internationale Review of Retail, Distribution and Consumer Research

Rotem-Mindali O, Weltevreden J W J (2013) Transport effects of e-commerce: what can be learned after years of research? Transportation 40(5): 867–885

Schade S, Hübscher M, KORZER T (2018) Smart retail in smart cities: Best practice analysis of local online platforms. Konferenzbeitrag. Januar 2018

Shamshiripour A, Rahimi E, Shabanpour R, Mohammadian A (2020) How is COVID-19 reshaping activity-travel behavior? Evidence from a comprehensive survey in Chicago. Transportation Research Interdisciplinary Perspectives 7: Art. 10021

Singleton AD, Dolega L, Riddlesden D, Longley PA (2016) Measuring the spatial vulnerability of retail centres to online consumption through a framework of e-resilience. Geoforum 69: 6–18

Smart City Loop (2024) Warentransport auf der vorletzten Meile. <https://www.smartcityloop.de/> Zugegriffen: 06.03.2024

Steinke M (2017) Innerstädtische Logistikimmobilien – Neue Herausforderungen durch den Online-Handel? Eine Untersuchung am Beispiel deutscher Metropolregionen. Unveröffentlichte Masterarbeit. RWTH University, Aachen

Stepper M (2016) Innenstadt und stationärer Einzelhandel – ein unzertrennliches Paar? Was ändert sich durch den Online-Handel? Raumforschung und Raumordnung 74(2): 151–163

Süddeutsche Zeitung (2023) Deutlich mehr Unternehmen gehen in die Insolvenz. <https://www.sueddeutsche.de/wirtschaft/einzelhandel-duesseldorf-deutlich-mehr-unternehmen-gehen-in-die-insolvenz-dpa.urn-newsml-dpa-com-20090101-230908-99-122614 > Zugegriffen: 11.11.2023

Thaller C, Telake M, Clausen U, Dahmen B, Leerkamp B (2017) KEP-Verkehr in urbanen Räumen. Verkehrs- und Logistikkonzepte zur effizienten Güterverkehrsabwicklung. In: Proff H, Fojcik T M (Hrsg) Innovative Produkte und Dienstleistungen in der Mobilität. Technische und betriebswirtschaftliche Aspekte. Springer Gabler Wiesbaden, 443–458

Tripp C (2021) Distributions- und Handelslogistik. Netzwerke und Strategien der Omnichannel-Distribution im Handel. Springer Gabler, Wiesbaden

Vahrenkamp R (2013) 25 Years of City Logistics. Why failed the urban consolidation centres? Konferenzpapier zur Konferenz Logistik Management, Bremen

Veres-Homm U, Weber N (2019) Logistikimmobilien – Dreh- und Angelpunkte der Supply Chain. Initiative Logistikimmobilien Logix GmbH, Nürnberg

Vyt D, Jara M, Mevel O, Morvan T, Morvan N (2022) The Impact of Convenience in a Click and Collect Retail Setting: A Consumer Based Approach. International Journal of Production Economics 248:108491

vzbv (Verbraucherzentrale Bundesverband) (2019) Interesse von Nutzung von in-car delivery in der Schweiz. Berlin

Wang K, Gao Y, Liu Y, Nurul Habib K (2023) Exploring the choice between in-store versus online grocery shopping through an application of Semi-Compensatory Independent Availability Logit (SCIAL) model with latent variables. Journal of Retailing and Consumer Services 71: Art. 103191

Weltevreden J W J, Rotem-Mindali O (2009) Mobility effects of b2c and c2c e-commerce in the Netherlands: a quantitative assessment. Journal of Transport Geography 17(2): 83–92

Whysall, P. (2011) Managing decline in inner city retail centres: From case study to conceptualization. Local Economy, 26(1): 3–17.

Wieland T (2021) Auf dem Weg zur digitalen Nahversorgung? Determinanten des Einkaufsverhaltens im Multi- und Cross-Channel-Kontext am Fallbeispiel des Lebensmitteleinzelhandels. *Raumforschung und Raumordnung* 79(2): 116–135

Wieland T (2023a) Pandemic Shopping Behavior: Did Voluntary Behavioral Changes during the COVID-19 Pandemic Increase the Competition between Online Retailers and Physical Retail Locations? Papers in Applied Geography 9(1): 70–88

Wieland T (2023b) Spatial shopping behavior during the Corona pandemic: insights from a micro-econometric store choice model for consumer electronics and furniture retailing in Germany. Journal of Geographical Systems 25(2): 291–326

Wieland T, Hoppe A, Kramer C (2020) Standort, Wettbewerb oder Persönlichkeit: Wer oder was entscheidet über die Adoption des Onlinehandels als Vertriebskanal? In: Schrenk M, Popovich V, Zeile P, Elisei P, Beyer C, Ryser J, Reicher C, Çelik C (Hrsg) REAL CORP 2020: Shaping Urban Change. Livable City Regions for the 21st Century. Proceedings of 25th International Conference on Urban Planning, Regional Development and Information Society. CORP, Wien 799–810

Wotruba M (2016) E-Impact – Auswirkungen des Online-Handels auf den Flächenbedarf im stationären Handel. In: Franz M, Gersch I (Hrsg) Online-Handel ist Wandel. Geographische Handelsforschung 24. MetaGIS, Mannheim 23–37

Zeit online (2020) Union fordert Besteuerung des Onlinehandels. <https://www.zeit.de/wirtschaft/2020-12/corona-krise-pakete-online-handel-steuer-einzelhandel-hilfspaket> Zugegriffen: 02.06.2023

Zhang D, Zhu P, Ye Y (2016) The effects of E-commerce on the demand for commercial real estate. Cities 51: 106–120

Zielke S, Komor M, Schlößer A (2023) Coping strategies and intended change of shopping habits after the Corona pandemic – Insights from two countries in Western and Eastern Europe. Journal of Retailing and Consumer Services 72: Art. 103255

Zurel O (2020) Is Europa ready for in-car delivery? Parcel and postal technology. <https://www.parcelandpostaltechnologyinternational.com/opinion/is-europe-ready-for-in-car-delivery.html> Zugegriffen: 17.2.2020

Handelslandschaften: Vielfalt der Räume, Dynamik der Märkte

5

5.1 Stationärer Handel als Leitfunktion? Zur Zukunft des Einzelhandels im urbanen Raum

Cordula Neiberger

5.1.1 Einzelhandel und Stadtentwicklung

Der Einzelhandel hatte historisch eine zentrale Bedeutung für die Entwicklung und das Wachstum der europäischen Städte. Seit dem Mittelalter fungieren sie als Handelszentren; Märkte, Messen und später feste Ladengeschäfte waren entscheidend für den lokalen und überregionalen Austausch. Viele Städte wurden an Handelsrouten gegründet und lebten von diesem Standortvorteil (z. B. Stapelrecht). Zudem waren diese Plätze nicht nur Orte des Handels, sondern auch soziale Zentren, an denen Menschen zusammenkamen, Nachrichten austauschten und Gemeinschaften bildeten.

Märkte und Geschäfte prägen das Erscheinungsbild europäischer Städte. Straßen und später der öffentliche Personennahverkehr (ÖPNV) wurden auf die Stadtmitte ausgerichtet. Von den großen Marktplätzen und Handelsgassen bis hin zu den prachtvollen Kaufhäusern der Gründerzeit beeinflusste der Einzelhandel die städtebauliche Entwicklung. Auch in den schnell gewachsenen formlosen Städten des Industriezeitalters (z. B. Ruhrgebiet) gaben Waren- und Kaufhausbauten und die mit ihnen entstehenden Bauten von Banken, Versicherungen und Verwaltung den neuen Städten erst eine funktionale Mitte.

Ausschließlich aufgrund der besseren Lesbarkeit wird auf die gleichzeitige Verwendung männlicher, weiblicher und diverser Sprachformen verzichtet. Sämtliche Personenbezeichnungen gelten gleichermaßen für alle Geschlechter.

© Der/die Autor(en), exklusiv lizenziert an Springer-Verlag GmbH, DE, ein Teil von Springer Nature 2025
C. Neiberger et al., *Onlinehandel und Raum*,
https://doi.org/10.1007/978-3-662-70185-0_5

Die Stadtmitte war das Zentrum des städtischen Lebens und damit entstand früh ein Ansiedlungsdruck, der steigende Grundstücks- und Mietpreise und damit eine Selektion von Handel und anderen ökonomischen Nutzungen sowie auch innerhalb des Handels hervorrief. Die Durchsetzungsfähigkeit einer Nutzung ist dabei abhängig vom Ertrag, gemessen an Kapitaleinsatz und benötigter Fläche. Letztlich ist somit die innerstädtische Einzelhandelsentwicklung eine Kette von Anpassungs- und Selektionsprozessen von Unternehmen, Branchen und Betriebsformen (Heinritz et al. 2003).

Seit den 1970er Jahren erhielten die Innenstädte jedoch Konkurrenz von neuen Betriebs- und Agglomerationsformen (Selbstbedienungs-(SB-)Warenhaus, Shopping-Center, Fachmarktzentren), deren Standorte sich jenseits dieser befinden und einen entsprechenden Kaufkraftabfluss bewirkten, dessen Wirkung größer war, je kleiner die Innstädte, also umso weniger Verkaufsfläche vorhanden war (siehe Abschn. 1.1). Durch eine verschärfte Gesetzgebung (§ 11 BauNVer) und die konsequente Anwendung dieser wurden im Laufe der Zeit immer mehr Shopping-Center in Stadtteilzentren oder Innenstädten errichtet. Aber auch dies konnte nicht immer die traditionellen Einkaufsbereiche retten. Letztlich führt die Annahme von Kommunen und Handelsunternehmen, dass die Attraktivität einer (Innen-)Stadt allein von der Größe der Verkaufsfläche abhängig sei, zu einem inter- wie auch intrakommunalem Wettbewerb. Vielerorts kam es damit zu einem Überbesatz an Verkaufsfläche, was schon in den 1990er Jahren Leerstände und Trading-Down-Prozesse ganzer Einkaufsstraßen mit sich brachte.

Innenstadt-Einzelhandel hat somit schon in den letzten 50 Jahren kontinuierlich an Bedeutung verloren. Bereits 2002 konstatierte Heinritz daher, dass der Einzelhandel die (Innen-)Stadt nicht mehr braucht, die (Innen-)Stadt aber den Einzelhandel. Schon in dieser Zeit war die flächenhafte Dominanz der Einzelhandelsnutzung in den Innenstädten beendet, Handelsunternehmen finden sich vorwiegend nur noch in den 1A-Lagen, hinzu kommen kleinere Inseln der Spezialisierung (Heinritz et al. 2003).

Unterstützt wurde diese Entwicklung durch die kontinuierliche Abnahme von Bevölkerung und Arbeitsplätzen in vielen Innenstädten durch Suburbanisierungsprozesse, die sowohl die Verlagerung von Wohnraum und Arbeitsstätten in das Umland betreffen als auch die Verlagerung von Verwaltungsaufgaben (insbesondere im Zuge der Belebung von randstädtischen Konversationsflächen in den 1990er Jahren) und Bildungseinrichtungen (Universitäten), die auch in neuerer Zeit noch stattfinden. Damit gingen und gehen auch heute noch den Innenstädten Funktionen verloren, deren Anwesenheit eine Belebung hervorbringen könnte.

Mit der Digitalisierung trat nun ein weiterer „Standort" des Einzelhandels auf: das Internet. Das Wachstum des Onlinehandels ist nahezu explosiv, trotzdem wird noch immer der Großteil des Einzelhandelsumsatzes stationär generiert. Im Jahr 2022 waren dies 84,6 % am gesamtdeutschen Handel. Allerdings ist dies auch auf den noch immer niedrigen Anteil des Lebensmittelonlinehandels zurückzuführen, der 2022 nur 2,9 % betrug; der Onlineanteil im Non-Food-Bereich beträgt dagegen 18,6 %. Dessen Märkte weisen sehr unterschiedliche Onlineanteile aus, von 7,2 % im Bereich Heimwerken/Garten, über 21,9 % bei Schmuck und Uhren bis hin zu 40,2 % im Markt für CE/Elektro und 42,9 % im Markt von Fashion und Accessoires.

5.1 Stationärer Handel als Leitfunktion ...

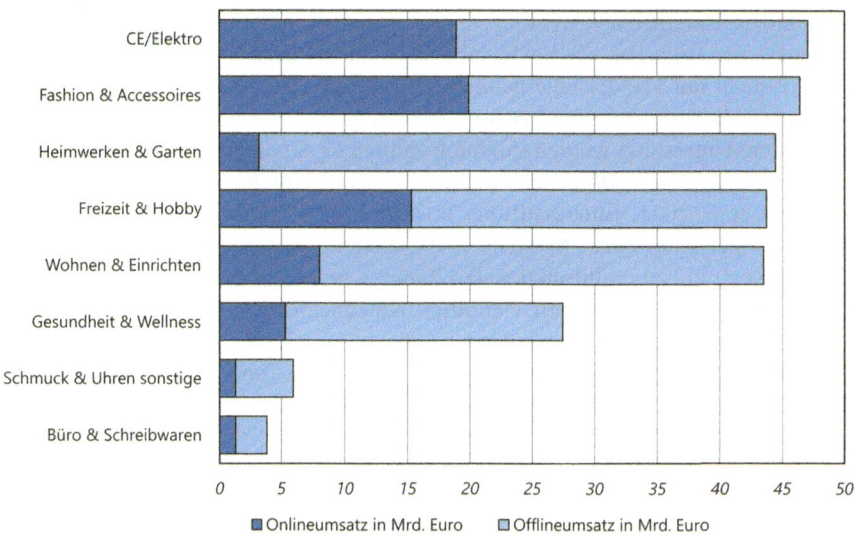

Abb. 5.1 Anteile des Onlinehandels an den Gesamtumsätzen der jeweiligen Branchen 2022. (Eigene Darstellung, Daten: HDE 2023)

Bemerkenswert ist dabei, dass alle diese Werte zu den durch COVID-19 gestiegenen Werten des Jahres 2022 wieder gefallen sind (HDE 2023). Möglicherweise ist das ein Indiz dafür, dass sich langfristig die Onlineanteile auf einem (je nach Branche unterschiedlichem) Niveau einpendeln werden (Abb. 5.1).

Viele Menschen schätzen nach wie vor das Einkaufen im stationären Handel, allerdings haben sich ihre Ansprüche durch die Erfahrungen im Netz geändert. So ist es für Verbraucher einfacher geworden, Preise und Produkte zu vergleichen. Dies erhöht den Wettbewerbsdruck auf Handelsunternehmen, die nun nicht nur mit lokalen Geschäften, sondern mit Anbietern weltweit konkurrieren. Zudem hat die Digitalisierung die Erwartungen der Kunden an Bequemlichkeit und Geschwindigkeit erhöht. Die Verbraucher erwarten eine nahtlose Einkaufserfahrung, die die Kanäle online und offline umfasst. Viele Einzelhandelsunternehmen verbinden deshalb ihre Online- und Offline-Präsenzen, um eine nahtlose Kundenerfahrung zu schaffen (Multi-Channel-Konzepte). Dies umfasst u. a. die Möglichkeit, online zu bestellen und im Laden abzuholen (Click and Collect), die Verfügbarkeitsabfrage von Produkten in lokalen Geschäften oder die Lieferung von im Laden nicht vorrätigen Produkten nach Hause (siehe Abschn. 1.2).

Gleichzeitig erwarten die Kunden auch neue Technologien im Ladengeschäft, um das Einkaufserlebnis zu verbessern. Dazu gehören u. a. interaktive Displays, Virtual-Reality-Anproben und Selbstscan-Kassen (Heinemann 2023). Das alles erhöht den Druck auf die stationären Handelsunternehmen immens, da sie nun auch ihre Geschäftsmodelle überdenken und digital erweitern müssen, um wettbewerbsfähig zu bleiben. Zudem sind hohe Investitionen notwendig. Der Druck durch den Onlinehandel hat bereits zu einer Welle von Geschäftsschließungen und der Neugestaltung von Einzelhandelsflächen geführt. Dies betrifft mittlerweile nicht mehr nur kleine oder mittlere Unternehmen (KMU), sondern auch Filialunternehmen in solch innenstadtrelevanten Branchen wie Bekleidung und Schuhe (siehe Abschn. 1.2).

Doch nicht nur Handelsunternehmen stehen unter Druck, auch die Kommunen sind sich ihrer Verantwortung bewusst, lebendige Innenstädte und Stadtteilzentren zu erhalten. Unterstützt werden sie durch zahlreiche Studien und Positionspapiere, die die Problematik aufgreifen und vielfältige Empfehlungen abgeben (z. B. Baumgart et al. 2021; Bundesstiftung Baukultur et al. 2020; Deutscher Städtetag 2021; Diringer et al. 2022; MWiDE 2019). Letztlich wird eine „Transformation" der Innenstadt hin zu multifunktionalen Räumen gefordert. Nicht eine Leitnutzung wie der Einzelhandel, sondern vielfältige Nutzungen sollen die Innenstädte bereichern. Hierzu werden immer wieder genannt (in alphabetischer Reihenfolge): Bildung, Büro, Erholung und Freizeit, Gesundheit, Gastronomie, Handel, Hotellerie, Kunst und Kultur, Produktion, Handwerk und Dienstleistungen, Religion, Soziales, Verwaltung und Wohnen (Diringer et al. 2022).

Sicherlich hat diese Vision eine große Strahlkraft, bleibt bisher aber doch eher im Allgemeinen. Multifunktionale Zentren können eine besondere Ausstrahlung entwickeln und entsprechend Menschen anlocken. Konkrete Ziele und Umsetzungsstrategien können aber nur durch die Kommunen selbst entwickelt werden und dies im Zusammenspiel mit allen beteiligten Akteuren. Das erfordert eine aktive Auseinandersetzung mit Schrumpfungs-, Umstrukturierungs- und Verdichtungsprozessen. Ob eine multifunktionale Nutzung im Sinne von „Gleiche unter Gleichen" sinnvoll ist oder es doch eher „Leitnutzungen" bedarf, muss diskutiert werden. Hier müssen potenzielle Nutzungskonflikte, mögliche Abhängigkeiten zwischen Nutzungen und Synergieeffekte sowie das Gemeinwohl ebenso berücksichtigt werden wie die Notwendigkeit der ökonomischen Immobilienverwertung. Es handelt sich um ein durchaus komplexes Problem, dessen Wirkungszusammenhänge nicht leicht überschaubar sind.

Befragungen der Besucher nach dem Hauptanlass für den Besuch in der Innenstadt zeigen jedoch nach wie vor die hohe Bedeutung des Einkaufens. So liegt dieser in Städten mit mehr als 500.000 Einwohnern 2022 bei durchschnittlich 58,9 % (donnerstags) und 67,2 % (samstags); in Städten zwischen 50 und 100.000 Einwohnern bei 55,5 % (donnerstags) und 64,5 % (samstags; IFH 2023). Das Bundesinstitut für Bau-, Stadt- und Raumforschung (BBSR) konstatiert 2023: „Nach den bislang vorliegenden Daten und der Mehrzahl der Expertenmeinungen ist davon auszugehen, dass der stationäre Einzelhandel weiterhin eine bedeutende, wenn nicht die entscheidende Funktion für eine attraktive Innenstadt bleiben wird" (BBSR 2023:11).

5.1.2 Verschiedene Städte – unterschiedliche Zukünfte

Die Abwanderung von Kaufkraft in den Onlinehandel betrifft die stationären Umsätze insgesamt, wirkt aber unterschiedlich auf die Einzelhandelsstandorte. Diese haben zwar eine lange Geschichte, werden aber letztlich immer wieder im Zusammenspiel der Interessen verschiedener Akteure wie Einzelhandelsunternehmen, Kunden und Politik und Planung neu ausgehandelt. Inwieweit Städte für

Unternehmen und Kunden attraktiv sind, ist von verschiedenen Faktoren abhängig. Wichtige Faktoren sind dabei Stadtgröße und zentralörtliche Bedeutung. Aber auch die individuellen Ausgangslagen wie Historie und Attraktivität der Bausubstanz sowie demographische und wirtschaftliche Entwicklungen spielen eine Rolle. Zudem ändern sich mit dem zunehmenden Onlinehandel auch die Ansprüche der Kunden an den stationären Handel an sich, denen vielleicht nicht alle Handelsunternehmen gerecht werden können.

> **Box**
> Das BBSR unterschiedet drei Typen der 3223 Städte in Deutschland nach Einwohnerzahl (BBSR 2017):
> Großstadt: Gemeinde eines Gemeindeverbandes oder Einheitsgemeinde mit mindestens 100.000 Einwohnern; diese Städte haben meist oberzentrale, mindestens jedoch mittelzentrale Funktion. Die Gruppe der Großstädte kann unterschieden werden in 15 große Großstädte mit mindestens 500.000 Einwohnern und kleinere Großstädte mit weniger als 500.000 Einwohnern.
> Mittelstadt: Gemeinde eines Gemeindeverbandes oder Einheitsgemeinde mit 20.000 bis unter 100.000 Einwohnern; überwiegend haben diese Städte mittelzentrale Funktion. Die Gruppe der Mittelstädte kann unterschieden werden in große Mittelstädte mit mindestens 50.000 Einwohnern in der Gemeinde eines Gemeindeverbandes oder Einheitsgemeinde, kleine Mittelstädte mit weniger als 50.000 Einwohnern.
> Kleinstadt: Gemeinde eines Gemeindeverbandes oder Einheitsgemeinde mit 5000 bis unter 20.000 Einwohnern oder mindestens grundzentraler Funktion. Die Gruppe der Kleinstädte kann unterschieden werden in größere Kleinstädte mit mindestens 10.000 Einwohnern in der Gemeinde eines Gemeindeverbandes oder Einheitsgemeinde, kleine Kleinstädte mit weniger als 10.000 Einwohnern.
> Mit dieser einfachen Gliederung kann aufgrund der vielfältigen Einflussfaktoren auf die Entwicklung des Einzelhandels in den verschiedensten Städten kaum gerecht werden, aber sie bietet wichtige Anhaltspunkte für eine erste Einordnung.

Großstädte
Die Innenstädte der großen Großstädte Deutschlands (mindestens 500.000 Einwohner) haben seit jeher eine hohe Anziehungskraft sowohl auf Einzelhandelsunternehmen als auch auf Kunden. Dies zeigt sich an den Verdrängungstendenzen innerhalb des Einzelhandels, wodurch kaum noch inhabergeführte Fachgeschäfte in den 1A-Lagen zu finden und auch Filialunternehmen längst einer starken internationalen Konkurrenz ausgesetzt sind. In diesen Innenstädten werden die neuen, internationalen Konzepte und Marken erprobt, durchaus auch mit hybridem Charakter (z. B. Showrooms). Ebenso sind vermehrt Onlinehandelsunternehmen (Internet Pure Player, IPP) zu finden, die die Nähe zu den Kunden suchen und eigene Konzepte erproben (Hover 2016).

Entsprechend hoch sind die Passantenfrequenzen; so betrugen die Stundenspitzen (15–16 Uhr) in den 1A-Lagen von München, Kaufingerstr. 16.207; Köln, Schildergasse (Mitte) 14.969; Stuttgart, Königstraße (Mitte) 13.534 Passanten (gemessen am 09.03.2024; hystreet.com 2024) – ein Aufkommen, das von Besuchern durchaus als „Gedränge" empfunden werden kann (36 % in München; Monheim 2024). Gegen die Empfehlung Monheims (2024), die Geschäftslagen daher auszuweiten, sprechen allerdings die bisherigen Befunde, die neben steigenden Mieten in den begehrten 1A-Lagen auch eine Zunahme von Leerständen in allen anderen Lagen konstatieren (BBSR 2017; IVG Immobilien AG 2013). Hier stellt sich die Frage, inwieweit Aufwertungsmaßnahmen in den Nebenlagen greifen können und welche Auswirkungen diese wiederum für die Gesamtstadt hätten, denn nur bei einer absoluten Zunahme von Passanten oder einem längeren Aufenthalt bei größerer zurückgelegter Strecke kann davon ausgegangen werden, dass es nicht nur zu Verlagerungstendenzen kommt.

Eine Besonderheit betrifft die TOP-5 des Einzelhandels in Deutschland: München, Hamburg, Düsseldorf, Frankfurt und Berlin. Hier existieren neben den passantenstarken 1A-Lagen auch Luxuslagen, in denen nach wie vor sehr erfolgreich weltweite Luxusmarken eigene Geschäfte unterhalten. Frequentiert werden sie von Käufern mit hohem Einkommen aus den Städten und deren Umgebung, internationalen Touristen (insb. aus China, Japan und (früher) Russland), aber auch zunehmend Menschen mit mittlerem Einkommen, die bereit sind, hohe Preise für international bekannte Marken zu zahlen (Luxurisierung; Hahn 2020a; Psotta 2014; siehe auch Abschn. 5.3).

Aufgrund der Modernität der Innenstädte sind die großen Großstädte Kundenmagneten; auch junge Menschen nutzen sie zum Stadtbummel, wobei die Gastronomie eine zunehmende Rolle spielt. Wichtige Kundengruppen neben der lokalen Bevölkerung sind die Besucher aus dem Umland wie auch nationale und internationale Touristen.

Die Innenstädte kleinerer Großstädte in dicht besiedelten Regionen wie bspw. dem Ruhrgebiet dagegen stehen in inter- wie intrakommunaler Konkurrenz. Hier hat diese Konkurrenz in den letzten Jahrzehnten zu einem übermäßigen Aufbau an Verkaufsfläche geführt, die nun durch die Abwanderung des Einzelhandelsumsatzes in das Internet nicht mehr benötigt wird. Wichtig wäre daher eine Verringerung der Verkaufsfläche an entsprechenden Randstandorten, um die zentralen Standorte attraktiv zu erhalten – eine Maßgabe, die aufgrund der begrenzten Entscheidungs- und Durchsetzungsmöglichkeiten der Kommunen schwierig umzusetzen ist.

Hinzu kommt der kontinuierliche Abbau der Warenhausstandorte, der in kleineren Städten begonnen und mittlerweile auch die kleinen Großstädte (sowie Stadtteilzentren der großen Großstädte) erreicht hat. Die Leerstandsbelebung hat sich aufgrund der Größe der Immobilien und problematischen Drittverwertbarkeit als äußerst schwierig erwiesen. Zwar zeigt sich, dass ein Großteil der Immobilien nach einer (eher längeren) Zeit wieder genutzt werden, allerdings nimmt der Anteil des Einzelhandels ab und ist in aller Regel nur noch im Erdgeschoss zu finden. Eine Nutzungsmischung ist hier die Regel, wobei diese sehr vielfältig sein kann: Büro, Wohnen, öffentliche Verwaltung, Kultur, Bildung, Freizeit, Hotel Gastronomie, Pflege und Gesundheit (Hangebruch und Haag 2024).

Problematisch ist dabei, dass es sich bei der Einzelhandelsnutzung häufig lediglich um Nahversorger sowie Discountfilialisten handelt. Dieser Trading-Down-Prozess ist ebenso im Umfeld der Standorte zu beobachten. Eine Untersuchung in Mühlheim an der Ruhr und Ludwigshafen (beide etwa 170.000 Einwohner) hat gezeigt, dass nach einer starken Zunahme des Leerstandes mit der Neubelebung der Warenhausstandorte auch wieder Nutzungen einzogen, sich diese allerdings im Bereich (System-)Gastronomie, Dienstleistungen und discountorientierte Formate des Einzelhandels bewegen (Heintz 2023). Zu einer ähnlichen Einschätzung kommt das BBSR 2023.

Mittelstädte

Die Einzelhandelsentwicklung von Mittelstädten abzuschätzen ist aufgrund ihrer unterschiedlichen Größe, Bevölkerungsentwicklung sowie Lage und Historie nur sehr schwer möglich. Auch hier gilt: Je größer Stadt und Einzugsgebiet sind und je positiver die demographische Entwicklung, umso höher die Wahrscheinlichkeit eines prosperierenden Einzelhandels. Auch eine Attraktivität der Städte für den Tourismus kann unterstützend wirken, insbesondere, wenn diese durch das Vorhandensein des inhabergeführten Einzelhandels eine gewisse Individualität bewahrt haben (BBSR 2017).

Allerdings nimmt bei abnehmender Bevölkerung, großer Konkurrenz zu benachbarten Städten und architektonisch unattraktiven Innenstädten mit geringer Aufenthaltsqualität die Zahl der Kunden ab. Hierdurch schwindet auch das Interesse von Filialunternehmen an einer Ansiedlung, was wiederum den Attraktivitätsverlust beschleunigt und auch den inhabergeführten Einzelhandel in eine oftmals bedrohliche Lage bringt (Stepper 2016).

Die Problematik der Warenhausstandorte besteht in Mittelstädten wie in den kleineren Großstädten, kann in Mittelstädten jedoch aufgrund der größeren Gefährdung der Innenstädte durch nicht integrierte Standorte (Shopping-Center, Fachmarktcenter, SB-Warenhäuser) noch gravierendere Auswirkungen haben. Das Gleiche gilt für die Schließung von Filialunternehmen (insbesondere im Bereich Kleidung und Schuhe), die gerade nach COVID-19 ihre Netze ausdünnen und damit häufig an kleineren Standorten ansetzen (siehe Abschn. 1.2.)

Diese Städte benötigen eine klare Zieldefinition hinsichtlich einer langfristigen Innenstadtnutzung, in der insbesondere die Nutzergruppen (z. B. einheimische Bevölkerung, Umlandbevölkerung, Pendler, Touristen) definiert und hinsichtlich notwendiger und möglicherweise neuer Funktionen und äußerer Erreichbarkeit klar adressiert sein sollten.

Kleinstädte

Kleinstädte in Verdichtungsräumen oder in der Nähe zu größeren Städten mit einem starken Einzelhandelsangebot geraten unter Druck, da nahe gelegene Mittel- oder Oberzentren die Kaufkraft abschöpfen, ebenso wie geplante Handelsagglomerationen im nicht integrierten Bereich. Hier kann die Handelsfunktion verloren gehen und die Kommunen sind aufgerufen, Nachnutzungsoptionen zur Belebung der Innenstädte hin zu multifunktionalen Zentren zu finden. Verstärkt wird die Problematik durch die oftmals schon seit den 1980er Jahren erfolgte Verschiebung der Kaufkraft in Standorte an die Stadtränder.

Kleinstädte in peripheren Lagen dagegen können eine wichtige Versorgungsfunktion für ihr Umland innehaben, sodass sowohl die Nahversorgung als auch, zumindest teilweise, noch darüber hinaus Einzelhandelsangebote des mittelfristigen Bedarfs bestehen bleiben können. Kleinstädte können zudem vom Tourismus profitieren. Beispielsweise verzeichnet Füssen (16.000 Einwohner) aufgrund seiner historischen Altstadt und der Nähe zu den Schlössern König Ludwigs in den Sommermonaten täglich bis zu 15.000 Passanten in der Innenstadt (Frieser und Hilpert 2021).

> **Box: Hierarchisierung innerhalb von Städten**
> Eine hierarchische Gliederung des Einzelhandels findet sich aber auch innerhalb von Städten. Je größer diese sind, umso differenzierter sind die Einzelhandelslagen. Entsprechend der Hierarchiestufe finden sich unterschiedliche Betriebsformen, typische Sortimente und Organisationsformen des Einzelhandels, die allerdings ebenso in den letzten Jahrzehnten durch die veränderten Rahmenbedingungen starken Restrukturierungstendenzen unterworfen waren. Tab. 5.1 fasst dies anhand einer typischen Großstadt zusammen.

Tab. 5.1 Veränderungen eines innerstädtischen Zentrensystems. (Ergänzt nach Kulke 2017:164)

Standort	Einzugsbereich	Einzelhandel	Sonstige Dienstleistungen
City	Stadt und Umland	Mittel- und langfristiger Bedarf, Kauf- und Warenhäuser, Fachgeschäfte, Filialisten, auch international, City-Markt für kurzfristigen Bedarf, Filialisten	Fachärzte, Restaurants, Hotels, Theater, Fast Food
Stadtteilzentrum	Teilgebiete der Stadt	Früher inhabergeführter Fachhandel des mittelfristigen Bedarfs, heute eher kurzfristiger Bedarf, spezialisiert auf Käufergruppen (z. B. Bio-Laden, ethnische Geschäfte, Bedarf für ältere Menschen)	Fitness-Studio, Reinigung, Friseur, Gastronomie hat stark zugenommen
Nachbarschaftszentren	Umgebendes Gebiet	Kurzfristiger Bedarf, Verbrauchermarkt, Filialist	Einfache Dienstleistungen, z. B. Friseur, Reinigung
Ladengruppe	Umgebende Baublöcke	Kurzfristiger Bedarf, Supermarkt, Filialist	Imbiss
Streulage	Nahbereich	Kurzfristiger Bedarf, kleiner Supermarkt nicht mehr vorhanden, heute ersetzt durch Discounter, Filialist, mit Parkplatz	

Dabei sind die Stadtzentren (City) nach wie vor vom Einzelhandel geprägt. Aufgrund des großen Einzugsgebietes aus Stadt und Umland, teilweise auch überregional (Touristen), finden diese Bereiche bei Filialisten, zunehmend auch ausländischen, noch immer großes Interesse. Hier werden neue Konzepte und Betriebsformen getestet, auch Konsumartikelhersteller siedeln ihre Flagship-Stores an und IPP probieren stationäre Formate aus. Es gibt keine Leerstände, wenn nur als sporadischer Leerstand, also im Rahmen der normalen Fluktuation. Nach der Randwanderung des immer großflächiger werdenden Lebensmitteleinzelhandels (LEH) schließen heute kleinflächige Betriebsformen wie City-Märkte und Convenience-Stores die Lücken. Teilweise stehen 1B-Lagen unter Druck, mitunter sind an den Enden von zu langen Einkaufsstraßen Trading-down-Prozesse zu beobachten.

Große Umbrüche dagegen sind in den Stadtteilzentren zu verzeichnen. Traditionell vom inhabergeführten Fachhandel und dessen Betriebsform des Fachgeschäfts geprägt, verschwinden diese zunehmend. Heute ist eine Prägung durch die ansässige Bevölkerung zu beobachten, beispielsweise Bio-Läden, Boutiquen, Concept-Stores, Cafés und Bars in den Gentrifizierungsgebieten, oder stark migrantisch geprägter Einzelhandel und Gastronomie in den entsprechend segregierten Stadtteilen. Die Passantenfrequenzen sind deutlich geringer als die der Innenstadt und die Höhepunkte im Tagesverlauf etwas früher angesiedelt. Beides weist auf das kleinere Einzugsgebiet des Stadtteils und die Funktion der Nahversorgung hin. Durch vermehrte Nutzung von Homeoffice können diese wohnstandortnahen Einkaufsbereiche profitieren (Abb. 5.2).

Die Einkaufslagen der Stadtteile sind häufig durch den motorisierten Individualverkehr (MIV) befahrbar, teilweise prägen Parkplätze das Bild. Aufgrund des geringen Einzugsbereiches der Kunden und damit einer guten Erreichbarkeit durch Verkehrsmittel des Umweltverbundes könnte hier durch Verkehrsberuhigungsmaßnahmen bis hin zur Einrichtung von Fußgängerzonen die Aufenthaltsqualität des öffentlichen Raumes verbessert werden (BBSR 2023).

Nachbarschaftszentren und Ladengruppen sind nicht immer klar unterscheidbar, beide waren und sind geprägt durch Einzelhandel des kurzfristigen Bedarfs wie Supermärkte, aber auch Drogerie und Lebensmittelhandwerk, ergänzt durch einfache haushaltsnahe Dienstleistungen. Heute finden sich aufgrund des Betriebsformenwandels verstärkt großflächige Filialbetriebe, aber nur wenig Lebensmittelhandwerk, da dies generell aufgrund der Konkurrenz der großflächigen Betriebsformen und Fachkräftemangel zurückgeht. Teilweise sind die Standorte aber auch nicht mehr genutzt. Streulagen in Wohngebieten sind im Zuge des Betriebsformenwandels weitgehend aufgegeben, die Nahversorgung wird vielfach von Discountern gewährleistet, allerdings an randlichen Standorten mit Parkplatzangebot.

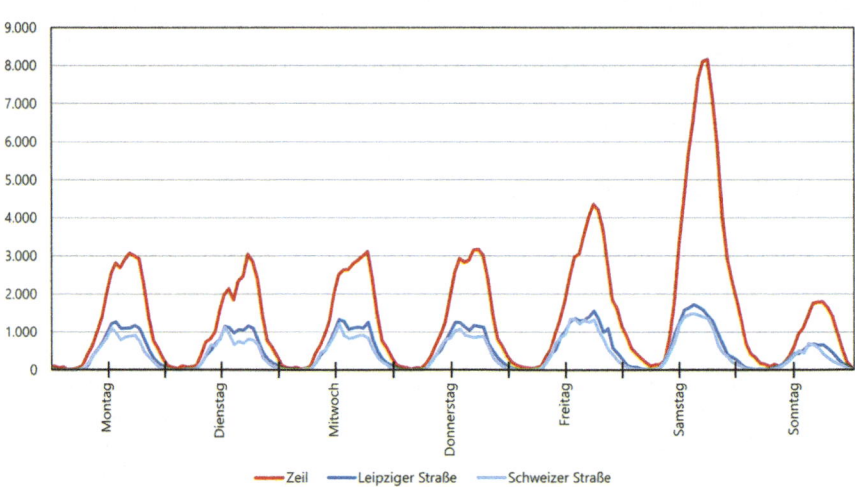

Abb. 5.2 Passantenfrequenzen in Frankfurt a. M., Vergleich City (Zeil) zu Stadtteilzentren. (Eigene Darstellung, Daten: Hystreet.com)

5.1.3 Fazit

Städte unterliegen einem ständigen Wandel, der durch veränderte gesellschaftliche, ökonomische, technologische und ökologische Rahmenbedingungen und Anforderungen geprägt ist. Nach jahrzehntelangem Wachstum der Einzelhandelsflächen hat ein Schrumpfungsprozess eingesetzt, der räumlich äußerst unterschiedlich verläuft und letztlich zu einer Ausdünnung und Polarisierung der Einzelhandelslandschaft führen wird. Damit nimmt die Bedeutung des Einzelhandels für Städte und Stadtteile auch in unterschiedlichem Maße ab und somit ist es notwendig, das komplexe Verhältnis von Stadtgröße, Einzugsbereichen, Besucheranforderungen und unterschiedlichsten Nutzungen zu verstehen und zu lenken. Hierzu sollten die Kommunen im Zusammenspiel mit allen Akteuren Ziele und Strategien entwickeln, um unsere Städte und Stadtteile lebendig und den Einzelhandel wann immer möglich als Leitfunktion zu erhalten.

5.2 Onlinehandel als Nahversorgung? Die Zukunft des Handels im ländlichen Raum

Thomas Wieland

5.2.1 Rückzug der Nahversorgung „aus der Fläche"

Der Betriebsformenwandel und die damit verbundenen Veränderungen in der Standortstruktur des Einzelhandels (siehe Abschn. 1.1) haben den ländlichen

Raum – genauer: die Strukturen des Angebots kurzfristiger bzw. nahversorgungsrelevanter Güter außerhalb der Städte – unverhältnismäßig stark getroffen. Ein wichtiger Grund hierfür ist die *Maßstabsvergrößerung* der Betriebsformen des LEH, wobei kleinflächige Anbieter sukzessive zugunsten von großflächigen Super- und Verbrauchermärkten sowie Lebensmittel-(LM-)Discountern verschwinden, was die durchschnittliche Größe der LM-Märkte ansteigen lässt (Eberhardt et al. 2021). So ist die Anzahl von LM-Märkten von 1960 bis 2019 von rd. 161.000 auf rd. 37.000 gesunken, wobei die Angabe für 1960 nur westdeutsche Verkaufsstellen inkludiert; die Verkaufsfläche dieser Märkte ist im selben Zeitraum von rd. 5 Mio. m^2 auf rd. 36 Mio. m^2 gestiegen. Zum Vergleich: 1991 – inklusive der neuen Bundesländer – existierten rd. 86.000 LM-Märkte mit einer Verkaufsfläche von rd. 23 Mio. m^2 (siehe Abb. 5.3). Einerseits ersetzt ein großflächiger Markt mehrere früher existierende kleine Läden, was effektiv eine *Netzausdünnung* bedeutet. Andererseits erfordert eine größere Verkaufsstelle zugleich höhere *Mindestumsätze* (bzw. Mindestmarktgebiete), um betriebswirtschaftlich tragfähig zu sein (Kulke 2020). So betragen die Mindestgrößen für Standortgemeinden bei Neuansiedlungen der gängigen LEH-Ketten i. d. R. mindestens 5000 Einwohner (Wieland 2015b).

Es ist somit nicht verwunderlich, dass in vielen ländlichen Gemeinden die LEH-Versorgung wegbricht und aufgrund einer Unterschreitung der Tragfähigkeitsschwelle keine neuen Betriebe eröffnet werden. Der Lebensmittelhandel hat sich in ländlichen Regionen über Jahrzehnte auf weniger Standortgemeinden

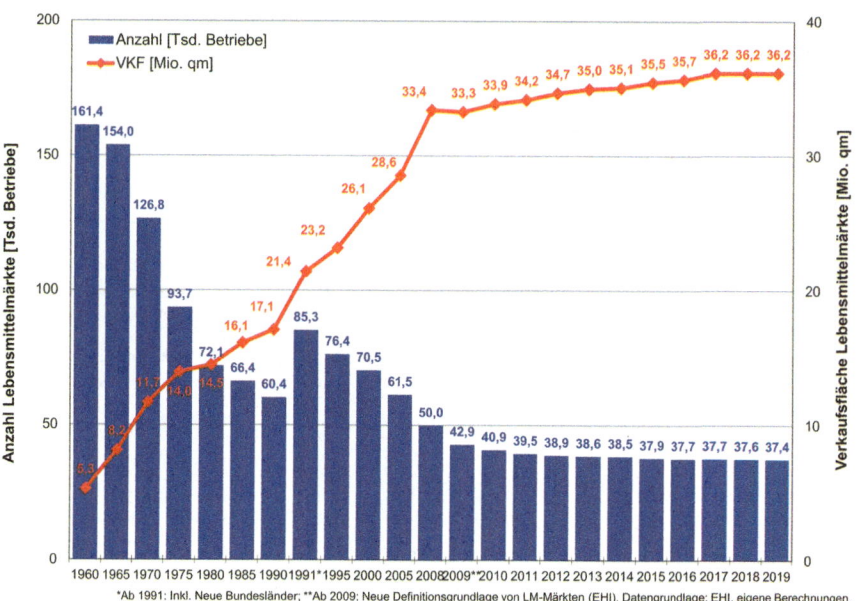

Abb. 5.3 Entwicklung von Anzahl und Verkaufsfläche (VKF) der Lebensmitteleinzelhandel- (LEH-)Verkaufsstellen in Deutschland 1960–2019. (Quelle: eigene Darstellung nach Wieland 2015b, S. 12, verändert)

konzentriert, während immer mehr kleine Gemeinden ohne einen solchen Nahversorger zurückbleiben. Bisweilen wird hier mittlerweile auch in Deutschland der Begriff *food deserts* verwendet, der ursprünglich aus dem US-Kontext stammt, jedoch anfänglich eine andere Bedeutung hatte, nämlich der mangelnde Zugang zu preisgünstiger und gesunder Nahrung, vorzugsweise in einkommensschwachen urbanen Räumen (Jürgens 2018, Jürgens 2020; siehe auch am Beispiel der Nahversorgung in der Vulkaneifel in Abb. 5.4; weitere Studie zur Nahversorgung über die Zeit siehe Steinröx 2013). Die regionalen Disparitäten in der Ausstattung mit Nahversorgung spiegelt sich auch in ihrer Erreichbarkeit, wie mehrere Berechnungen des *Thünen-Instituts für ländliche Räume* zeigen: Die durchschnittliche zurückzulegende Entfernung zum nächstgelegenen LM-Markt ist in ländlichen Räumen deutlich höher; zugleich ist die Anzahl der Anbieter, die innerhalb eines bestimmten Radius (5, 10, 15 min etc.) erreichbar ist, wesentlich geringer als in städtischen Gebieten (Eberhardt et al. 2021; Neumeier 2015).

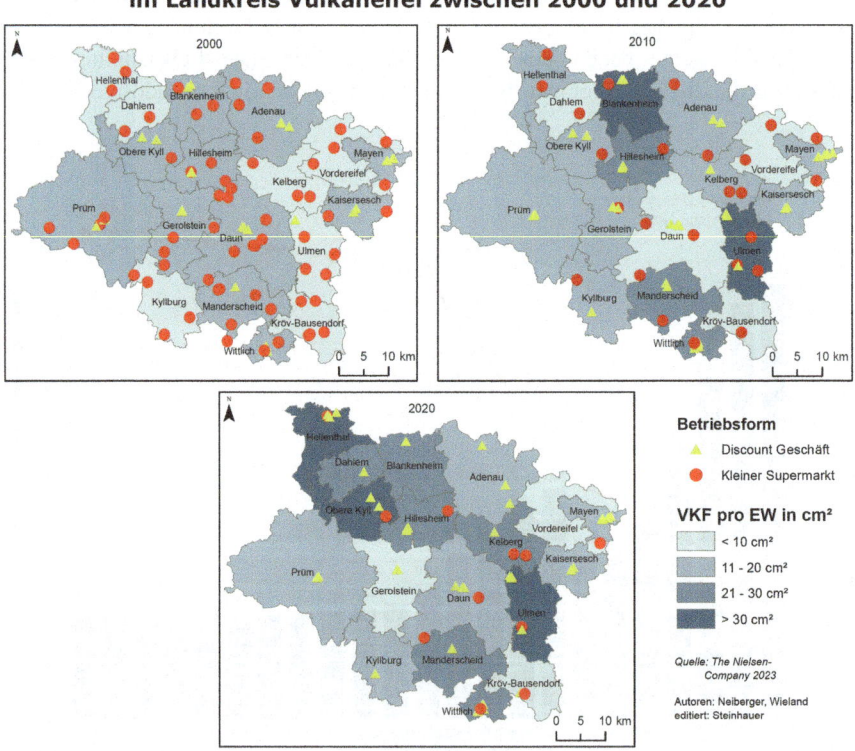

Abb. 5.4 Versorgungsstandorte des Lebensmitteleinzelhandels (LEH) 2000, 2010 und 2020 im Landkreis Vulkaneifel. *VKF* Verkaufsfläche, *EW* Einwohner. (Quelle: eigene Darstellung, Daten The Nielsen-Company 2023)

Um die erodierte Nahversorgung in ländlichen Räumen zu kompensieren, werden sehr verschiedene Lösungsansätze diskutiert. Einerseits wird versucht, über Instrumente der Raumordnung in die Nahversorgungsstruktur einzugreifen; neben der eher impliziten Sicherung der Nahversorgung durch das Zentrale-Orte-Konzept haben mehrere deutsche Bundesländer mittlerweile spezielle Regelungen zur Nahversorgung in ihren Landesentwicklungsprogrammen (Hahn 2020b; Küpper und Scheibe 2015). Andererseits existiert eine Reihe alternativer Angebotsformen: Neben dem Online-Lebensmittelhandel (OLH), dessen Möglichkeiten und Grenzen in Abschn. 5.2.2 diskutiert werden, können (i. d. R. subventionierte) Kleinflächenanbieter („Dorfläden"), personalfreie Angebote zur Selbstbedienung (d. h. Automaten) und mobile Dienste prinzipiell Abhilfe schaffen. Diese Optionen zeichnen sich durch spezifische Stärken und Schwächen aus; so leisten z. B. abholbasierte Dienste nur einen geringen Beitrag zur Sicherung der Versorgung von mobilitätseingeschränkten Personen (Eberhardt et al. 2021). Auch wenn sich die hier skizzierten Entwicklungen auf die Situation in Deutschland beziehen, darf nicht vergessen werden, dass die genannte Problematik in den meisten europäischen Ländern in unterschiedlicher Intensität besteht (Küpper und Tautz 2013).

Es muss zudem bedacht werden, dass zu einer quantitativ und qualitativ ausreichenden Nahversorgung nicht nur LM-Märkte gehören, sondern auch andere Einzelhandels- und sonstige Dienstleistungsbetriebe. Neben dem *Lebensmittelhandwerk* (Bäckereien, Metzgereien) werden hier weitere Anbieter von Gütern des täglichen Bedarfs hinzugezählt, insbesondere *Drogeriemärkte* und *Apotheken* (Kühn 2011; Krüger et al. 2013). In diesen Branchen bestehen vergleichbare Probleme: Im zweitgenannten Fall erfolgte etwa eine beispiellose Netzausdünnung durch die Insolvenz des Unternehmens *Schlecker* im Jahr 2012, das in Deutschland zuvor *Schlecker-*, *Schlecker-XL-* und *Ihr Platz*-Filialen betrieb. Eine besondere Situation – nicht zuletzt aufgrund rechtlicher Rahmenbedingungen – ergibt sich für Apotheken und deren potenzielle Substitution durch Onlinedienste, was in Abschn. 5.2.4 separat diskutiert wird.

5.2.2 Digitale Nahversorgung als Option? Räumliche Disparitäten der Abdeckung von Online-Lebensmittellieferdiensten

Die Distributionsstrategie von onlinebasierten Lieferdiensten ist hochgradig raumspezifisch. Abgesehen von teilweise bestehenden regional differenzierten Lieferpolitiken fällt v. a. auf, dass die Abdeckung des generalisierten OLH in Deutschland im Wesentlichen auf (Groß-) Städte beschränkt ist (Dannenberg und Dederichs 2019; Wieland 2020). Dies zeigen auch die (bisher wenigen) Studien zur Verfügbarkeit bzw. zur Abdeckung von Lieferdiensten: Im Jahr 2017 haben die Verbraucherzentralen Berlin und Brandenburg die räumliche Abdeckung beider Bundesländer mit den (damals) wichtigsten OLH-Anbietern untersucht. Hierbei zeigte sich erwartungsgemäß, dass sämtliche Anbieter in Berlin verfügbar sind, während in Brandenburg nur die Landeshauptstadt Potsdam und einige an Berlin angrenzende Gemeinden eine vergleichbare

Versorgungslage aufwiesen. Auch wenn zu diesem Zeitpunkt beide Bundesländer flächendeckend mit OLH-Angebot abgedeckt waren, so war die Anzahl der den Konsumenten zur Verfügung stehenden Anbieter im ländlichen Raum Brandenburgs deutlich geringer (Verbraucherzentrale Berlin und Verbraucherzentrale Brandenburg 2017).

Am Beispiel Großbritanniens, wo Lebensmittel-Onlinekäufe wesentlich populärer und der Marktanteil des OLH deutlich höher ist (8,8 %) als beispielsweise in Deutschland (1,4 %; Quelle: EHI 2021), untersuchen Newing et al. (2022) räumliche Versorgungsdisparitäten im OLH. Sie verknüpfen hierbei die Verfügbarkeit der nationalen Marktführer (u. a. *Tesco, Asda*) mit den Gemeindetypen nach amtlicher Klassifikation und können auf diese Weise auch ermitteln, wie hoch der Anteil an Haushalten ist, der spezifischen Anbietern zur Verfügung steht. Obwohl die Gesamtabdeckung sehr ausgeprägt ist, bestehen „weiße Flecken" ohne OLH-Verfügbarkeit in abgelegenen ländlichen Regionen: Für 2,68 % der Haushalte in diesem Gebietstyp („remote rural") steht kein Lebensmittellieferdienst zur Verfügung, weitere 11,49 % können nur von einem Unternehmen beliefert werden und haben dementsprechend keine Auswahl. Die vom OLH abgehängten Gebiete sind i. d. R. jene, die auch durch eine unzureichende Versorgung mit stationärem LEH geprägt sind (Newing et al. 2022). Die bisherige Empirie zeigt also, dass die ländlichen Räume tendenziell nicht nur unter wegbrechender stationärer Nahversorgung leiden (siehe Abschn. 5.2.1), sondern auch Online-Alternativen deutlich rarer sind.

Es besteht also ein scheinbarer Mismatch, da die Marktlücke durch wegbrechenden stationären Handel nicht durch Online-Angebot kompensiert wird. Das Kernproblem hierbei ist, genau wie bei LM-Märkten (siehe Abschn. 5.2.1) und allen anderen privatwirtschaftlich organisierten Dienstleistungen, in der betriebswirtschaftlichen Tragfähigkeit des Angebotes zu suchen. Im OLH kehrt sich die räumliche Interaktionsbeziehung zwischen Anbietern und Kunden um, da der Einzelhandelsbetrieb die Güter ausliefern muss (und die etwaigen Liefergebühren nicht beliebig variieren kann). Hierbei muss der (Lebensmittel-)Onlinehändler seine Liefergebiete so definieren, dass der regionale Absatz ausreichend hoch ist und Lieferkosten, die insbesondere im Kontext der Last-Mile-Logistik anfallen, kompensiert werden können (Newing et al. 2022). Dass die Abdeckung im ländlichen Raum durch OLH bisher unzureichend ist, führen Dannenberg und Dederichs (2019) auf drei wesentliche Gründe zurück, die allesamt die Tragfähigkeit dieses Angebots betreffen: Erstens ist die Gewinnspanne im ohnehin schon margenschwachen LEH durch hohe Logistikkosten in dünn besiedelten Gebieten zu gering, als dass sich die Belieferung rentieren würde – selbst unter der Prämisse vergleichsweise hoher Mindestbestellwerte. Zweitens sind viele OLH-Anbieter Multi-Channel-Händler, die die Strukturen ihres stationären Verkaufsstellennetzes bzw. der zugehörigen Logistik (Lager etc.) nutzen; da aber diese Strukturen gerade in abgelegenen ländlichen Gebieten nicht (mehr) existieren, können sie als Onlinehändler darauf auch nicht aufbauen. Drittens spielt auch die räumlich variierende Bevölkerungsstruktur eine Rolle, in dem

Sinne, dass onlineaffine Konsumentengruppen (im Hinblick auf Alter, Familienstand, Beruf etc.) im ländlichen Raum weitaus schwächer repräsentiert sind als in Städten.

5.2.3 Einkaufsverhalten und Erwartungen der Konsumenten

Das räumliche Konsumentenverhalten beim Lebensmitteleinkauf im stationären Handel ist in der geographischen Handelsforschung vergleichsweise gut erforscht. Viele Studien zeigen einen ausgeprägten Einfluss der Erreichbarkeit auf die Einkaufsstättenwahl (je näher, desto höher ist die Auswahlwahrscheinlichkeit); dies bedeutet nicht, dass Konsumenten, wie im Grundmodell der Zentrale-Orte-Theorie impliziert, den nächstgelegenen Standort aufsuchen, sondern dass bei der abwägenden Kaufentscheidung die räumliche Nähe der zur Verfügung stehenden Anbieter das größte Gewicht hat (siehe z. B. Lademann 2007; Wieland 2015a, 2019). Hierbei ist allerdings ein Verkaufsstellennetz mit einer gewissen Angebotsdifferenzierung bereits implizit vorausgesetzt; weitere Faktoren, die neben der Erreichbarkeit (z. B. Wegezeit) die Einkaufsstättenwahl im LEH erklären, sind z. B. die Sortimentsbreite und -tiefe von Supermärkten und Discountern (häufig angenähert durch die Größe der Verkaufsfläche), die Preispolitik oder Kopplungsmöglichkeiten (Rauh und Rauch 2024; Wieland 2021).

Die meisten dieser Determinanten des Einkaufsverhaltens im LEH ändern sich im Multi-Channel-Kontext nicht, also wenn Konsumenten stationäre und Online-Anbieter zur Verfügung haben. Grob zusammengefasst sind es vor allem die Erreichbarkeit des stationären Angebotes, Liefer- bzw. Versandkonditionen, die Einstellung zum Onlinehandel bzw. Internet im Allgemeinen sowie das Alter der Konsumenten, die gemeinsam erklären, warum jemand Lebensmittel online kauft oder nicht. Teilweise hat sich auch gezeigt, dass Stadtbewohner onlineaffiner sind (siehe z. B. Beckers et al. 2022; Chintagunta et al. 2012; Schmid und Axhausen 2019; Wieland 2021, ausführlich siehe auch Abschn. 3.1). Die Cross-Channel-Einbindung einzelner Super- und Verbrauchermärkte (Click and Collect bei z. B. *Edeka, Rewe*) zeigte sich in einer Studie mit Daten aus zwei deutschen Untersuchungsgebieten von 2019 nicht als nutzensteigernder Faktor bei der Einkaufsstättenwahl (Wieland 2021). Dass diese Option, die von manchen Handelsunternehmen mit ergänzender E-Commerce-Tätigkeit (siehe Abschn. 4.2.5) angeboten wird, im Lebensmittelhandel (bisher) keinen Wettbewerbsvorteil darstellt, lässt sich allerdings erklären: Einerseits ist es über die onlinegestützte Vorbestellung nicht möglich, die gewünschten Lebensmittel persönlich zu begutachten, obwohl insbesondere Frischprodukte wie Obst und Gemüse regelmäßig vor dem Kauf inspiziert werden. Andererseits ermöglicht Click and Collect zwar die Bestellung zu jeder Uhrzeit, nicht aber die Abholung, die an die regulären Öffnungszeiten der Märkte gebunden ist; Lebensmitteleinkäufe werden hierdurch also nur bedingt flexibler (Dannenberg et al. 2016).

Abgesehen von den o. g. Determinanten der Kanal- und Einkaufsstättenwahl muss auch berücksichtigt werden, dass die Häufigkeit von Online-Lebensmittelkäufen noch gering ist: In einer groß angelegten Befragung in sechs nordrhein-westfälischen Städten ermitteln Wiegandt et al. (2018), dass der Anteil derer, die häufiger als einmal im Monat Lebensmittel online kaufen, bei nur 9 % liegt. Demgegenüber untersuchen Mensing und Neiberger (2018) das Einkaufsverhalten im ländlichen Raum am Beispiel der Vulkaneifel, wobei sich zeigt, dass lediglich 12,4 % der befragten Haushalte überhaupt schon einmal Lebensmittel über das Internet bestellt haben. In einer Untersuchung von Wieland (2021) zu zwei deutschen Untersuchungsgebieten (Südniedersachsen, Region Mittlerer Oberrhein) zeigt sich, dass im ersten, ländlich geprägten Untersuchungsgebiet – in Ermangelung von Angebot – keine Lebensmitteleinkäufe bei Vollsortiment-Onlineshops getätigt werden und die übrigen Onlinekäufe (0,3 % der Käufe bzw. 0,4 % der Ausgaben) auf Spezialversände entfallen. Im zweiten, urban geprägten Untersuchungsgebiet, in dem prinzipiell OLH-Lieferdienste zur Verfügung stehen, liegt der Onlineanteil bei jeweils etwa 0,5 % der Einkäufe bzw. Ausgaben. Diese Tendenz, dass Lebensmittel-Onlinekäufe häufig Ergänzungskäufe darstellen, also Produkte erworben werden, die im stationären Handel nicht oder nur eingeschränkt verfügbar sind, findet sich ebenso in der o. g. Befragung in der Vulkaneifel (Mensing und Neiberger 2018).

Andere Studien untersuchen die subjektiv angenommenen und/oder situativen Gründe, Lebensmittelkäufe (nicht) online zu tätigen. In ihrer Befragung zum Einkaufsverhalten in der Vulkaneifel identifizieren Mensing und Neiberger (2018) eine Reihe von Bedingungen, unter denen der OLH zukünftig für Einkäufe genutzt werden könnte. Die häufigsten Nennungen bei gewünschten angebotsseitigen Verbesserungen entfallen darauf, dass die Inspektion der Ware bei Anlieferung möglich sein sollte (21,2 % der Befragten), die Preise im Onlineshop und im Laden identisch sein müssten (18,6 %) und die Liefergebühren sinken sollten (11,5 %). Bei den situativen Gründen, zukünftig auf den OLH zurückzugreifen, wird je von einem Drittel der Befragten genannt, dass Online-Bestellungen für sie infrage kämen, wenn sie aus gesundheitlichen Gründen nicht mehr im Laden einkaufen können (33,4 %) oder sie zukünftig kein Auto mehr besitzen (32,7 %). Allerdings gab auch über die Hälfte der Befragten (52,7 %) an, dass der OLH für sie kategorisch nicht als Alternative zum stationären Handel infrage kommt. Die bei Onlinebestellungen fehlende Möglichkeit, die gewünschten Lebensmittel vorher begutachten zu können, zeigt sich auch in anderen Befragungen als wichtiger oder sogar wichtigster Grund für die Ablehnung des OLH (z. B. Busch et al. 2021). Ein weiterer Aspekt, weshalb insbesondere im ländlichen Raum Einkäufe in Supermärkten gegenüber anderen Vertriebskanälen bevorzugt werden, bezieht sich auf die soziale Funktion des Einkaufens: LM-Märkte bilden häufig nicht zu unterschätzende Treffpunkte, worauf in der Nahversorgungsdebatte regelmäßig hingewiesen wird (siehe z. B. Eberhardt et al. 2021).

Allerdings sind derartige Aussagen immer im zeitlichen Kontext zu sehen, denn erstens verzeichnet der OLH hohe jährliche Wachstumsraten und zweitens wirkten die Corona-Pandemie und die damit verbundenen Eindämmungsmaßnahmen hierfür gewissermaßen als Katalysator (bevh 2020; HDE und IFH Köln 2023;

hierzu siehe auch Abschn. 4.4). Der Grund hierfür kann nicht (allein) in den verordneten Betriebsschließungen während der Lockdowns zu finden sein, denn Anbieter von Gütern des täglichen Bedarfs wurden zu keinem Zeitpunkt geschlossen. Stattdessen weisen die Ergebnisse von diversen Studien aus dem ersten Pandemiejahr darauf hin, dass freiwillige Verhaltensänderungen im Sinne einer Tendenz zur Meidung des stationären LEH hierfür verantwortlich sind: In ihrer Befragung zeigen Busch et al. (2021), dass Kunden aufgrund der Befürchtung, sich mit dem neuen Coronavirus anzustecken, verstärkt dazu neigen, Lebensmitteleinkäufe online zu tätigen. Dies konnte auch in mehreren internationalen Studien nachgewiesen werden, zumindest für das erste Pandemiejahr (z. B. Chenarides et al. 2020; Wang et al. 2023); in Deutschland zeigte sich dieser Effekt allerdings im zweiten Pandemiejahr (2021) nicht mehr (Wieland 2023). Diese Ergebnisse weisen zumindest darauf hin, dass die Corona-Pandemie zur Etablierung des OLH beigetragen hat und möglicherweise, bedingt durch persönliches Sicherheitsverhalten in den ersten Pandemiemonaten, ein Gewöhnungseffekt diesbezüglich eingetreten ist. Allerdings treffen die genannten Studien keine Aussagen zu raumspezifischen Veränderungen im Einkaufsverhalten und speziell nicht dazu, ob die Situation gerade im ländlichen Raum zu einer verstärkten Adaption des OLH geführt hat.

5.2.4 Exkurs: Die Online-Apotheke

Apotheken verkaufen Arzneimittel und Medizinprodukte und führen zudem i. d. R. auch Drogerieartikel als Randsortimente; sie gehören zum nahversorgungsrelevanten Einzelhandel. Bezüglich der Entwicklung der Verkaufsstellen zeigt sich – bei gleichbleibender Fläche – ein dem Lebensmittelhandel ähnlicher Trend des Rückgangs an Apothekenstandorten (siehe Abb. 5.5), der im öffentlichen Diskurs nicht selten als „Apothekensterben" umschrieben wird und den ländlichen Raum ebenso überproportional betrifft (siehe z. B. DAZ online 2022; Mautes 2022). Daraus resultieren, vor allem abseits der Städte, ebenso vergleichbare Versorgungs- und Erreichbarkeitsdefizite von Apotheken (siehe Abb. 5.6; siehe auch z. B. Neumeier 2013; Sturm et al. 2020).

Anders als die meisten anderen Handelsbranchen ist der deutsche Apothekenmarkt einer starken Regulierung unterworfen, die mit der lebenswichtigen Grundversorgungsfunktion von Apotheken für Arzneimittel begründet wird. Hierzu gehören Wettbewerbsbeschränkungen wie die vom Europäischen Gerichtshof monierte Preisbindung für verschreibungspflichtige Arzneimittel oder direkt raumwirksame Regulierungen wie das Fremd- und Mehrbesitzverbot, wobei Letzteres im Rahmen einer Gesetzreform 2004 *(Gesetz zur Modernisierung der gesetzlichen Krankenversicherung, GKV-Modernisierungsgesetz)* gelockert wurde. Der betriebswirtschaftliche Gestaltungsspielraum von Apotheken ist demnach wesentlich geringer als z. B. im Lebensmittelhandel. Das Mehrbesitzverbot (maximal drei Filialapotheken) verhindert beispielsweise, dass sich große Apotheken-Konzerne

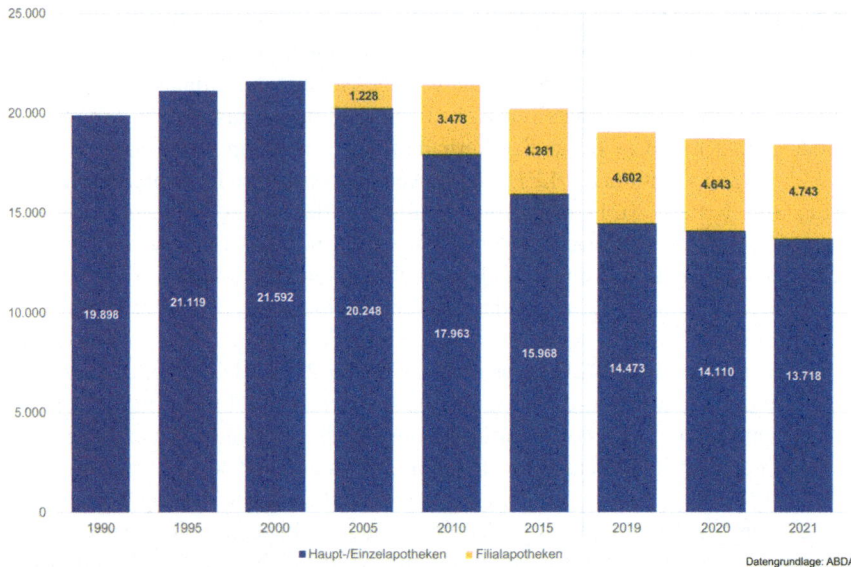

Abb. 5.5 Entwicklung der Apothekenzahl in Deutschland 1990–2021. (Quelle: eigene Darstellung)

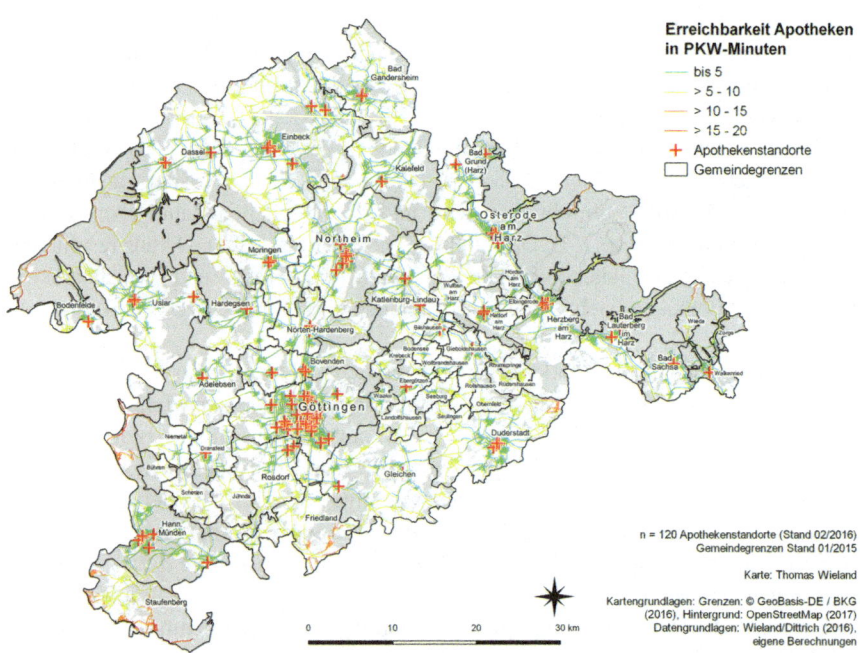

Abb. 5.6 Pkw-Erreichbarkeit von Apotheken in Südniedersachsen 2016. (Quelle: Wieland 2017)

mit Filialstruktur bilden (Hermeier und Matusiewicz 2019; Wieland 2017). Ein zentrales Ergebnis des GKV-Modernisierungsgesetzes ist zudem, dass hierdurch der Versand bzw. das elektronische Handeln mit apothekenpflichtigen (inkl. verschreibungspflichtigen) Arzneimitteln erlaubt wurde. Dieser ist in Deutschland nur öffentlichen Apotheken erlaubt, die zudem eine Versandhandelserlaubnis haben müssen, die bestimmte Qualitätskriterien erfordert. Eine Online-Bestellung von rezeptpflichtigen Medikamenten erfordert die Einreichung des Rezeptes im Original (mittlerweile auch in Form eines elektronischen Rezeptes, s. u.); zudem sind einige Medikamente vom Versand ausgeschlossen (ABDA 2020; Hermeier und Matusiewicz 2019).

Im Jahr 2021 hatten in Deutschland 3036 Apotheken eine Versandhandelslizenz, wobei aber nur etwa 150 einen professionellen Versandhandel betrieben haben. Der Marktanteil des Versandhandels (In- und Ausland) betrug 20,4 % (ABDA 2022). Der Marktführer im selben Jahr war wie in den Vorjahren *DocMorris* (siehe Kasten „*DocMorris* im Profil"). Online- und andere Versandapotheken bedienen allerdings bisher vorrangig den sog. *Selbstmedikationsmarkt,* d. h. den Verkauf von Arzneimitteln, die entweder freiverkäuflich oder nur apotheken-, jedoch nicht rezeptpflichtig sind. Mit dem o. g. GKV-Modernisierungsgesetz sowie späteren Gesetzen (u. a. Gesetz für mehr Sicherheit in der Arzneimittelversorgung von 2019) wurde jedoch der Weg für das elektronische Rezept *(E-Rezept)* freigemacht, was diese Verteilung zukünftig beeinflussen dürfte (Sturm et al. 2020).

DocMorris im Profil
DocMorris ist eine Versandapotheke mit Sitz im niederländischen Heerlen, d. h. im niederländisch-deutschen Grenzgebiet. Das Unternehmen wurde im Jahr 2000 von einem Apotheker und einem Informatiker gegründet; seit 2012 gehört *DocMorris* zur schweizerischen *Zur Rose Gruppe.* Es werden vorrangig deutsche Kunden angesprochen, wobei die rechtlichen Rahmenbedingungen der Regulierung des Apothekenmarktes die unternehmerischen Tätigkeiten stark beeinflussen: Die Entscheidung des Europäischen Gerichtshofes zur Rechtmäßigkeit des grenzüberschreitenden Medikamentenversandes öffnete dem Unternehmen endgültig die Tür zum deutschen Markt. Die Entscheidung derselben Instanz, wonach das Fremdbesitzverbot (d. h. de facto Filialisierungsverbot, mit Einschränkungen; siehe Text) in Deutschland rechtmäßig ist, verhinderte allerdings den Aufbau eines stationären Filialnetzes in Deutschland; allerdings werden rechtlich selbständige Apotheken nach dem Franchise-System unter dem *DocMorris*-Label organisiert. Das Unternehmen zielt insbesondere auf eine Digitalisierung der Transaktionen bei Arzneimittelverkäufen, z. B. durch das E-Rezept oder eigene Beratungs-Apps (DocMorris 2022). Die Konzentration auf dieses Marktsegment ist jedoch nicht notwendigerweise ein Wachstumsmotor: Der Gesamtumsatz von *DocMorris* in Höhe von 1,1 Mrd. CHF im Jahr 2022 entspricht einem Rückgang von 18 % gegenüber dem Vorjahr; ein besonders starker Einbruch fand im deutschen Markt statt (Rohrer 2023).

Ob Online-Apotheken die Versorgungslücken in der Arzneimittelversorgung im ländlichen Raum tatsächlich schließen können, ist eine Frage, die nicht einfach zu beantworten und zudem umstritten ist: Der Bundesverband Deutscher Versandapotheken weist auf der Grundlage einer eigenen repräsentativen Befragung darauf hin, dass die Bevölkerung im ländlichen Raum häufiger vom Onlineversand von Medikamenten Gebrauch mache (52 %) als Stadtbewohner (44 %; BVDVA 2017); dies könnte tatsächlich ein Hinweis darauf sein, dass Online-Apotheken zur Verbesserung der Versorgung beitragen. Auf der anderen Seite wird kritisiert, dass ausländische Online-Apotheken die stationäre Apothekenversorgung im ländlichen Raum bedrohen, da sie – anders als in Deutschland ansässige Präsenz- und Versandapotheken – nicht an die Arzneimittelpreisverordnung gebunden sind und somit ein unfairer Wettbewerb existiere (Sturm et al. 2020). Überhaupt muss natürlich berücksichtigt werden, dass – wie in anderen Einzelhandelsbranchen auch – ein Wettbewerbsverhältnis zwischen stationären und Online-Anbietern besteht. Arzneimittel sind jedoch, anders als frische Nahrungsmittel, in den meisten Fällen unproblematisch versendbar (von kühlungsbedürftigen Medikamenten abgesehen); prinzipiell ist der Verkauf von Arzneimitteln also durch Online-Angebot fast vollständig substituierbar. Hinzu kommt, dass die kleinflächigen Apotheken schon aus gesetzlichen Gründen (Fremd- und Mehrbesitzverbot) kleine und Kleinstunternehmen sind, eine geringere Tragfähigkeitsschwelle haben als z. B. heutige LM-Märkte, in vielen ländlichen Gemeinden noch vertreten sind und in ihrer Standortwahl (auch) den (Haus-)Arztpraxen folgen (Wieland 2017). Es muss somit berücksichtigt werden, dass der Wettbewerbsdruck durch Online-Angebot auch das Potenzial hat, stationäres Angebot – insbesondere im ländlichen Raum – zu verdrängen, was im LEH bisher nicht zu erkennen ist (siehe Abschn. 5.2.2).

5.2.5 Möglichkeiten und Grenzen digitaler Nahversorgung

Der Rückzug des stationären Einzelhandels „aus der Fläche" und die Entstehung von „weißen Flecken" der Nahversorgung bzw. „food deserts" im ländlichen Raum sind seit vielen Jahren ein zentrales Thema in der geographischen Handelsforschung. Der Zugang zu Lebensmittelanbietern ist hochgradig grundversorgungsrelevant und zudem ein wichtiger Wohnstandortfaktor. Natürlich drängt sich die Frage auf, ob der stark wachsende Online-LEH die sukzessive wegbrechende Nahversorgung durch Supermärkte und Discounter kompensieren kann. Zwar ist der OLH in Deutschland noch nicht so etabliert wie beispielsweise in Großbritannien, aber es besteht bereits ein durchaus diversifiziertes Angebot, das keinesfalls nur *Amazon* und andere „pure player" umfasst, sondern Multi-Channel-Handelsunternehmen mit mittelständischem Rückgrat *(Edeka, Rewe)*. Aus einer vereinfachenden Perspektive wäre es sehr naheliegend, dass der OLH die Marktlücken des stationären Handels im ländlichen Raum ausfüllt und so eine „digitale Nahversorgung" schafft. Tatsächlich ist dies, zumindest bisher, nicht passiert, was sowohl angebots- als auch nachfrageseitige Gründe hat: Vereinfacht ausgedrückt sind onlinebasierte Lebensmittellieferdienste genau dort, wo der stationäre LEH aus betriebswirtschaftlichen Gründen nicht (mehr) rentabel ist, selbst häufig nicht tragfähig. Ein Kernproblem hierbei sind erhöhte Lieferkosten in dünn besiedelten Gebieten, insbesondere im Kontext der Last-Mile-Problematik, die selbst durch hohe Mindestbestellmengen nicht kompensiert werden können (siehe Abschn. 5.2.2). Gleichzeitig ist auch die Online-Affinität der potenziellen Kundschaft nicht gleichmäßig im Raum verteilt; in ländlichen Gebieten sind nicht nur weniger Kunden auf einer größeren Fläche verteilt, sondern auch der Anteil derer, die überhaupt für den OLH infrage kommen, ist geringer (siehe Abschn. 5.2.3).

Bisher sind also der „digitalen Nahversorgung" – zumindest dort, wo sie tatsächlich alternativlos sein würde – enge Grenzen gesetzt. Umso wichtiger ist es daher, auf Best-Practice-Beispiele aus dem In- und Ausland zu schauen. Um den OLH in ländlichen Räumen stärker als bisher zu etablieren, stellen Dannenberg und Dederichs (2019) auf der Grundlage erfasster Expertenmeinungen mehrere Lösungsansätze vor: Eine Möglichkeit bestünde beispielsweise darin, auf dezentrale Lagerlogistik (d. h. viele kleine Regionallager) und Strukturen des ambulanten Handels („rollender Supermarkt") zu setzen, wobei als Best-Practice-Beispiel die Kooperation von *Edeka* mit dem niederländischen Start-up-Unternehmen *Picnic* genannt wird. Tragfähigkeitsgrenzen könnten zudem durch erhöhte Mindestbestellmengen und eine Einengung der Lieferzeiträume gesenkt werden, was allerdings die Online-Einkaufsalternative nicht attraktiver macht. Weiterhin wird die Auslagerung der Auslieferung an Logistikdienstleister vorgeschlagen, sofern der Aufbau einer eigenen Lieferflotte nicht tragfähig wäre. Eine weitere Option könnten personalfreie *Smart Stores* sein, wobei auch hier nicht alle aufkommenden Fragen der betriebswirtschaftlichen Tragfähigkeit im ländlichen Raum beantwortet werden (Bretthauer et al. 2024).

Ein Ausblick in die Zukunft des Lebensmittel-Onlinehandels ist kompliziert. Zwar wird dessen Relevanz mit an Sicherheit grenzender Wahrscheinlichkeit wachsen, wie es auch einhellig für den deutschen Markt prognostiziert wird (siehe z. B. Accenture und GfK 2022), allerdings ist es kaum möglich, eine Aussage dazu zu treffen, wie sich die räumliche Abdeckung bezüglich ländlicher Gebiete und das dortige Konsumentenverhalten verändern. Hier sind mindestens zwei Unwägbarkeiten zu erkennen, d. h. Marktentwicklungen, die vollkommen divergierende Ergebnisse produzieren können. Einerseits ist es ungewiss, wie sich der mögliche Eintritt von bestehenden Handelsketten in den OLH auswirkt; so wurde beispielsweise im November 2022 bekannt, dass *Aldi (Süd)* den Aufbau eines onlinegestützten Lebensmittellieferdienstes (inkl. frischer Lebensmittel) plant, wie es bereits in den USA etabliert wurde (Kolf 2022). Damit wäre nicht nur in Deutschland erstmalig eine Discounter-Kette im OLH aktiv, sondern es würden sich auch die Fragen stellen, ob hier auch bisher unrentable Liefergebiete im ländlichen Raum abgedeckt werden könnten und ob die Mitbewerber eher mit einer Ausdehnung oder einer Verkleinerung ihres Angebotes reagieren. Eine Intensivierung des Wettbewerbs in diesem Sektor hätte das Potenzial sowohl für eine Verbesserung als auch eine Verschlechterung des Gesamtangebotes.

Ein zweiter kritischer Punkt ist der Effekt von externen Schocks in Form von schwerwiegenden Krisen. Es hat sich beispielsweise gezeigt, dass die Corona-Pandemie einen starken Einfluss auf das Einkaufsverhalten hatte und dem Onlinehandel im Allgemeinen sowie dem Lebensmittel-Onlinehandel im Speziellen einen gewaltigen Schub gegeben hat, der den pandemiebedingten Ausnahmezustand überdauert hat (siehe Abschn. 5.2.3). Allerdings hat die enorm gestiegene Online-Nachfrage bisher nicht dazu geführt, dass der OLH auch in allen ländlichen Gebieten rentabel geworden ist. Anders sieht dies aus im Hinblick auf Produkte, die – anders als frische Lebensmittel – unproblematisch versendbar sind (z. B. Drogerieprodukte oder Arzneimittel; siehe Abschn. 5.2.4); hier stellt sich allerdings die Frage, ob das hinzukommende Online-Angebot für eine Intensivierung des Wettbewerbs zu Lasten stationärer Anbieter vor Ort sorgt oder ob ein „Plus" an Versorgungsmöglichkeiten diesen Effekt ausgleicht.

5.3 Die Stärke des stationären Handels: Marktdynamiken in Italien

Cordula Neiberger

Die Digitalisierung treibt den Strukturwandel des Einzelhandels weltweit voran. Trotzdem lassen sich Unterschiede im Fortgang erkennen, nicht nur zwischen Kontinenten, sondern auch innerhalb Europas. Am Beispiel Italiens sollen die Auswirkungen unterschiedlicher Voraussetzungen und Rahmenbedingungen auf Art und Voranschreiten der Digitalisierung diskutiert werden.

5.3.1 Italiens stationärer Handel – verzögerter Strukturwandel

Der italienische Einzelhandelssektor war, im Gegensatz zu vielen anderen westeuropäischen Staaten, noch bis in die 1990er Jahre durch Kleinteiligkeit, geringe Vertikalisierung und geringe Internationalisierung geprägt (Kulke 1997; Potz 2002). Zurückzuführen ist dies in erster Linie auf eine starke sektorale Regulierung des Handels, die ihren Ursprung in den 20er Jahren des letzten Jahrhunderts hatte und bis Ende der 1990er Jahre wirkte.

So war bis 1971 kein freier Marktzugang für Handelsunternehmen gegeben, vielmehr wurde dieser durch ein Konzessionssystem reguliert. Da die Kontingentierung und Konzessionsvergabe auf kommunaler Ebene stattgefunden hatte, führte dies in erster Linie zum Bestandsschutz bereits existierender Handelsunternehmen gegenüber neuer Konkurrenz und zementierte damit die traditionelle Betriebsstruktur (Morris 1999).

Seit den 1960er Jahren drängten jedoch auch in Italien Unternehmen mit neuen Betriebsformen wie Supermärkten auf den Markt, weshalb 1971 die alten Bestimmungen modifiziert wurden (Gesetz Nr. 426 vom 11.06.1971 „Disciplina del commercio"). Hiermit wurde die Einzelfallentscheidung der Kommunen durch eine Gesamtplanung abgelöst; es verblieben lediglich die Bereiche des Lebensmittelhandels kontingentiert, für alle weiteren Kategorien gab es keine Lizenzen mehr, aber alle Ansiedlungen mit mehr als 1500 m^2 unterlagen einer Genehmigung durch die regionalen Behörden. Allerdings ließ das Gesetz den Kommunen immer noch sehr viel Spielraum, sodass insbesondere im Bereich des Lebensmittelhandels auch weiterhin von einer Öffnung des italienischen Marktes für neue Formate keine Rede sein konnte (Potz 2002).

Erst 1998 kam es zu einer weitreichenden Handelsreform („Bersani-Dekret", Gesetzesdekret Nr. 114 vom 31.03.1998 „Riforma della disciplina relarive al settore del commercio") und damit zu einer umfassenden Liberalisierung auch für ausländische Handelsunternehmen, womit nun eine Entwicklung ähnlich der in vielen anderen europäischen Ländern begann (Potz 2002). Tab. 5.2 zeigt die Entwicklung der Verkaufsstätten von 2001 bis 2017 beispielhaft für die Provinzen der unteren Lombardei. Deutlich wird die Abnahme der Anzahl der Geschäfte, die aber in Abhängigkeit der Gemeindekategorien steht: In den Gemeinden im ländlichen Raum erfolgte ein größerer Verlust als in den Provinzhauptstädten, gefolgt von den Gemeinden im 10-km-Umkreis. Die geringsten Verluste verzeichnen die Gemeinden mit mehr als 10.000 Einwohnern, also die Zentren ländlicher Regionen.

Gleichzeitig nahm die Zahl der mittelgroßen und großflächigen Einkaufsstätten deutlich zu. Im Gebiet der unteren Lombardei ist zwischen 2003 und 2019 eine prozentuale Zunahme von 28,5 % der mittelgroßen Verkaufsstätten insgesamt und derer im Lebensmittelsektor um 54,5 % zu verzeichnen. Großflächige Verkaufsstätten (über 1500 m^2) nahmen im gleichen Zeitraum um 43 % insgesamt und um

Tab. 5.2 Entwicklung der Einkaufsstätten in der unteren Lombardei 2001–2017

	Anzahl 2001	Anzahl 2017	Veränderung 2001–2011	Veränderung 2012–2017
Provinzen				
Pavia	6323	4918	−14,2	−9,4
Lodi	2222	1889	−8,6	−8,7
Cremona	3866	3272	−8,7	−7,8
Mantua	4887	4126	−15,5	−9,3
Gebietskategorien				
Provinzhauptstädte	3395	2811	−13,5	−7,4
Zentren (mehr als 10.000 Einwohner)	4682	4052	−8,7	−7,1
Gemeinden im Umkreis von 10 km	3272	2746	−11,2	−8,3
Andere Gemeinden	5949	4596	−16,0	−11,0

Quelle: Clerici (2020)

28 % im Lebensmittelsektor zu (Clerici 2020). Die weitreichendste Entwicklung ist wohl im Lebensmittelhandel eingetreten, wo durch neue, großflächige Betriebsformen und Discounter in Korrespondenz mit der höheren (Pendel-)Mobilität der Bevölkerung die KMU zurückgedrängt wurden. Im ländlichen Raum kommt es damit, ähnlich wie in Deutschland, zu einer Ausdünnung des Verkaufsstellennetzes und somit zu Gebieten mangelhafter Nahversorgung (Clerici 2020; siehe Abschn. 5.2). Abb. 5.7 zeigt die Entwicklung der Betriebsformen des LEH von 2000 zu 2020 und verdeutlicht den Zuwachs von großen Supermärkten und Discountern bei gleichzeitiger Abnahme der Bedeutung der kleinflächigen Betriebsformen (traditionelle Geschäfte und kleine Supermärkte).

Eine ähnliche Entwicklung zeigt Wieland (2020) für Südtirol, der ebenfalls eine Zunahme größerer Verkaufsflächen bei gleichzeitiger Verstärkung räumlicher Disparitäten konstatiert (ebd.: 512).

Wie in Deutschland besteht damit auch in Italien ein Wettbewerb zwischen den Geschäften im Stadtzentrum und den großflächigen Betriebsformen in der Peripherie; er wird jedoch in Italien noch durch das widersprüchliche Verhalten der Stadt- und Handelsplanung verstärkt. So gelten in der Regel noch immer in den (verkehrlich schlecht erschlossenen) historischen Stadtzentren strenge Vorschriften

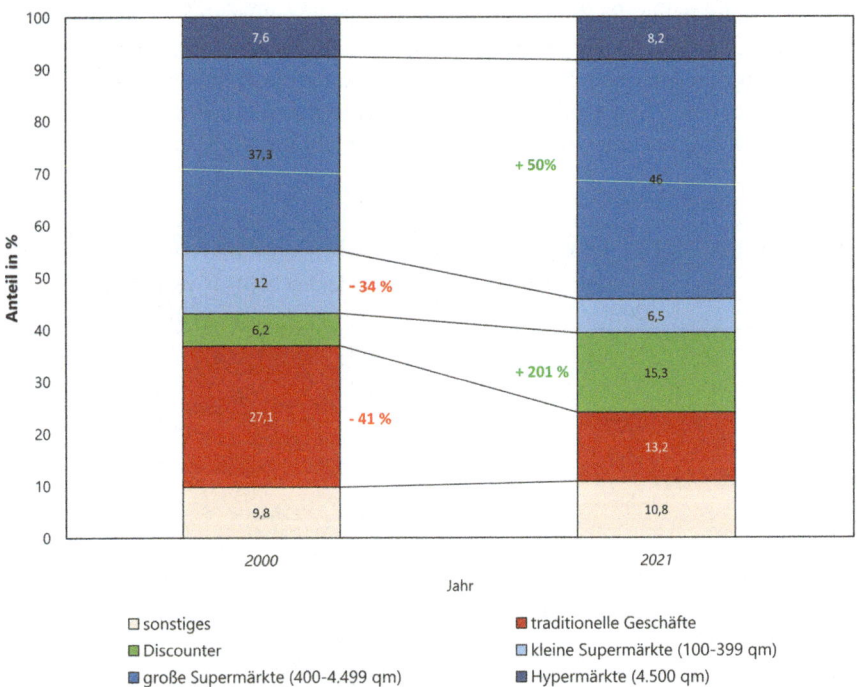

Abb. 5.7 Entwicklung der Betriebsformen des Lebensmittelhandels in Italien. (Eigene Darstellung, Daten: FederDistribuzione 2021)

für die Größe der Geschäfte und die Erhaltung der traditionellen Einrichtung, während es in den Vororten kaum Beschränkungen gibt, was zu wenig strukturierten autoorientierten Agglomerationen an Ausfallstraßen führt (Meini und Monheim 2002).

Trotz dieser deutlichen Entwicklung der letzten zwanzig Jahre unterscheidet sich die Handelsstruktur Italiens noch immer stark von der anderer europäischer Länder. Insbesondere die Bedeutung der Kleinbetriebe ist auch heute noch hoch; waren im Jahr 1998 durchschnittlich 2,2 Personen pro Einzelhandelsunternehmen angestellt, sind dies im Jahr 2018 nur wenig mehr, nämlich 3,2 Personen (zum Vergleich: 11,2 Personen in Deutschland; Eurostat 2023b; Potz 2002). Auch ein Vergleich von Anzahl und Betriebsstrukturen zwischen Italien und Deutschland verdeutlicht die Unterschiede. So gibt es in Italien 9,1 Unternehmen pro 1000 Einwohner, während es in Deutschland nur 3,9 Unternehmen sind. Dabei liegt der Anteil der KMU mit weniger als 1 Mio. Euro Umsatz pro Jahr in Italien bei 93,4 %, in Deutschland nur noch bei 83 %. (Tab. 5.3.2).

Insbesondere in den historischen Stadtzentren Italiens finden sich damit noch heute die traditionellen Handelsstrukturen von sehr kleinen, inhabergeführten Geschäften. Daneben konnten sich in den 1A-Lagen Filialunternehmen ausbreiten und wie in Deutschland finden sich insbesondere in den großen Städten auch eine hohe Anzahl internationaler Filialunternehmen. Aber gerade die KMU tragen noch immer zur Vielfalt und Attraktivität der städtischen Einzelhandelslandschaft bei und sind damit ein durchaus entscheidender Faktor für die Erhaltung des lokalen Charakters und der Identität der Städte. Gerade diese Geschäfte bieten häufig traditionelle Waren, Spezialitäten und handwerkliche Produkte aus der Region an, was ebenso die lokale Wirtschaft stärkt. Letztlich wirkt diese Authentizität des Einzelhandels anziehend auf Touristen aus aller Welt und wird gleichzeitig unterstützt durch die Ausgaben der Touristen in diesen. So besuchten 2,1 Mio. ausländische Touristen 2023 Italien für einen Shopping-Urlaub (Enit 2023).

Tab. 5.3.2 Anzahl der Einzelhandelsunternehmen 2018 in Italien und Deutschland nach Umsatzgrößenklasse

	Italien absolut	Italien in Prozent	Deutschland	Deutschland in Prozent
< 1 Mio	550.384	93,4	271.153	83,0
1-<2	21.969	3,73	25.445	7,79
2-<5	12.117	2,06	19.067	5,84
5-<10	2784	0,47	6873	2,10
10-<20	2023	0,34	4148	1,27
Gesamt	589.277		326.686	

Quelle: Eurostat (2023a)

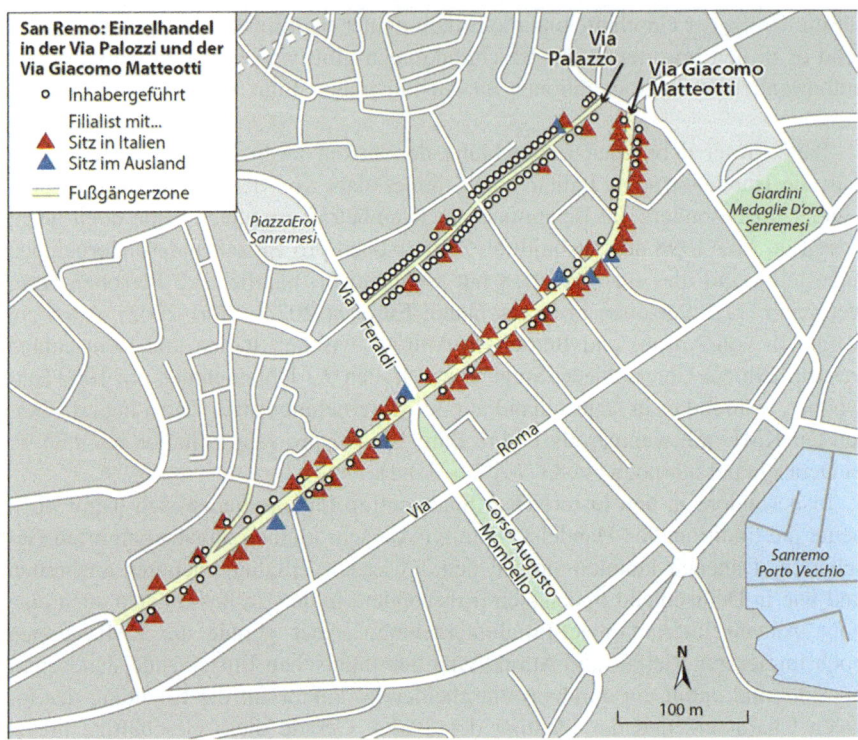

Abb. 5.8 Einzelhandel in den 1A-Lagen in Sanremo. (Eigene Erhebung 2023)

Abb. 5.8 zeigt die Einzelhandelsstruktur in der 1A- und 1B-Lage der ligurischen Stadt Sanremo (53.000 Einwohner in 12/2022). Zwar gehört diese heute nicht mehr zu den italienischen Städten mit besonders hohem Touristenaufkommen (sie befindet sich nicht unter den 50 wichtigsten italienischen Gemeinden nach Anzahl der Beherbergungsbetriebe (Annuario Statistico Italiano, Vol 19: Turismo)), wird aber trotzdem von vielen Tagestouristen der italienischen Riviera besucht. Auffällig ist zum einen die hohe Anzahl an inhabergeführtem Einzelhandel in der 1B-Lage, ebenso wie die Konzentration der Filialbetriebe auf die breite und architektonisch repräsentative Via Giacomo Matteotti (1A-Lage). Dabei handelt es sich fast ausschließlich um italienische Filialuntrnehmen. Zwar haben auch in Italien Corona-Pandemie und Inflation im Zuge des Ukraine-Krieges Einfluss auf den Einzelhandel (Dolomiten 2023), für Sanremo konnte jedoch kein wachsender Leerstand zwischen 2018 und 2023 nachgewiesen werden (eigene Untersuchung 2023).

5.3.2 Italiens Onlinehandel

Trotz des noch immer starken stationären Handels nimmt auch der Online-Einkauf in Italien zu, wenngleich dieser im Vergleich zu anderen europäischen Staaten wie Deutschland oder Frankreich auch 2022 noch auf einem eher geringen Niveau ist. Abb. 5.9 verdeutlicht die Unterschiede anhand des Anteils der Onlinekäufer von Kleidung, Schuhen und Accessoires in den verschiedenen europäischen Ländern. Deutlich wird die relativ geringe Nutzung in Italien.

Diese Unterschiede werden europaweit auf verschiedene Aspekte zurückgeführt, wie makroökonomische Gegebenheiten (Pro-Kopf-Bruttoinlandsprodukt, Pro-Kopf-BIP), den Zugang zu (schnellem) Internet, die Logistik der Paketzustellung und soziale Aspekte (Fähigkeit, das Internet zu nutzen; Cheba et al. 2021; Jedrejczak-Gas et al. 2019; Lone et al. 2021). Jedoch spielt auch das Angebot selbst – das heißt die Verfügbarkeit und Qualität von Onlineshops – eine entscheidende Rolle. Dabei ist nicht nur der Zugang zu führenden internationalen Plattformen wesentlich, sondern auch die Bandbreite an weiteren Angeboten, insbesondere von nationalen Unternehmen, trägt maßgeblich zur Bedeutung bei (Jedrejczak-Gas et al. 2019; Lone et al. 2021).

Hier sind für Italien aber keine großen Unterschiede zu anderen europäischen Ländern mit höherer E-Commerce-Nutzung festzustellen. So ist auch in Italien die führende Plattform Amazon, gefolgt von verschiedenen internationalen Onlineshops wie Apple (USA), Zalando (D) und Shein (China). Auch italienische Onlinehandelsunternehmen wie esselunga a casa und unieuro stoßen auf Interesse (byrd 2024). Eine Untersuchung der Web-Präsenz des inhabergeführten Einzelhandels in den 1A-Lagen von Sanremo (Ligurien, ca. 55.000 Einwohner) hat ergeben, dass zwar 84 % der Unternehmen über einen Google-My-Business-Eintrag verfügen, aber nur ein Drittel eine eigene Website und 9 % einen eigenen Onlineshop unterhalten. Dagegen sind 54 % der Unternehmen in Social Media aktiv, insbesondere Facebook und Instagramm werden hier genutzt (eigene Erhebung 2023). Diese Ergebnisse sind denen in deutschen Mittelstädten auffällig ähnlich, was Google My Business, Social Media und Onlineshops betrifft. Lediglich der Anteil der Unternehmen, die eine eigene Webseite unterhalten, ist in Deutschland etwa doppelt so hoch (60 %; Friedrich et al. 2023; Herb et al. 2023).

Für die eher zögerliche Nutzung des E-Commerce spielen aber auch kulturelle Faktoren eine Rolle. Suh und Kwon gehen davon aus, dass verschiedene Kulturen auch unterschiedliche Einstellungen zur Akzeptanz des Onlinehandels haben (Kwon und Suh 2004, 2006; Suh 2002). Capice et al. 2013 stellen fest, dass der wahrgenommene Nutzen, das Vertrauen und die Benutzerfreundlichkeit von Websites die Variablen sind, die den größten Einfluss auf die Akzeptanz des Onlinehandels haben und damit entscheiden, ob online eingekauft wird. Die Wahrnehmung dieser Faktoren ist wiederum von der Kultur der Länder abhängig. Den sechs Dimensionen Hofstedtes folgend ist Italien als ein individualistisches Land gekennzeichnet, mit einer Gesellschaft, die Wert auf Wettbewerb, Leistung und Erfolg legt, mit Unsicherheit aber nicht gut umgehen kann und traditionelle Werte

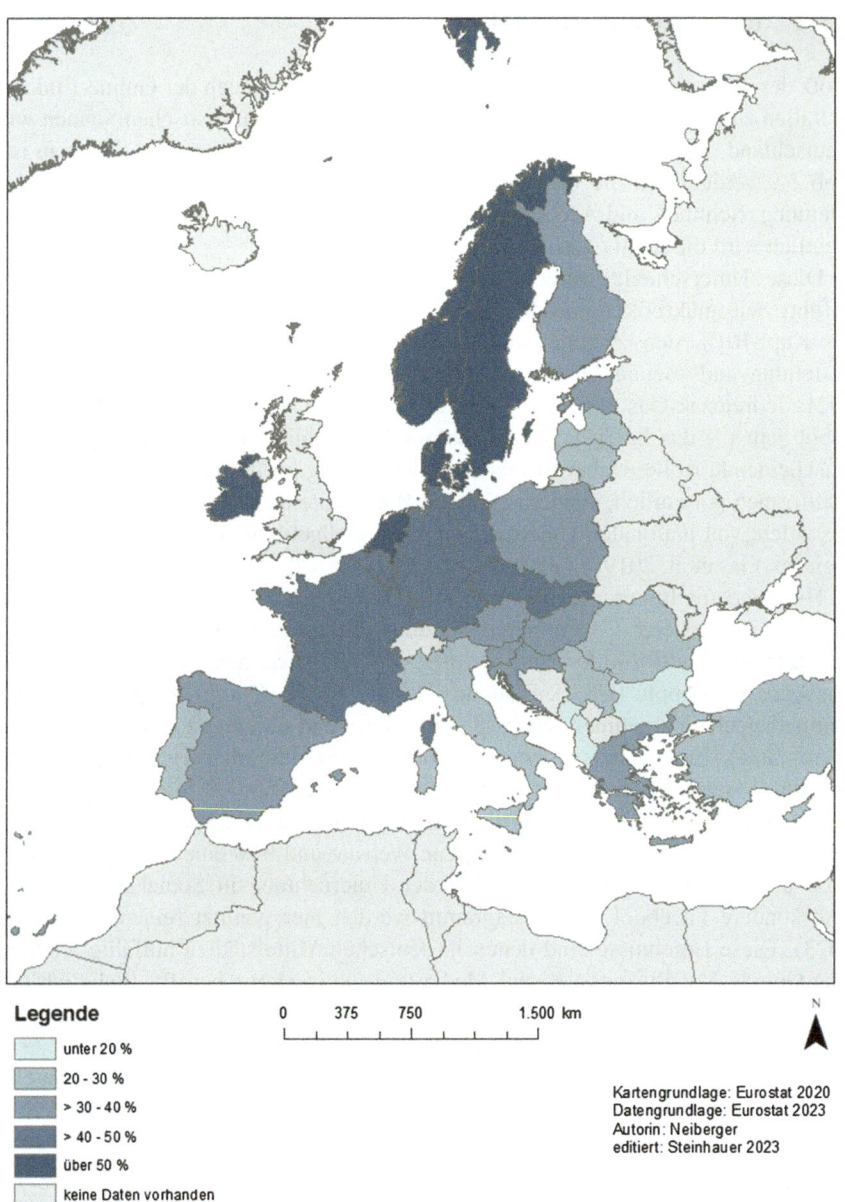

Abb. 5.9 Internet-Käufer von Kleidung, Schuhen und Accessoires in Europa 2022. (Eigene Darstellung, Daten: Eurostat 2023)

bewahrt (Capice et al. 2013). Diese Faktoren führen eher zu einer Zurückhaltung gegenüber dem Onlinekauf.

5.3.3 Cross-Border-Onlinehandel (CBEC) als Chance für italienische Konsumgüterhersteller?

In den letzten Jahren hat weltweit der CBEC (Verkauf an Verbraucher im Ausland über Onlinekanäle) zugenommen und macht heute etwa 30 % des gesamten Onlinehandels aus. Haupttreiber sind die großen Märkte wie China und die USA und führende Plattformen (Alibaba bzw. Amazon). Aber auch kleinere Onlinehandelsunternehmen und Herstellerunternehmen haben die Möglichkeit, ihre Waren international zu vertreiben und damit ihren Markt zu erweitern (siehe Abschn. 2.2 und 2.3).

Zunächst scheint diese Art der Internationalisierung im Vergleich zu einer Reichweitenerhöhung über stationäre Geschäfte im Ausland eher kostengünstig und unkompliziert, sie erfordert jedoch ebenso Kenntnisse des fremden Marktes (siehe Abschn. 2.3). Wichtige Aspekte sind hier Fragen des grenzüberschreitenden Handels wie Zoll- und Abgaberegelungen und Steuergesetzte (Bieron und Ahmed 2012), Logistik (Ramanathan et al. 2014) und sprachliche und kulturelle Unterschiede (Gefen und Heart 2006). Auch der CBEC stellt somit hohe Anforderungen an die Einzelhandelsunternehmen und Konsumgüterhersteller, die im Onlinehandel tätig sind.

Für italienische Konsumgüterhersteller, deren Marken weltweit bekannt und geschätzt sind, kann ein solch direkter Vertrieb eine große Chance zur Reichweitenerhöhung und zum direkten Kontakt mit den Kunden sein. Laut einer Studie von 2019 (Elia et al. 2019) nutzen italienische Unternehmen, die Konsumgüter im Lebensmittel- und der Modeindustrie herstellen, den Onlinehandel für einen Export ins Ausland bisher aber sehr unterschiedlich. Einen Multi-Channel-Ansatz verfolgen 23 %, indem sie für jeden Zielmarkt sowohl Online- als auch Offline-Kanäle nutzen; 28 % verkaufen über unterschiedliche Kanäle in unterschiedlichen Ländern, lediglich 1 % verfolgt eine reine Onlinestrategie und 48 % vertreiben nicht online (Elia et al. 2019). Als Haupthindernisse werden von den Unternehmen rechtliche Fragen, schwierige und aufwendige Onlinekommunikation sowie die Unsicherheit, die richtigen Onlinekanäle auszuwählen, genannt. KMU sehen zusätzlich häufig finanzielle Probleme.

Beispiel Frantoio Bonamini
Italien ist berühmt für seine regionalen Spezialitäten wie Parmaschinken, Parmesan oder Olivenöl. Die noch immer zum großen Teil handwerklich in kleinen Betrieben hergestellten Nahrungsmittel werden gerne von Touristen

> in ihre Heimat mitgenommen, aber auch die Nachfrage nach einer direkten Zustellung ins Ausland steigt. Dies birgt große Chancen für den Eigenvertrieb über Ländergrenzen hinweg.
> Die Ölmühle Bonamini befindet sich in der Soave, östlich von Verona. Sie besteht seit 1965 in Familienbesitz und verfügt heute über etwa 5200 Olivenbäume auf 21 ha. Täglich arbeiten hier 10 Personen, in der Ernte- und Produktionssaison werden weitere Mitarbeiter eingestellt, um etwa 270.000 l Olivenöl und weitere Produkte wie Pesto oder Seifen herzustellen. Die Produkte kann man vor Ort in der „Bottega dell'Orio" kaufen, die sich von einem kleinen Verkaufsraum zu einem erweiterten Showroom mit kleinem Ölmuseum entwickelt hat.
> Seit 2019 können die Produkte auch über einen eigenen Onlineshop bezogen werden, ebenso wie über weitere auf italienische Spezialitäten fokussierte Onlineshops innerhalb und außerhalb Italiens, die diese wiederum auch auf den großen Plattformen wie Amazon anbieten (z. B. Olico.it, delicatessen-shop.com). Aus dem eigenen Onlineshop in italienischer, deutscher und englischer Sprache werden jährlich etwa 700 Pakete innerhalb Europas, aber auch in die USA und einige Teile Asiens verschickt (oliobonamini.com).

Insbesondere die großen Märkte China und die USA scheinen vielversprechend für einen direkten Export zu sein. Die Herausforderungen sind hier jedoch ganz spezifische. Als Probleme für einen Export nach China werden ein unzureichendes Verständnis der verfügbaren Handelskanäle, eine andere Kultur und Kommunikationsstandards, Bürokratie und strenge rechtliche Anforderungen ebenso genannt wie eine komplexe Logistik und das Vorhandensein eines Parallelmarktes (Produktfälschungen). Die Herausforderungen des Exports in die USA liegen dagegen eher im großen Wettbewerb auf diesem Markt und teilweise in rechtlichen Einschränkungen (Weinhandel; vgl. Elia et al. 2019).

In jüngster Zeit wird zunehmend über die Internationalisierung von Luxus-Modemarken über Onlineshops diskutiert. Mit der „Luxurisierung" des Marktes, also dem Streben immer weiterer Teile der Mittelschicht nach Luxusgütern, die früher nur einer kleinen Oberschicht vorbehalten waren, begannen die Herstellerunternehmen auch, über Social Media und Onlineshops entsprechend weitere potenzielle Kundengruppen anzusprechen. Insbesondere aufstrebende Märkte mit großen, jüngeren Bevölkerungsgruppen, die erst in jüngerer Zeit zu Wohlstand gekommen sind, wie China, Hongkong, Vereinigte Arabische Emirate (VAE) und der Nahe Osten sind daher Zielmärkte für eine Expansion von Luxusmarken auch über den Onlinekanal. Dies gilt auch für die bekannten großen italienischen Luxusmarken (Hardaker und Zhang 2023; Rovai 2018).

5.3.4 Fazit

Die Einzelhandelsstruktur in Italien ist noch immer vergleichsweise kleinbetrieblich, die Innenstädte sind geprägt von kleinflächigen Fachgeschäften. Zwar haben sich in den 1A-Lagen der größeren Städte auch (internationale) Filialunternehmen angesiedelt, die historisch gewachsenen Innenstädte konnten aber ihren eigenen Charme erhalten, der von Einheimischen und Touristen geschätzt wird. Zurückzuführen ist dies auf die Regulierungen der letzten Jahrzehnte wie auch landesspezifische Unternehmenskulturen und Konsumstile. Es bleibt zu hoffen, dass diese Stärke der Innenstädte als Einkaufsort auch aufgrund des wachsenden Tourismus erhalten bleibt.

Die Stabilität und Vielfalt des stationären Handels führten in den letzten Jahrzehnten auch dazu, dass der Onlinehandel bisher noch nicht so weit entwickelt ist wie in nördlicheren europäischen Ländern. Zwar sind internationale Onlineshops und -plattformen auch in Italien längst präsent, zudem konnten sich italienische Marktplattformen etablieren. Der inhabergeführte Einzelhandel dagegen weißt keine starke Präsenz im Internet auf. Es bleibt abzuwarten, wie stark das Aufkommen der neuen, mit Billigstprodukten aggressiv expandierenden chinesischen Plattformen wie Shein und Temu auf das Konsumverhalten der Italiener wirken wird.

Für italienische Konsumgüterhersteller scheint insbesondere im Ausland ein großes Potenzial für den Onlinehandel zu bestehen. Dies gilt sowohl für die vielen kleinen Spezialitätenhersteller im Nahrungsmittelbereich wie auch für die Luxusmarken des Bekleidungssegments.

5.4 Der größte E-Commerce-Markt der Welt – Marktdynamiken im Reich der Mitte

Sina Hardaker

Die Volksrepublik China, im Folgenden als VR China oder China bezeichnet, ist der größte E-Commerce-Markt der Welt und überholte bereits im Jahr 2013 die USA. Im Jahr 2021 betrugen alle chinesischen Onlinetransaktionen rund 2,64 Billionen US$. Der Wandel zur Konsumgesellschaft hat die Art und Weise des Einkaufens für die meisten Menschen im Land drastisch verändert. Kein anderer Ort der Welt hat einen so schnellen und umfangreichen Anstieg der Konsumausgaben innerhalb von nur 20 Jahren erlebt (Hardaker und Zhang 2023). Verschiedene Faktoren haben zu diesen Veränderungen im Einzelhandelssektor beigetragen, darunter technologische Entwicklungen, Veränderungen im Verbraucherverhalten und Lebensstil, die Präsenz globaler Einzelhandelsunternehmen sowie nationaler Marken, Lieferantennetzwerke und staatliche Gesetzgebung (Hardaker 2018a). Diese Entwicklungen machen die VR China daher aus mehreren Perspektiven zu einer äußerst interessanten Fallstudie. Einerseits bietet das Land die Möglichkeit, das Potenzial des E-Commerce zur Steigerung des Wohlstands, einschließlich ländlicher Gebiete, zu analysieren. Andererseits ermöglicht es einen Blick auf den größten E-Commerce-Markt der Welt und die zunehmende und weit fortgeschrittene Integration von Online- und stationärem Handel. Die folgenden Abschnitte skizzieren die Entwicklungen der E-Commerce-Landschaft in China und geben Einblicke in diese digitale Revolution.

5.4.1 Chinas E-Commerce-Markt in Zahlen

Im Jahr 2022 wurden etwa 27,2 % des gesamten Einzelhandelsumsatzes in China online erzielt (im Vergleich: in Deutschland waren es ca. 12 %), ein Anstieg von 24,5 % im Vergleich zum Vorjahr (siehe Abb. 5.10).

Der Anteil des Onlinehandels am gesamten Einzelhandel in der VR China hat sich seit 2016 mehr als verdoppelt. Dieser starke Anstieg ist auf mehrere Faktoren zurückzuführen. Eine wichtige Rolle spielt das rasante Wachstum der Mittelschicht, die eine starke Affinität zum Online-Kaufverhalten zeigt und intensiv Mobilgeräte nutzt. Zudem trägt eine gut ausgebaute digitale Zahlungsinfrastruktur sowie ein innovatives Social-Commerce-Modell zur Beliebtheit des chinesischen E-Commerce-Marktes bei (Hardaker 2018a, 2021). Laut dem China Internet Net-

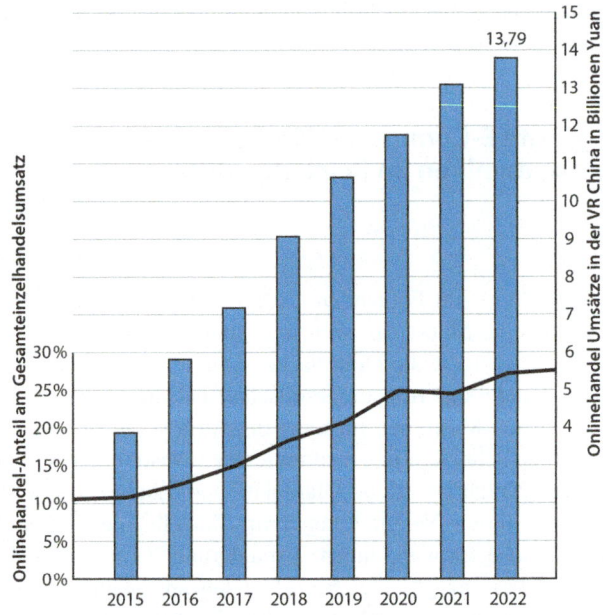

Abb. 5.10 Onlinehandel-Umsätze in der Volksrepublik (VR) China von 2014 bis 2022 sowie Onlinehandel-Anteil am Gesamteinzelhandelsumsatz. (Eigene Darstellung, Daten: National Bureau of Statistics of China und MOFCOM China 2023)

work Information Center (2022) beläuft sich die Anzahl der chinesischen Internetnutzer im Jahr 2022 auf fast 1067 Mrd. Menschen, was etwa 76 % der Gesamtbevölkerung entspricht (zum Vergleich: in Deutschland knapp 92 %). Von diesen Internetnutzern greifen 99,6 % über Mobilgeräte auf das Internet zu, wovon rund 80 % (ca. 841 Mio.) bereits Online-Einkäufe getätigt haben. Insbesondere der Online-Konsum von Lebensmitteln und täglichen Bedarfsartikeln ist in den letzten Jahren, in erster Linie durch die COVID-19-Pandemie und die in einigen chinesischen Regionen sehr drastischen Einschränkungen des öffentlichen Lebens, deutlich gestiegen. Darüber hinaus diversifizieren sich die Online-Konsumkanäle stark.

Mit einer wachsenden Anzahl von Internetplattformen im E-Commerce haben sich die Online-Konsumkanäle für Käufer allmählich von traditionellen Plattformen wie Taobao und JD.COM auf Kurzvideos, Community-Gruppenkäufe und soziale Plattformen mit zahlreichen Social-Media- und Entertainment-Features erweitert. Auch über WeChat – zunächst nur eine Messaging-Plattform – lassen sich seit 2017 unterschiedlichste Dienste (bis hin zur Steuererklärung) und Einkäufe tätigen und bezahlen. So greifen rund 90 % aller Internetnutzer auf mobile Zahlungsdienste wie Alipay und WeChat Pay zurück. WeChat hat in China eine weit größere Bedeutung als dies für Apps in anderen Ländern, insbesondere des Globalen Nordens, üblich ist. Dies liegt einerseits daran, dass das mobile Internet in China historisch gesehen eine größere Rolle spielt als das stationäre Web. Andererseits ist WeChat aufgrund seiner vielfältigen Funktionen und der Integration von Zahlungsmöglichkeiten für ca. 1,33 monatlich aktive Nutzer zum Mittelpunkt ihrer gesamten Online-Aktivitäten geworden. So richten chinesische Online-Geschäfte in der Regel zunächst ein Profil auf WeChat ein (anstatt eine eigene Website zu erstellen).

In den ersten sechs Monaten des Jahres 2022 betrug der Anteil der Online-Käufer, die über traditionelle E-Commerce-Plattformen eingekauft haben, 27,3 %. Die Anteile der Online-Käufer, die über andere Kanäle wie Kurzvideo-Live-Streaming, Community-Gruppenkäufe und WeChat-Plattformen konsumiert haben, steigt ebenso stetig an.

Social Commerce stellt bei uns in Deutschland noch einen vergleichsweise neuen Trend im Konsumverhalten dar (Fu et al. 2019; Ghani und Hofreiter 2021). In China spielt er bereits eine bedeutende Rolle und findet über Social-Media-Apps wie WeiBo, WeChat, Douyin und RED sowie spezialisierte Social-Commerce-Plattformen wie Pinduoduo und Xingsheng Selected statt. Im Gegensatz zum traditionellen E-Commerce verlässt sich der Social Commerce stark auf Key Opinion Leaders (KOLs) und Key Opinion Customers (KOCs)[1], um neue Produkte zu entwickeln und Trends zu setzen. Insbesondere die jüngere Generation chinesischer Verbraucher schätzt die Empfehlungen von Online-Influencern bei ihren Kaufentscheidungen. Bekannte KOLs wie die Food- und Lifestyle-Bloggerin Li Ziqi und der Beauty-Influencer sowie Livestreamer Li Jiaqi, auch als „Lipstick King" bekannt, tragen zunehmend zur Förderung dieses Trends bei (siehe Abb. 5.11). Mittlerweile werden jedoch auch künstliche-Intelligenz-(KI-) generierte Verkäufer eingesetzt. Spezialisierte Social-Commerce-Plattformen wer-

Abb. 5.11 Onlineshopping und der Verkauf von Produkten via Life-Shopping in China. (Quellen: © Gao Limeng/HPIC/dpa/picture alliance; © Xu Peiqin/dpa/HPIC/picture alliance; © Xinhua/Xinhua News Agency/picture alliance)

Abb. 5.11 (Fortsetzung)

den zudem oft für Gruppenkäufe genutzt, was den Verbrauchern höhere Rabatte ermöglicht.

Alibaba, Chinas größter E-Commerce-Player spielt eine besondere Rolle und ist u. a. für den umsatzstärksten Einkaufstag der Welt, den sogenannten Singles Day, der jedes Jahr am 11. November stattfindet, verantwortlich. Der von der Alibaba Group initiierte Shopping-Tag erzielte im Jahr 2019 einen Umsatz von etwa 40 Mrd. US$ und übertrifft damit andere „Shopping-Festivals" weltweit wie den Black Friday oder Cyber Monday bei Weitem (Hardaker und Zhang 2023).

5.4.2 Verschmelzung von Onlinehandel und stationärem Handel

Die Einzigartigkeit des chinesischen Marktes und die damit einhergehende hohe Bedeutung von E-Commerce-Aktivitäten und Digitalisierung haben auch Auswirkungen auf den stationären Einzelhandel. Ein Beispiel sind Hema-Läden, die Alibaba in China erstmals 2015 eröffnete und in deren Zentrum die Online-Off-

© Ju Huanzong / Xinhua News Agency / picture alliance

Abb. 5.12 Verteil- und Distributionssystem an der Decke einer Hema-Filiale in China. (Quelle: © Ju Huanzong/Xinhua News Agency/picture alliance)

line-Integration steht. Standorte werden durch Alipay-Daten bestimmt, um Bereiche mit hoher Kaufkraft und geeigneten Zielgruppen zu identifizieren. Die Läden sind mit QR-Codes für Lebensmittelinformationen und z. B. Verarbeitungstipps ausgestattet. Zudem dienen die Läden nicht nur als physische Geschäfte (oftmals mit Essbereichen, wo Produkte frisch zubereitet werden; siehe Abb. 5.12), sondern auch als Distributionszentren für kostenlose und schnelle (unter 30 min) Lieferungen innerhalb von 3-Kilometer-Radien, wodurch Kunden sowohl im Geschäft als auch online bequem einkaufen können (siehe Abb. 5.13).

Chinesische Medien verwenden den Begriff des „instant retail", um zu beschreiben, wie stationäre Geschäfte, einschließlich unabhängiger Geschäfte, die nicht zu einer Kette oder Franchise (z. B. Hema) gehören, Drittanbieter-Online-Verkaufs- und Logistiknetzwerke wie Meituan, JD.com und Pinduoduo nutzen. Damit werden Kunden innerhalb von Radien von etwa fünf Kilometern beliefert, wobei Lieferungen innerhalb einer Stunde bzw. 30 min angeboten werden (van Wyk 2022).

Alibaba hat dabei den Begriff des „New Retail" eingeführt, ein integriertes Einzelhandelsliefermodell, bei dem Offline-, Online-, Logistik- und Datenelemente zusammenkommen, um das Kundenerlebnis zu verbessern. Unter dem Schlagwort ‚New Retail' ist es z. B. in vielen Geschäften mittlerweile möglich, Kleidung vir-

Abb. 5.13 Informationscenter eines Taobao-Dorfes. (Quelle:)

tuell anzuprobieren, einen virtuellen Warenkorb zu füllen, der dann nach Hause geliefert wird, oder per Gesichtserkennung zu bezahlen (GMA 2021).

E-Commerce-Giganten wie Alibaba und JD arbeiten aktiv an Transformationslösungen, indem sie Daten und Technologien zur Verfügung stellen sowie Ressourcen integrieren. Zum Beispiel setzen Alibaba's LST und JD's Xintonglu (beide sind neu gestartete Business-to-Business-(B2B-)Plattformen) alles daran, Markeninhaber und kleine Einzelhandelsunternehmen durch Unterstützung in den Bereichen Logistik, Vertriebskanäle, Daten und Technologie miteinander zu verbinden. Dadurch sollen Marken, traditionelle Einzelhändler und kleine Geschäfte für eine nahtlose Online-zu-Offline-Integration und Vernetzung sorgen.

5.4.3 Internationalisierung und Digitalisierung des Einzelhandels

Die komplexe und weit(er) vorangeschrittene Digitalisierung verdeutlicht auch, wie schwierig es für ausländische Händler ist, sich im chinesischen Markt zu behaupten. Etliche internationale Unternehmen treibt es aufgrund der Marktgröße und des Innovationspotenzials nach China. Sie stehen jedoch vor der Herausforderung, effektive Internationalisierungsstrategien zu entwickeln, um vom wachsenden chinesischen Markt zu profitieren. Dabei spielen Anpassungsfähigkeit, lokale Marktkenntnisse und die Nutzung digitaler Plattformen eine entscheidende Rolle (Hardaker und Zhang 2021). Früher wurde die internationale Expansion von Einzelhandelsunternehmen maßgeblich durch geographische und kulturelle Nähe sowie die Wettbewerbsbedingungen des ausländischen Marktes bestimmt. Zielmärkte wurden zunächst in der Nähe des Unternehmenssitzes ausgewählt (Coe und Wrigley 2018; Hardaker 2020). Der fortschreitende CBEC ermöglicht es Händlern, zügiger, kostengünstiger und risikoärmer in neue Märkte einzutreten bzw. Konsumenten in den entsprechenden Zielländern zu bedienen, da keine physische Präsenz im Zielland notwendig ist (siehe Abschn. 2.3). Dadurch können sich Onlinehändler schneller internationalisieren als traditionelle, stationäre Einzelhandelsunternehmen (Hardaker und Zhang 2021). Im chinesischen Markt greifen viele internationale Unternehmen auf lokale Plattformen wie Alibabas Tmall (Global CBEC-Plattform) zurück, die über eine etablierte Infrastruktur verfügen, um ihren Markteintritt in China zu unterstützen (Alibaba 2020). Dies gilt auch für die beiden internationalen Einzelhändler Aldi Süd (Deutschland) und Costco (USA). Mit Auchan (im Joint-Venture mit Alibaba) und Carrefour (seit Kurzem nur noch mit einer Minderheitsbeteiligung) sind jedoch noch zwei globale Lebensmitteleinzelhändler in größerem Umfang präsent (Hardaker 2018b). Andere wie Metro, Tesco und die koreanischen Gruppen Lotte und E-Mart haben dem chinesischen Markt den Rücken gekehrt (Zhang und Hardaker 2021).

5.4.4 Ländliche vs. urbane E-Commerce-Trends in China

E-Commerce wird oft als ein Phänomen in Ländern mit hohem Einkommen betrachtet. Das rasche Wachstum der Branche in China zeigt jedoch, dass der Übergang vom physischen zum digitalen Handel nicht unbedingt ein hohes Einkommensniveau erfordert (Luo und Niu 2019). Das Beispiel Chinas verdeutlicht zudem, dass der Zugang zum Internet über Smartphones es auch der ländlichen Bevölkerung ermöglicht, am E-Commerce teilzunehmen. Der Großteil der ländlichen Bevölkerung hat den ersten Kontakt mit dem Internet über das Smartphone, da es keine Breitbandverbindung oder den teureren Kauf eines PCs oder Laptops erfordert. Trotz einer relativ guten Netzabdeckung und einer großen Auswahl an günstigen Smartphones gibt es jedoch regionale Unterschiede: Im Juni 2022 betrug die Anzahl der Internetnutzer in Chinas ländlichen Regionen (wo 40 % der chinesischen Bevölkerung lebt) rund 293 Mio. oder 28 % der Gesamtzahl der Online-Nutzer im Land. Die Internet-Durchdringungsrate in ländlichen Regionen ist daher deutlich niedriger (knapp 59 %) als in städtischen Regionen (knapp 83 %; CINIC 2022), was grundsätzlich auch auf Einkommensunterschiede, Bildungsstand und Internetaffinität zurückzuführen ist.

Im Rahmen des 11. Fünfjahresplans (2006) hatte die chinesische Regierung beschlossen, ländliche Regionen wettbewerbsfähiger zu machen und den Verkauf sowie auch Konsum anzukurbeln. Ein Programm wurde implementiert, um die ländlichen Bewohner über E-Commerce und Digitalisierung zu informieren. Im Jahr 2015 veröffentlichte das Generalbüro des Staatsrates den „Leitgedanken zur Förderung der E-Commerce-Entwicklung auf dem Land", der darauf abzielt, die Infrastruktur, insbesondere die digitale Infrastruktur zur Datenanalyse, auszubauen und u. a. die Landwirtschaft zu stärken sowie die Armut auf dem Land zu bekämpfen (Darimont et al. 2020). Zur Erreichung dieser Ziele sollte insbesondere der Zugang zum E-Commerce in ländlichen Regionen gefördert werden. Das sogenannte Rural-Taobao-Programm von Alibaba und der Regierung ermöglicht es landwirtschaftlichen Erzeugern beispielsweise, ihre Produkte direkt über die Onlineplattform an städtische Verbraucher zu verkaufen (siehe Abb. 5.13). Durch den Verkauf über die Plattform können Kosten für Zwischenhändler eingespart werden. Alibaba hat zudem das Cainiao-Netzwerk gegründet, um die Logistik in ländlichen Regionen zu verbessern. Durch das Programm soll nicht nur die Armut in ländlichen Regionen verringert, sondern auch der Abwanderung in chinesische Städte entgegengewirkt und das starke Einkommensgefälle zwischen Stadt und Land reduziert werden (Hardaker 2021). Es stellt sich jedoch die Frage, ob E-Commerce das Potenzial hat, ländliche Regionen zu beleben und ihre Attraktivität zu stärken (siehe Textbox „Ländliche Entwicklung durch E-Commerce? Das Beispiel der Taobao-Dörfer in der VR China").

> **Textbox: Ländliche Entwicklung durch E-Commerce? Das Beispiel der Taobao-Dörfer in der VR China**
> Im Jahr 2020, sechs Jahre nach dem Start des Programms, gab es in China 5425 Taobao-Dörfer und 1756 Taobao-Städte, was einem Anstieg um 1115 Dörfer und 638 Städte im Vergleich zum Vorjahr entspricht. Das Programm „Rural Taobao" umfasst dabei vier Ziele bzw. Hauptaktivitäten (AliResearch 2021):
>
> 1. Aufbau eines E-Commerce-Dienstleistungsnetzes in Kreisen und Dörfern.
> 2. Verbesserung der logistischen Infrastruktur für Dörfer.
> 3. Bereitstellung von Schulungen im Bereich E-Commerce und Förderung des Unternehmertums.
> 4. Entwicklung ländlicher Finanzdienstleistungen durch die Alibaba-Tochtergesellschaft AntFinancial.
>
> Dadurch werde die Einrichtung von sogenannten Taobao-Dörfern und -Städten ermöglicht. Um sich als Taobao-Dorf zu qualifizieren, müssen die folgenden Kriterien erfüllt sein:
>
> 1. Die Händler müssen als Bewohner des Dorfes registriert sein und ihre Geschäfte vor Ort führen.
> 2. Der jährliche Bruttowarenumsatz sollte mindestens 10 Mio. RMB betragen.
> 3. Die Anzahl der registrierten Onlinehändler im Dorf sollte entweder nicht weniger als 50 oder mindestens 10 % der Dorfhaushalte betragen.

Oftmals spezialisieren sich diese Dörfer auf ein Produkt, zum Beispiel Xiniujiao in Guangdong auf Damenbekleidung und Lankao in der Provinz Henan auf traditionelle chinesische Musikinstrumente, wobei diese beiden Orte etwa 2000 bzw. 700 km südlich von Peking liegen (Wei et al. 2019). Die derzeit existierenden Taobao-Dörfer und -Städte sind auf 28 Provinzen und autonome Gebiete verteilt, wobei die große Mehrheit in den östlichen Küstenregionen zu finden ist (Xu et al. 2017). Im Jahr 2020 gab es insgesamt 2,96 Mio. aktive Onlineshops auf Taobao, die ein jährliches Transaktionsvolumen von 1 Billion RMB generierten und laut Alibaba über 8 Mio. Arbeitsplätze schufen (AliResearch 2021).

Das Handelsministerium in Peking schätzt, dass insgesamt bereits mehr als 10 Mio. Onlineshops im ländlichen Raum existieren und etwa 30 Mio. Chinesen auf dem Land von und mit Taobao leben (Giesen 2019). E-Commerce bietet somit Beschäftigungsmöglichkeiten für Menschen in ländlichen Gebieten, die in der Vergangenheit begrenztere Arbeitsmarktchancen hatten. Das Verhältnis von weiblichen zu männlichen Unternehmern im E-Commerce liegt auf den Alibaba-Plattformen nahezu bei Parität, im Gegensatz zu einem Verhältnis von 1:3 im Gesamtgeschäftsbereich. Drei Viertel der ländlichen Onlinehändler sind zwischen 20 und 29 Jahre alt (World Bank und Alibaba 2020).

Die Erfahrungen mit den Taobao-Dörfern haben bei Forschern, politischen Entscheidungsträgern und dem Privatsektor großes Interesse an der Nutzung des E-Commerce als Instrument zur Armutsbekämpfung und zur Belebung des ländlichen Raums geweckt. Einige Erfolgsgeschichten in den Taobao-Dörfern deuten darauf hin, dass digitale Technologien zu einem integrativen Wachstum im ländlichen China beitragen können. Sie senken die erforderliche Qualifikationsschwelle, sodass auch Menschen mit geringer formaler Bildung am elektronischen Handel teilnehmen und ihr Einkommen steigern können. Taobao.com zeichnet sich durch eine einfache Bedienung aus und Onlinetransaktionen können leicht durchgeführt werden, da die Plattform Alipay als externen Online-Zahlungsdienstleister nutzt. Der Instant Messenger TradeManager erleichtert zudem die Kommunikation zwischen Käufern und Verkäufern. Taobao bietet eigens Schulungen zum Onlinehandel und der Nutzung der Plattform an. Darüber hinaus hat Alibaba das AliResearch Institute gegründet, um neue sozioökonomische Phänomene im Zusammenhang mit fortschreitender Digitalisierung und E-Commerce zu untersuchen.

Trotzdem stehen viele Taobao-Dörfer vor einer Vielzahl von Herausforderungen, darunter intensiver Wettbewerb, Mangel an qualifizierten Arbeitskräften und Standortnachteile. Die meisten Taobao-Dörfer befinden sich immer noch in einer Position geringer Wertschöpfung. Sie haben Schwierigkeiten, ihre eigenen Marken zu etablieren und suchen nach differenzierenden Strategien, um im harten Online-Marktwettbewerb erfolgreich zu sein. Daher hängt die langfristige Entwicklung der Taobao-Dörfer stark von ihren Netzwerkbeziehungen und ihrer Innovationsfähigkeit ab. Darüber hinaus zeichnen sich Taobao-Dörfer oft durch das Fehlen grundlegender Arbeits- und Sicherheitsstandards aus. Während einige Beobachter in China betonen, dass die Beschäftigten in Taobao-Läden mehr verdienen als in Fabriken, warnen andere vor dem Aufkommen von „ländlichen Sweatshops 4.0" (Lulu 2019). Außerdem entstehen enorme Abhängigkeiten: Alibaba bzw. Taobao, Alipay und Cainiao Logistics haben sich so zu einer Quasi-Monopol-Plattform für Handel, Daten und Webflow entwickelt.

5.4.5 Fazit

In China entsteht derzeit eine Konsumlandschaft, in der der Onlinehandel, physische Geschäfte und Logistik nahezu nahtlos miteinander verschmelzen. Dieser Wandel wird maßgeblich durch die Innovationsfähigkeit chinesischer Unternehmen, die weit verbreitete Nutzung von Smartphones durch Verbraucher und deren Streben nach sozialem Aufstieg vorangetrieben. Dennoch sind in der VR China zahlreiche vielfältige Lebensstile entstanden und es ist wichtig zu betonen, dass chinesische Konsumenten keineswegs als eine homogene Gruppe betrachtet werden können und auch nicht von „dem" chinesischen Markt gesprochen werden kann (Hardaker und Zhang 2023).

Dennoch ist der potenzielle Beitrag des E-Commerce zum wirtschaftlichen und sozialen Wohlstand Gegenstand von Debatten und aktiver empirischer Forschung. Daten sind jedoch oft begrenzt und es gibt nur wenige belastbare Beweise dafür, ob und wie digitale Technologien zur Verbesserung der Lebenssituation beitragen, von welchen Faktoren dies abhängt und wer die potenziellen „Gewinner und Verlierer" in der digitalen Entwicklung sind. Die Taobao-Dörfer in China zeigen, dass Onlinehandel zur Armutsbekämpfung und zur Entwicklung ländlicher Regionen beitragen kann, jedoch teils auch mit großen Herausforderungen einhergeht. Die Zusammenarbeit zwischen privaten Unternehmen wie Alibaba und lokalen Regierungen spielt eine wichtige Rolle bei der erfolgreichen Umsetzung von Maßnahmen zur Förderung des E-Commerce in ländlichen Regionen. E-Commerce in China hat somit weitreichende räumliche Implikationen. Einerseits ermöglicht die Digitalisierung der ländlichen Regionen den Bewohnern, Einkommen in ihren Heimatdörfern zu generieren, anstatt als Wanderarbeiter in die Städte zu ziehen. Die Nutzung digitaler Technologien senkt die Einstiegshürden für den elektronischen Handel und ermöglicht Menschen mit geringer Bildung, am E-Commerce teilzunehmen und ihr Einkommen zu steigern. Es ist jedoch wichtig, nicht nur die wirtschaftlichen Auswirkungen der fortschreitenden Digitalisierung auf die ländliche Gesellschaft zu untersuchen, sondern auch die sozialen Aspekte genauer zu beleuchten. Andererseits besteht eine gewisse Abhängigkeit der ländlichen E-Commerce-Anbieter und ihrer Haushalte von Alibaba, das trotz vermeintlich nobler Absichten ein wirtschaftliches Interesse an ungenutztem Potenzial aufgrund vormals unbekannter Produkte und potenzieller Konsumentinnen hat. Weiterhin ist im Rahmen dessen die Einflussnahme des chinesischen Staates nicht konkret bekannt.

Klar ist, dass der zunehmende Onlinehandel chinesische Städte nachhaltig beeinflusst, sozioökonomische Dynamiken umgestaltet, das Einkaufsverhalten chinesischer (wie auch weltweiter) Konsumenten prägt, städtische Räume transformiert und kulturelle Veränderungen fördert. Das rasante Wachstum des E-Commerce hat die wirtschaftliche Entwicklung vorangetrieben, Arbeitsplatzmöglichkeiten geschaffen und den Konsum angeregt. Allerdings stehen diesen vermeintlichen Vorteilen große Herausforderungen in Bezug auf Umweltprobleme, Cybersicherheit und die digitale Kluft gegenüber. Es wird erwartet, dass der E-Commerce in China weiterhin wachsen wird, angetrieben durch technologische Fortschritte, eine erhöhte Internetdurchdringung und sich ändernde Verbrauchervorlieben. Die Integration aufstrebender Technologien wie KI, Blockchain und Virtual Reality wird voraussichtlich die E-Commerce-Landschaft weiter prägen.

Die Vielfalt von Lebensstilen wächst derzeit weiter und macht chinesische Konsumenten nicht als homogene Gruppe fassbar. Sie agieren vielmehr als Akteure in einem Markt, der von vielen Experten als beispielhaft für den Einzelhandel der Zukunft angesehen wird (Deloitte 2018; Zukunftsinstitut 2021).

Literatur

ABDA (2020) Faktenblatt Versandhandel mit Arzneimitteln. https://www.abda.de/fileadmin/user_upload/assets/Faktenblaetter/Faktenblatt_Versandhandel.pdf Zugegriffen: 21.12.2022

ABDA (2022) Apothekenlandschaft – Versandhandel. https://www.abda.de/fileadmin/user_upload/assets/ZDF/ZDF22/ZDF_22_22_Versandhandel.pdf Zugegriffen: 13.12.2022

Accenture und GfK (2022): *Grocery Insights 2022. Final Call for German E-Grocery*. https://www.accenture.com/_acnmedia/PDF-179/Accenture-Grocery-Insights-2022-Final-Call-German-E-Grocery.pdf Zugegriffen: 21.12.2022

Alibaba (2020) Alibaba Generates RMB498.2 billion (US$74.1 billion) in GMV during the 2020 11.11 Global Shopping Festival. Pressemitteilung, 12. November.

AliResearch (2021) China Taobao Village Report 2020. 8 Februar 2021. http://www.aliresearch.com/en/Reports/Reportsdetails?articleCode=167153834769125376 (Zugriff: 08.07.2023).

Baumgart S, Berger T, Danielzyk R, Hangebruch N, Mietz S, Osterhage F, Petzinger T, Postert S, Sander S, Scholz P, Thabe S, Wiegandt C-C, Wiese-von Ofen I (2021) Onlinehandel und Raumentwicklung: Neue Urbanität für alte Zentren! Positionspapier aus der ARL 127, Hannover

BBSR (2017) Online-Handel – Mögliche räumliche Auswirkungen auf Innenstädte, Stadtteil- und Ortszentren. BBSR-Online-Publikation Nr. 08/2017. Bonn

BBSR (2019) Online-Handel in Deutschland. Räumliche Muster, Einflussfaktoren und Erklärungsansätze. BBSR-Analysen kompakt 03/2019

BBSR (2023) Auswirkungen der COVID-19-Pandemie und des Online-Handels auf den Einzelhandel in Städten, Gemeinden und Regionen, insbesondere in den Zentren. Zwischenergebnisse. <https://www.bbsr.bund.de/BBSR/DE/forschung/programme/exwost/Studien/2021/innenstadt-online-handel/01-start.html?pos=2#doc3881802bodyText5> Zugegriffen: 03.03.2024

Beckers J, Birkin M, Clarke G, Hood N, Newing A, Urquhart R (2022) Incorporating E-commerce into Retail Location Models. *Geographical Analysis* 54(2): 274–293

bevh (2020) E-Commerce-Plus von 9,2 Prozent im 1. Halbjahr 2020 – dauerhaft mehr E-Commerce beim „Täglichen Bedarf". Pressemitteilung vom 05.07.2020. https://www.bevh.org/fileadmin/content/05_presse/Pressemitteilungen_2020/200705_-_PM_Zahlen_2._Quartal_2020_im_Online-Handel.pdf. Zugegriffen: 08.02.2021.

Bieron B, Ahmed U (2012) Regulating e-commerce through international policy: Understanding the international trade law issues of e-commerce. *Journal of World Trade* 46(3): 545–570

Bretthauer J, Krajewski C, Küpper P (2024) Der Beitrag von smarten 24/7-Märkten zur Sicherung der Nahversorgung in ländlichen Räumen. *Z 'GuG Zeitschrift für Gemeinwirtschaft und Gemeinwohl* 47(2): 136–158.

Bundesstiftung Baukultur, Deutscher Verband für Wohnungswesen, Städtebau und Raumordnung e. V. (DV), Handelsverband Deutschland (HDE), urbanicom (2020) Stoppt den Niedergang unserer Innenstädte. Gemeinsames Statement anlässlich des fachpolitischen Gesprächs „Handlungsbedarfe der Innenstädte nach Corona". Berlin, Potsdam

Busch G, Schütz A, Bayer E, Spiller A (2021) Veränderungen des Einkaufsverhaltens bei Lebensmitteln während der Corona-Pandemie. In: Meyer-Aurich A, Gandorfer M, Hoffmann C, Weltzien C, Bellingrath-Kimura S, Floto H (Hrsg): *41. GIL-Jahrestagung, Informations- und Kommunikationstechnologie in kritischen Zeiten*. Gesellschaft für Informatik e. V., Bonn 55–60

BVDVA (2017) Landbevölkerung nutzt Arzneiversand häufiger als Städter. Pressemitteilung vom 31.01.2017. https://www.bvdva.de/aktuelles/presse/410-landbevoelkerung-nutzt-arzneiversand-haeufiger-als-staedter Zugegriffen: 21.12.2022

Byrd (2024) Top 10 online Marktplätze in Italien 2023. <https://blog.getbyrd.com/top-online-marktplatz-italien> Zugegriffen: 22.02.2024

Capice G, Calabrese A, Di Pillo F, Costa R, Crisciotti V (2013) The Impact of National Culture on E-commerce Acceptance: the Italien Case. *Knowledge and Process Management* 20(2): 102–112

Cheba K, Kiba-Janiak M, Baraniecka A, Kolakowski T (2021) Impact of external factors on e-commerce market in cities and its implications on environment. *Sustainable Cities and Society* 72: 1–9

Chenarides L, Grebitus C, Lusk J L, Printezis I (2020) Food consumption behavior during the COVID-19 pandemic. *Agribusiness (N Y N Y)* 37(1): 44–81

Chintagunta P K, Chu J, Cebollada J (2012) Quantifying Transaction Costs in Online/Off-line Grocery Channel Choice. *Marketing Science* 31(1): 96–114

CINIC – China Internet Network Information Center (2022) The 50th Statistical Report on China's Internet Development. August 2022. https://www.cnnic.com.cn/IDR/ReportDownloads/202212/P020221209344717199824.pdf (Zugriff: 08.07.2023).

Clerici M A (2020) Retail Trade Restructuring Paths on the Fringes of a Strong Region: the Case of Lower Lombardy, Italy (2001-2019). *Bollettino della Società Geografica Italiana* serie 14(3): 127–146

Coe N. M. und Wrigley, N. (2018) Towards new economic geographies of retail globalization. In G.L. Clark, M.P. Feldman, M.S. Gertler and D. Wójcik (Hrsg.) The New Oxford Handbook of Economic Geography. Oxford University Press, Oxford: 427–447.

Dannenberg P, Dederichs S (2019) Online-Lebensmittelhandel in ländlichen Räumen. Hemmnisse einer Expansion des Onlinehandels mit Lebensmitteln aus der Perspektive unterschiedlicher Akteure in Deutschland. *RaumPlanung* 202 (3–4): 16–21

Dannenberg P, Franz M, Lepper A (2016) Online einkaufen gehen – Einordnung aktueller Dynamiken im Lebensmittelhandel aus Perspektive der geographischen Handelsforschung. In: Franz M, Gersch I (Hrsg) *Online-Handel ist Wandel*. Geographische Handelsforschung 24. MetaGIS, Mannheim 133–156

Darimont, B.; Friedrich, M. und Henselmann, J. (2020) E-Commerce. In: Darimont, B. (Hrsg.) Wirtschaftspolitik der Volksrepublik China. Springer Gabler. 183–203.

DAZ online (2022) ABDA-Halbjahreszahlen: 205 Apotheken weniger als Ende 2021. Online-Artikel vom 31.08.2022. https://www.deutsche-apotheker-zeitung.de/news/artikel/2022/08/31/abda-halbjahreszahlen-205-apotheken-weniger-als-ende-2021 Zugegriffen: 13.12.2022.

Deloitte China (2018) Future of Retail. https://www2.deloitte.com/content/dam/Deloitte/cn/Documents/consumer-business/deloitte-cn-cb-future-of-retail-en-200304.pdf (Zugriff: 04.10.2023).

Deutscher Städtetag (2021) Städte für Menschen. Die zentralen Erwartungen und Forderungen des Deutschen Städtetages an den neuen Bundestag und die neue Bundesregierung.

Diringer J, Pätzold R, Trapp J H, Wagner-Endres S (2022) Frischer Wind in die Innenstädte. Handlungsspielräume zur Transformation nutzen. Difu-Sonderveröffentlichung, Berlin

DocMorris (2022) Historie. https://www.docmorris.de/service/unternehmen/ueber-uns/historie Zugegriffen: 21.12.2022

Dolomiten (2023) Ladensterben in Italien geht weiter. Vom 16. Mai 2023

Eberhardt W, Küpper P, Seel M (2021) *Dynamik der Nahversorgung in ländlichen Räumen verstehen und gestalten. Impulse für die Praxis*. Thünen-Institut für Ländliche Räume, Braunschweig

Eberhardt W, Küpper P, Seel M (2022) Chancen und Risiken der Digitalisierung für Dorfläden: Corona-Pandemie als Katalysator? *Raumforschung und Raumordnung* 80(3): 344–359

EHI [=EHI Retail Institute] (2021) Marktanteil von E-Food am Gesamtumsatz des Lebensmitteleinzelhandels im Ländervergleich (2020). https://www.handelsdaten.de/marktanteil-von-e-food-am-gesamtumsatz-des-lebensmitteleinzelhandels-im-landervergleich-2020. Zugegriffen: 16.12.2022

Elia S, Giuffrida M, Piscitello L (2019) Does E-Commerce facilitate or complicate SMEs' Internationalisation? Multinationes en un cambiante context internacional 909: 61–73

Enit (Agenzia Nazionale del Turismo) (2023) Italy aims for Leadership in Shopping Tourism. <www.enit.it> Zugegriffen: 21.12.2023

Eurostat (2023a) Distributive trades by size class of turnover. Statistical classification of economic activities in the European Community (NACE Rev. 2). Retail trade, except of motor vehicles and motorcycles. Persons employed per enterprise. Eurostat, Luxenburg

Eurostat (2023b) Anteil der Online-Käufer von Bekleidung (inkl. Sportbekleidung), Schuhen und Accessoires in ausgewählten Ländern in Europa im Jahr 2022. Eurostat, Luxenburg

FederDistribuzione (2021) Le Aziende Della Distribuzione Moderna 2021

Friedrich C, Herb C, Neiberger C (2023) Soziale Medien, Webseiten oder Onlineshops? (Digitale) Reaktionen des Einzelhandels auf die Covid-19-Krise. Appel, A, Hardaker S (Hrsg) Innenstädte, Einzelhandel und Corona in Deutschland. University Press, Würzburg 61–86

Frieser A, Hilpert M (2021) Touristisch geprägte Klein- und Mittelstädte. Zentrale Handlungsfelder für Ortszentren mit großer Besucherzahl. Standort 45: 187–193

Fu S.; Xu, Y. und Ya, Q. (2019) Enhancing the parasocial interaction relationship between consumers through similarity effects in the context of social commerce. Evidence from social commerce platforms in China. J Strateg Mark 27(2): 100–118.

Gefen D, Heart T H (2006) On the need to include national culture as a central issue in e-commerce trust beliefs. *Journal of Global Information Management* 14(4): 1–29

Ghani, L. und Hofreiter, S. (2021) Wie Social Commerce die Welt des Online-Handels verändert. In: Gutting D, Tang M, Hofreiter S (Hrsg) Innovation und Kreativität in Chinas Wirtschaft. Springer Gabler. 353–377.

Giesen, C. (2019) Im Taobao-Dorf. Süddeutsche Zeitung. 17. September. https://www.sueddeutsche.de/wirtschaft/china-valley-im-taobao-dorf-1.4604060 (Zugriff: 11.07.2023)

GMA (2021) What is "New Retail" in China? – Here is A useful overview. 26. Februar. https://marketingtochina.com/what-is-new-retail-in-china-here-is-a-useful-overview/ (Zugriff: 06.10.2023).

Hahn B (2020a) Luxuseinzelhandel. In: Neiberger, C, Hahn B (Hrsg) Geographische Handelsforschung. Springer Spektrum, Berlin 101

Hahn B (2020b) Raumordnerische Steuerung des Einzelhandels. In: Neiberger C, Hahn B (Hrsg) *Geographische Handelsforschung*. Springer Spektrum, Berlin 111–120

Hangebruch N, Haag L (2024) Transformation früherer Warenhäuser. Ein Blick in die Niederlande und Parallelen zu Deutschland. In: Formum Wohnen und Stadtentwicklung 1:2–6

Hardaker S, Zhang L (2023) Chinas Wandel zur Konsumgesellschaft. In: Hardaker S, Dannenberg P (Hrsg) China. Geographien einer Weltmacht. Springer, Berlin 177–186

Hardaker, S, Zhang, L (2021) 'Testing the water' – prior-online market entry in China. International Journal of Retail & Distribution Management 49 (7): 1111–1129.

Hardaker, S. (2018a) Retail Revolution in China' – Transformation Processes in the World's Largest Grocery Retailing Market. In: Die Erde, 149:1: 14–24.

Hardaker, S. (2018b) Retail Format Competition – The Case of Grocery Discount Stores and why they haven't conquered the Chinese market (yet). In: Moravian Geographical Reports, 26:3, 220–227.

Hardaker, S. (2020) Internationalisierung des Einzelhandels – Einführung und Theorie. In: Hahn, B. und C. Neiberger (Hrsg): Geographische Handelsforschung. Springer Spektrum: 217–228.

Hardaker, S. (2021) E-Commerce in China – Taobao-Dörfer als Instrument für ländliche Entwicklung. Geographische Rundschau 5: 44–49.

HDE [=Handelsverband Deutschland – HDE e.V.], IFH Köln GmbH (2022): *Online Monitor 2023*. HDE/IFH, Berlin

Heinemann G (2023) Intelligent Retail. The Future of Stationary Retail. Springer Nature, Wiesbaden

Heinritz G, Klein E, Popp M (2003) Geographische Handelsforschung. Gebrüder Borntraeger Verlagsbuchhandlung, Berlin und Stuttgart

Heintz F (2023) Nachnutzungsstrategien ehemaliger Warenhäuser. Eine Standort- und Umfeldanalyse des Einzelhandelsbesatzes von Mixed-Use-Konzepten. Masterarbeit an der RWTH University Aachen. Unveröffentlicht

Herb C, Friedrich C, Neiberger C (2023) Covid-19 – Treiber für die Digitalisierung des Einzelhandels? Eine Untersuchung in vier Mittelstädten. Standort 47(3): 254–261

Hermeier F, Matusiewicz D (2019) E-Commerce im deutschen Arzneimittelmarkt – Umsetzungsstand dynamischer Preisstrategien. In: Matusiewicz D, Stratmann F, Wimmer J (Hrsg.) *Marketing im Gesundheitswesen*. Springer Gabler, Wiesbaden 381–395

Hover M (2016) Die Auswirkungen des Onlinehandels auf die Immobiliennachfrage in Innenstädten. RWTH University Aachen. Unveröffentlichte Masterarbeit.

hystreet.com (2024) Passantenfrequenzen. Aktuell. Präzise. Transparent. <https://hystreet.com/> Zugegriffen: 05.04.2024

IFH (2023) Vitale Innenstädte 2022. Weiterempfehlung steigern und Zukunft gestalten. Köln.

Jedrzejczak-Gas J, Barska A, Sinicakova M (2019) Level of development of e-commerce in EU countries. Management 23(1): 209–224

Jürgens U (2018) 'Real' versus 'mental' food deserts from the consumer perspective – concepts and quantitative methods applied to rural areas of Germany. *Die Erde* 149(1): 25–43

Jürgens U (2020): Versorgung mit frischen Lebensmitteln in ländlich geprägten Food Deserts am Beispiel von Schleswig-Holstein. In: Baur N, Fülling J, Hering L, Kulke E (Hrsg): *Waren – Wissen – Raum*. Springer VS, Wiesbaden 365–398

Kolf F (2022) Aldi Süd plant Online-Shop für frische Lebensmittel. Handelsblatt 07.11.2022. https://www.handelsblatt.com/unternehmen/handel-konsumgueter/lieferservice-aldi-sued-plant-online-shop-fuer-frische-lebensmittel/28778964.html. Zugegriffen: 12.12.2022

Krüger T, Anders S, Walther M, Klein K, Segerer M (2013) Qualifizierte Nahversorgung im Lebensmitteleinzelhandel – Kurzfassung des Endberichts (aktualisierte Fassung). HCU/IRE-IBS, Hamburg/Regensburg.

Kühn G (2011) Einzelhandel in den Kommunen und Nahversorgung in Mittel- sowie Großstädten. Difu-Papers, Oktober 2011. Difu, Berlin.

Kulke E (1997) Einzelhandel in Europa. Merkmale und Entwicklungstrends des Standortsystems. In: Geographische Rundschau 49, 9: 478–483

Kulke E (2017) Wirtschaftsgeographie. Ferdinand Schönigh, Paderborn

Kulke E (2020): Dynamik von Zentrensystemen. In: Neiberger C, Hahn B (Hrsg) *Geographische Handelsforschung*. Springer Spektrum, Berlin 183–192

Küpper P, Scheibe C (2015) Steuern oder fördern? Die Sicherung der Nahversorgung in den ländlichen Räumen Deutschlands und Südtirols im Vergleich. *Raumforschung und Raumordnung* 73(1): 45–48

Küpper P, Tautz A (2013) Sicherung der Nahversorgung in ländlichen Räumen Europas – Strategien ausgewählter Länder im Vergleich. *Europa Regional* 21(3): 138–155

Kwon I-WG, Suh T (2004) Factors affecting the level of trust and commitment in supply chain relationships. Journal of Supply Chain Management 40(2): 4–14

Lademann R (2007): Zum Einfluss von Verkaufsfläche und Standort auf die Einkaufswahrscheinlichkeit. In: Schuckel M, Toporowski W (Hrsg) *Theoretische Fundierung und praktische Relevanz der Handelsforschung*. Gabler, Wiesbaden 144–162

Lone S, Harboul N, Weltevreden J W J (2021) 2021 European E-commerce Report. Hogeschool van Amsterdam, Amsterdam

Lulu, F. (2019) Taobao Villages. Friedrich-Ebert-Stiftung. http://library.fes.de/pdf-files/bueros/indonesien/15198-20180218.pdf.

Luo, X. und Niu, C. (2019) E-Commerce Participation and Household Income Growth in Taobao Villages. Policy Research Working Paper 8811. World Bank Group.

Mautes C (2022) Immer weniger Apotheken in Rheinland-Pfalz. SWR Aktuell 08.12.2022. https://www.swr.de/swraktuell/rheinland-pfalz/apotheken-sterben-land-rlp-100.html Zugegriffen: 13.12.2022

Meini M, Monheim Rolf (2002) Il commercio al dettaglio nei centri storici italiani fra tradizione e modernita. In: Rivista Geografica Italiana 109:543–570

Mensing M, Neiberger C (2018) Onlinehandel mit Lebensmitteln – Eine Möglichkeit zur Lösung der Versorgungsprobleme im ländlichen Raum? *Europa Regional* 26(1): 2–19

Monheim R (2024) Lebendige Innenstadt als Multitasking-Aufgabe. In: Business News Group, HDE, Handelsimmobilien heute (Hrsg) Transformation Innenstadt. Der große Wandel. Wie und mit wem unsere lebendigen Marktplätze gerettet werden können. Business News Group GmbH, Essen: 112–118

Morris J (1999) Contesting retail space in Italy: competition and corporatism 1915-60, The International Review of Retail, Distribution and Consumer Research 9, 3:291–306, https://doi.org/10.1080/095939699342570

MWIDE NRW (2019) Handelsszenarien Nordrhein-Westfalen 2030. Einzelhandel in Nordrhein-Westfalen im digitalen Zeitalter – Herausforderungen und Empfehlungen. MWIDE WI-0034, Düsseldorf

Neumeier S (2013) *Modellierung der Erreichbarkeit öffentlicher Apotheken. Untersuchung zum regionalen Versorgungsgrad mit Dienstleistungen der Grundversorgung*. Thünen Working Paper 14. Thünen-Institut für Ländliche Räume, Braunschweig

Neumeier S (2015) Regional accessibility of supermarkets and discounters in Germany – a quantitative assessment. *Landbauforschung* 65(1): 29–46

Newing A, Hood N, Videira F, Lewis J (2022) 'Sorry we do not deliver to your area': geographical inequalities in online groceries provision. *The International Review of Retail, Distribution and Consumer Research* 32(1): 80–99

Potz P (2002) Die Regulierung des Einzelhandels in Italien. Grundlagen und Einfluss auf die Handelsstruktur. Discussion Papers, Wissenschaftszentrum Berlin für Sozialforschung, Forschungsschwerpunkt Arbeitsmarkt und Beschäftigung, Abteilung Organisation und Beschäftigung 02-104. Wissenschaftszentrum Berlin für Sozialforschung gGmbH, Berlin

Psotta M (2014) Einzelhandel: Die Luxusmarken drängen in die Innenstädte. <https://www.faz.net/aktuell/wirtschaft/wohnen/die-luxusmarken-draengen-in-die-innenstaedte-12997829.html > Zugegriffen: 09.02.2024

Ramanathan R, George J, Ramanathan U (2014) The role of logistics in E-commerce transactions: An exploratory study of customer feedback and risk. In: Ramanathan U, Ramanathan R (Hrsg) Supply Chain Strategies, Issues and Models. Springer, London 221–233

Rauh J, Rauch S (2024) Alltägliche Wegekopplungen beim Lebensmitteleinkauf: Empirische Erkenntnisse und ihre Relevanz für die angewandte Handelsforschung. *Standort*

Rohrer B (2023) Doc Morris verliert Kunden und Umsatz. Pharmazeutische Zeitung 19.01.2023. https://www.pharmazeutische-zeitung.de/doc-morris-verliert-kunden-und-umsatz-138063/. Zugegriffen: 29.01.2023

Rovai S (2018) Luxury Branding and Digitalisation: The Case of European Brands in China. In: Chow P-S (Hrsg) Contemporary Case Studies on Fashion Production, Marketing and Operations. Springer Nature, Singapore 87–104

Schmid B, Axhausen K W (2019) In-store vs. online shopping of search and experience goods: A Hybrid Choice approach. *Journal of Choice Modelling* 31: 156–180

Scutariu A-L, Susu S, Huidumac-Petrescu C-E, Gogonea R-M (2022) A Cluster Analysis Concerning the Behavior of Enterprises with E-Commerce Activity in the Context of the COVID-19 Pandemic. Journal of Theoretical and Applied Electronic Commerce Research 17: 47–68

Steinröx M (2013) Ländlicher Raum bald ohne Nahversorgung? *Neues Archiv für Niedersachsen* 64(2): 108–120

Stepper M (2016) Innenstadt und stationärer Einzelhandel – ein unzertrennliches Paar? Was ändert sich durch den Online-Handel? In: Raumforschung und Raumordnung 74:151–163

Sturm H, Rebmann B, Seisl P, Klenk K, Renz A, Haumann H, Joos S (2020) *Gutachten zur Qualität der Arzneimittelversorgung durch Apotheken im Ländlichen Raum Baden-Württembergs. Die Rolle der Apotheken für die künftige Sicherstellung der medizinischen Versorgung.* Gutachten im Auftrag des Ministeriums für Ländlichen Raum und Verbraucherschutz Baden-Württemberg, Berlin/Tübingen.

Suh T (2002) Globalization and reluctant buyers. International Marketing Review 19(6): 663–680

Suh T, Kwon I-WG (2006) Matter over mind: when specific asset investment affects calculative trust in supply chain partnership. Industrial Marketing Management 35(2): 191–201

Suwala L, Pfeil N, Lange M, Pfeiffer L, Albers H-H (2023) Der Zentrumbereichskern Wilmersdorfer Straße in Berlin-Charlottenburg in Zeiten multipler Krisen – gestärkt durch Nutzungsmischung, Kiezcharakter und Kuration? Standort 47: 220–228

Van Wyk, B. (2022) With 'instant retail,' brick-and-mortar stores are making a comeback. The China Project. 15. August. https://thechinaproject.com/2022/08/25/with-instant-online-retail-brick-and-mortar-stores-are-making-a-comeback/ (Zugriff: 05.10.2023).

Verbraucherzentrale Berlin e. V., Verbraucherzentrale Brandenburg e. V. (2017) *Marktcheck Online-Lebensmittelhandel. Verfügbarkeit, Lieferqualität und Alltagstauglichkeit in den Regionen Berlin und Brandenburg (im Stadt-Land-Vergleich).* https://www.verbraucherzentrale-berlin.de/sites/default/files/2018-02/18_02_02_Marktcheck_Online_LM_Web.pdf Zugegriffen: 15.12.2022

Wang K, Gao Y, Liu Y, Nurul Habib K (2023) Exploring the choice between in-store versus online grocery shopping through an application of Semi-Compensatory Independent Availability Logit (SCIAL) model with latent variables. *Journal of Retailing and Consumer Services* 71: Art. 103191

Wei, Y.D., Lin, J. und Zhang, L. (2019) E-Commerce, Taobao Villages and Regional Development in China. Geographical Review 110(3): 380–405.

Wiegandt C-C, Baumgart S, Hangebruch N, Holtermann L, Krajewski C, Mensing M, Neiberger C, Osterhage F, Texier-Ast V, Zehner K, Zucknik B (2018) Determinanten des Online-Einkaufs – eine empirische Studie in sechs nordrhein-westfälischen Stadtregionen. Raumforschung und Raumordnung 76(3): 247–265

Wieland T (2015a) *Räumliches Einkaufsverhalten und Standortpolitik im Einzelhandel unter Berücksichtigung von Agglomerationseffekten. Theoretische Erklärungsansätze, modellanalytische Zugänge und eine empirisch-ökonometrische Marktgebietsanalyse anhand eines*

Fallbeispiels aus dem ländlichen Raum Ostwestfalens/Südniedersachsens. Geographische Handelsforschung 23. MetaGIS, Mannheim

Wieland T (2015b) *Nahversorgung im Kontext raumökonomischer Entwicklungen im Lebensmitteleinzelhandel. Konzeption und Durchführung einer GIS-gestützten Analyse der Strukturen des Lebensmitteleinzelhandels und der Nahversorgung in Freiburg im Breisgau.* Projektbericht. Universität Göttingen, Geographisches Institut, Göttingen

Wieland T (2017) Versorgungsstrukturen und Tragfähigkeit von Gesundheitseinrichtungen aus einer standortökonomischen Perspektive. In: Harteisen U, Dittrich C, Reeh T, Eigner-Thiel S (Hrsg) *Land und Stadt – Lebenswelten und planerische Praxis.* Tagungsband zur gleichnamigen Tagung am 24.11.2016 in Göttingen. Göttinger Geographische Abhandlungen 121. Goltze, Göttingen 85–116

Wieland T (2018) Verstärken Liberalisierung und Deregulierung die räumlichen Disparitäten zwischen Stadt und Land? Eine Fallstudie zum Südtiroler Einzelhandel im Kontext der Liberalisierungsgesetze ab 2012. REAL CORP 2018, Tagungsband 503–514

Wieland T (2019) A Hurdle Model Approach of Store Choice and Market Area Analysis in Grocery Retailing. *Papers in Applied Geography* 4(4): 370–389

Wieland T (2021): Auf dem Weg zur digitalen Nahversorgung? Determinanten des Einkaufsverhaltens im Multi- und Cross-Channel-Kontext am Fallbeispiel des Lebensmitteleinzelhandels. *Raumforschung und Raumordnung* 79(2): 116–135

Wieland T (2023) Pandemic Shopping Behavior: Did Voluntary Behavioral Changes during the COVID-19 Pandemic Increase the Competition between Online Retailers and Physical Retail Locations? *Papers in Applied Geography* 9(1): 70–88

Wieland T (2020) Größere Discounter, kleinere Verbrauchermärkte und Onlineshops: Welche Rolle spielen die aktuellen Trends im Lebensmitteleinzelhandel für die Nahversorgung im ländlichen Raum? In: Schrenk M, Popovich V, Zeile P, Elisei P, Beyer C, Ryser J, Reicher C, Celik C (Hrsg) *REAL CORP 2020: SHAPING URBAN CHANGE. Livable City Regions for the 21st Century. Proceedings of 25th International Conference on Urban Planning, Regional Development and Information Society.* CORP, Wien 401–411

World Bank und Alibaba (2020) The Development of E-commerce: Experience from China. 30. März 2020. http://www.aliresearch.com/en/Reports/Reportsdetails?articleCode=52915780756574208 (Zugriff: 01.08.2023).

Xu, Z., Wang, Z., Zhou, L. und Wang, H. (2017), Characteristics of Spatial Distribution of Taobao Villages in China and Their Drivers. Economic Geography, 37(1), 107–114.

Yu, L. A. (2014) Consumption in China: How China's New Consumer Ideology is Shaping the Nation. China Today.

Zhang, L. und Hardaker, S. (2021) Divestment of European grocery retailers from China. Geografiska Annaler: Series B, Human Geography 103(2): 152–167.

Zukunftsinstitut (2021) Handel in China: Event-Shopping und Cashfree-Vorreiter. https://www.zukunftsinstitut.de/artikel/handel/handel-in-china-event-shopping-und-cashfree-vorreiter/ (Zugriff: 04.10.2023).

The manufacturer's authorised representative in the EU is Springer Nature Customer Service Centre GmbH, Europaplatz 3, 69115 Heidelberg, Germany. If you have any concerns regarding our products, please contact ProductSafety@springernature.com

Printed and bound by CPI Group (UK) Ltd, Croydon, CR0 4YY

25/03/2026

02078175-0017